机场场道岩土工程

李建光 卢 游 王 鹤 刘少波 李凌峰 等 著

中国建筑工业出版社

图书在版编目（CIP）数据

机场场道岩土工程 / 李建光等著. — 北京：中国
建筑工业出版社，2024.5
ISBN 978-7-112-29777-1

Ⅰ. ①机… Ⅱ. ①李… Ⅲ. ①机场–飞机跑道–岩土
工程 Ⅳ. ①V351.11

中国国家版本馆 CIP 数据核字（2024）第 082987 号

责任编辑：杨 允 李静伟
责任校对：姜小莲

机场场道岩土工程

李建光 卢 游 王 鹤 刘少波 李凌峰 等 著

*

中国建筑工业出版社出版、发行（北京海淀三里河路9号）
各地新华书店、建筑书店经销
国排高科（北京）信息技术有限公司制版
北京中科印刷有限公司印刷

*

开本：787 毫米×1092 毫米 1/16 印张：15 字数：374 千字
2024 年 5 月第一版 2024 年 5 月第一次印刷
定价：**89.00** 元
ISBN 978-7-112-29777-1
（42786）

随着经济发展，飞机出行已经成为人民出行新需求，民航旅客周转量在综合交通占比中达到 33%，对民航进一步提高保障能力、加大覆盖范围提出了新的要求，"十四五"期间，我国民航机场将达到 770 个。随着机场建设在全国的开展，机场场道建设过程中遇到的岩土工程问题也越来越多，岩土工程作为工程建设的基础，其质量决定着整个机场建设的成败。

本书在机场工程测量、勘察、设计、施工、检测、监测及运行维护等大量工程实践的基础上，结合中航勘察设计研究院有限公司编制的企业标准及相关规范、教材，针对机场场道岩土工程全生命周期实践工作经验进行总结。

本书共分为 9 章，可划分为 4 个部分，第 1 部分（第 1 章）介绍机场的基本知识及机场场道岩土工程的发展，第 2 部分（第 2～7 章）为岩土工程工作内容，分别为工程测量、工程勘察、岩土工程设计、场道施工、土基试验检测、运营期机场道面检测与评估，第 3 部分（第 8 章）介绍了智慧机场的应用与发展，第 4 部分（第 9 章）为实践工作中存在的问题及解决方法。

本书由中航勘察设计研究院有限公司、中航蓝天工程技术有限公司、北京中航蓝天建设工程质量检测有限公司李建光、卢游、王鹤、刘少波、李凌峰、焦志强、王璐、张楠、吴晓寒、张紫杉等编写，由石俊成、景兆骥、李富荣、张馨方、王瑞永、魏海涛、黄昌乾、黎良杰、邹桂高审核，在编写过程中查阅和引用了国内外一些专家和学者有关机场建设的研究成果和著作，在此作者表示衷心的感谢！

由于机场场道岩土工程涉及专业较多，内容具有复杂性和多样性，有关理论、方法和技术发展迅速，限于编者理论水平和实践经验有限，书中难免会出现错、漏和不当之处，恳请各位读者及同行批评指正。

作　者
2024 年 1 月

CONTENTS **目 录**

第 1 章

机场基础知识

1.1 机场的分类

机场是供航空器起飞、降落和地面活动而划定的一块地域或水域，包括域内的各种建筑物和设备装置。机场可分为军用机场、民用机场和军民合用机场，民用机场主要分为运输机场和通用航空机场，此外还有供飞行培训、飞机研制试飞、航空俱乐部等使用的机场。

1.2 机场的组成

民用机场主要由飞行区、航站区和工作区三个功能区组成。

1. 飞行区

飞行区是供飞机起飞、着陆、滑行和停放使用的场地，包括跑道、升降带、跑道端安全区、滑行道、机坪、机场净空以及机场周边对障碍物有限制要求的区域。

各部分的定义如下：

跑道：陆地机场内供飞机起飞和着陆使用的特定长方形场地。

升降带：飞行区中跑道和停止道（如设置）中线及其延长线两侧的特定场地，用以减少飞机冲出跑道时遭受损坏的危险，并保障飞机在起飞或着陆过程中在其上空安全飞行。

跑道端安全区：对称于跑道中线延长线、与升降带端相接的特定地区，用以减少飞机在跑道外过早接地或冲出跑道时遭受损坏的危险，同时使冲出跑道的飞机能够减速、提前接地的飞机能够继续进近或着陆。

滑行道：在陆地机场设置供飞机滑行并将机场的一部分与其他部分连接的规定通道，包括平行滑行道、快速出口滑行道、联络道等。

机坪：机场内供飞机上下旅客、装卸货物或邮件、加油、停放或维修使用的特定场地，根据使用功能可分为客机坪、货机坪、维修及停机坪。此外机坪还包括等待坪、防吹坪、净空道、停止道等。

等待坪：跑道端部附近，供飞机等待或避让的一块特定场地，用以提高飞机地面活动效率。

防吹坪：紧邻跑道端部、用以降低飞机喷气尾流或螺旋桨洗流对地面侵蚀的场地。

净空道：经过修整的使飞机可以在其上空初始爬升到规定高度的特定长方形场地或水面。

停止道：在可用起飞滑跑距离末端以外供飞机在中断起飞时，能在其上停住的特定长方形场地。

机场净空：为保障飞机起降安全而规定的障碍物限制面以上的空间，用以限制机场及其周围地区障碍物的高度。

民用机场飞行区的组成见图 1.2-1。

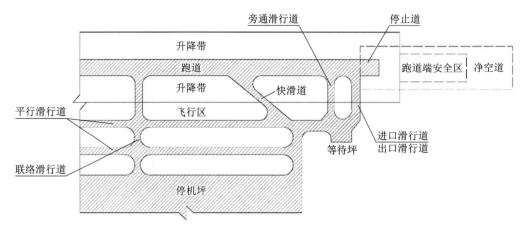

图 1.2-1　民用机场飞行区的组成

2. 航站区

航站区是机场陆、空交换区域陆侧部分的统称，包括航站楼（候机楼）、管制中心、停车楼（场）、航站交通及服务设施等。

3. 工作区

工作区是指除飞行区、航站区外，机场其他区域的统称，包括机场办公区、综合保障区、机场货运区、生活服务区等。

1.3　飞行区的分级

为了使机场各种设施的技术要求与飞行的飞机性能相适应，民用机场飞行区用两个指标进行分级，见表 1.3-1。

民用机场飞行区等级指标　　　　　　　　　　　表 1.3-1

飞行区等级指标 I		飞行区等级指标 II		
代码	飞机基准飞行场地长度（m）	代字	翼展（m）	主起落架外轮外侧边间距（m）
1	＜800	A	＜15	＜4.5
2	800～1200（不含）	B	15～24（不含）	4.5～6.0（不含）
3	1200～1800（不含）	C	24～36（不含）	6.0～9.0（不含）
4	≥1800	D	36～52（不含）	9.0～14.0（不含）
		E	52～65（不含）	9.0～14.0（不含）
		F	65～80（不含）	14.0～16.0（不含）

现举例说明，见表 1.3-2。

民用机场飞行区分级举例 表 1.3-2

机场使用机型	飞机基准飞行场地长度（m）	翼展（m）	主起落架外轮外侧边间距（m）	飞行区等级
ERJ145LR	2269	20.0	4.1	4B
CRJ200	1440	21.3	3.2	3B
波音 737-300	2749	28.9	6.4	4C
空客 320-200	2480	33.9	8.7	4C
空客 310-300	1845	43.9	10.9	4D
波音 707-200	2697	39.9	7.9	4D
波音 757-200	2057	38.1	8.7	4D
波音 767-200	1981	47.6	10.8	4D
空客 330-300	2560	60.3	12.0	4E
波音 747-400	3352	64.3	8.7	4E
空客 380	3350	79.8	14.3	4F

1.4 机场跑道组成

机场跑道由道面结构层和道基组成。

1. 机场跑道道面结构层分类（表 1.4-1）

机场跑道道面结构层分类 表 1.4-1

划分依据	分类
道面构成材料	水泥混凝土道面、沥青道面
道面使用品质	高级道面、中级道面、低级道面
道面力学特性	刚性道面、柔性道面

我国民航机场的跑道道面结构层主要为水泥混凝土道面和沥青道面两种。水泥混凝土道面属于刚性道面，沥青道面属于柔性道面。水泥混凝土道面和沥青道面均属于高级道面。

2. 道面结构层

因飞机荷载和自然环境对道面的影响随着深度的增加而逐渐减弱，道面结构层按照使用要求、受力状况、道基条件和自然因素的不同影响程度，自上而下可进一步细分为面层、基层和垫层（有时不设）。

面层：直接承受飞机荷载作用和自然环境（降水和温度）影响的结构层，具有较高的结构强度和荷载扩散能力，良好的温度稳定性、不透水、耐磨、抗滑和平整的表面。面层可由一层或数层组成。按照组成面层的材料，主要分为水泥混凝土面层和沥青面层。

基层：主要起承重（扩散荷载）作用，具有足够的强度、刚度、水稳性、抗冻性和抗冲刷性。基层有时设两层，分为基层和底基层。常用材料有各种结合料（水泥、沥青等）的稳定土或碎（砾）石混合料，掺加工业废渣的无机结合料稳定土或碎石，各种碎（砾）

3

石混合料或天然砂砾，贫混凝土或碾压混凝土等。

垫层：不是必须设置的结构层，一般在地基土质较差和（或）水稳状况不良时设置，起排水、隔水、防冻等作用，具有良好的水稳定性和抗冻性。常用材料有无机结合料稳定类材料、级配碎石、砂砾等。

3. 道基

道基是道面下受飞机（或车辆）和道面荷载产生的附加应力影响的一定深度范围内的天然地基或人工填筑土（岩）体地基。道基与地基并不等同，二者的关系见图 1.4-1。

道基需密实、均匀、稳定，处于干燥或中湿状态，应防止地表水、地下水和冰冻对道基性能的影响。

道基顶面以下 1.2m（飞行区指标 Ⅱ 为 E、F）或 0.80m（飞行区指标 Ⅱ 为 A、B、C、D）的道基部分称为道床。道床可细分为上道床（0～0.30m）和下道床（0.30～1.20m 或 0.30～0.80m）。

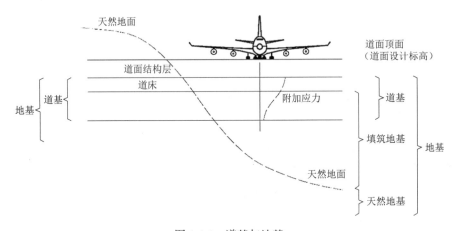

图 1.4-1　道基与地基

1.5　机场跑道的荷载作用

1. 作用于道面上的竖向荷载

竖向荷载主要为飞机的重量。停放时飞机的重量在主起落架和辅助起落架之间分配，主要由主起落架承担。受飞机存油量、装载货物和搭乘旅客的重量影响，主起落架一般承担飞机重量的 90%～96%。

2. 作用于道面上的水平荷载

水平荷载主要有飞机运动时机轮与道面之间的摩擦力引起水平荷载、机轮经过道面不平整处因撞击也会引起水平荷载、飞机着陆时机轮制动过程产生水平荷载、飞机滑行过程中急转弯时由于存在侧向摩擦力而产生水平荷载等。

水平荷载的作用时间十分短暂。水平荷载引起的水平应力随着深度的增大而迅速减弱。

对于机场柔性道面，较大的水平荷载能够引起道面面层产生波浪、壅包和剪切破坏，在设计时需对水平荷载进行验算，必要时设置保护层（磨耗层），以改善柔性道面的受力状态。对于机场刚性道面，一般不考虑水平荷载。

3. 作用于道面上的动荷载

飞机在道面上的一切活动，包括滑行、起飞、着陆和地面试车，都会对道面产生动力影响。动荷载主要包括冲击作用和撞击作用，其中冲击作用由机轮通过道面不平整处时产生，撞击作用由飞机着陆时机轮对道面产生。

机轮通过道面不平整处时产生的冲击作用，其大小与道面的平整状况及飞机运动速度有关。冲击作用也可增大飞机竖向荷载对道面的作用效果。

飞机着陆时机轮对道面产生的撞击作用，其大小与飞机的飘落高度有关。

4. 作用于道基上的荷载

道基主要承受道面的自重和飞机荷载。道基附加应力的大小近似与深度的平方成反比，通常以附加应力（$\sigma_{荷载}$）与自重应力（$\sigma_{自重}$）的比值作为判别荷载对道基影响深度的标准，取 $\sigma_{荷载} = (0.1 \sim 0.2) \sigma_{自重}$ 的深度称为荷载有效影响深度。

对于刚性道面，道基顶部一定深度（z）范围内的附加应力随道面面层厚度的增加而减小；超过深度（z）后，影响甚微；道面面层强度对道基附加应力无显著影响。

对于柔性道面，道面面层厚度和强度对道基附加应力无显著影响；道基顶部一定深度（z）范围内的附加应力随道基回弹模量的增加而减小，超过深度（z）后，影响甚微。

几种型号飞机荷载作用下道基附加应力沿深度变化的曲线，见图 1.5-1。

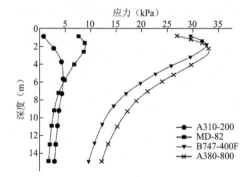

图 1.5-1　几种型号飞机荷载作用下道基附加应力沿深度变化的曲线

1.6　机场道基设计指标

1. 道床填料加州承载比（CBR）

道床填料 CBR 要求见表 1.6-1。

道床填料 CBR 要求　　　　　　　　　　　　　　　　　表 1.6-1

填挖类型	道基顶面以下深度（m）	飞行区指标Ⅱ	
		A、B	C、D、E、F
填方	0.0～0.3	≥6	≥8
	0.3～1.2（0.3～0.8）	≥4	≥5
挖方及零填	0.0～0.3	≥6	≥8
	0.3～1.2（0.3～0.8）	—	≥4

注：括号内的深度适用于飞行区指标Ⅱ为 A、B、C、D 的机场。

2. 道床压实度

道床压实度要求见表1.6-2。

道床压实度要求 表 1.6-2

填挖类型	道基顶面以下深度（m）	飞行区指标Ⅱ	
		A、B	C、D、E、F
填方	0.0～0.3	≥95%	≥96%
	0.3～1.2（0.3～0.8）	≥95%	≥96%
挖方及零填	0.0～0.3	≥94%	≥96%
	0.3～1.2（0.3～0.8）	—	≥94%

注：1. 括号内的深度适用于飞行区指标Ⅱ为A、B、C、D的机场。
2. 表中压实度是重型击实试验法求得的最大干密度的百分数，执行《公路土工试验规程》JTG 3430—2020的规定。
3. 挖方区及零填部位，如碾压后或者处理后的道床顶面回弹模量达到30MPa以上，则道床顶面以下0.3～1.2m（0.3～0.8m）的压实度可降低1%～2%。

3. 道基干湿类型

一般情况，道基的干湿类型应根据道基土的平均稠度（B_m）确定，见表1.6-3。

道基干湿类型的稠度值范围（单位：%） 表 1.6-3

道基干湿类型	砂类土	黏质土	粉质土
干燥	$B_m \geqslant 1.20$	$B_m \geqslant 1.10$	$B_m \geqslant 1.05$
中湿	$1.00 \leqslant B_m < 1.20$	$0.95 \leqslant B_m < 1.10$	$0.90 \leqslant B_m < 1.05$
潮湿	$0.85 \leqslant B_m < 1.00$	$0.80 \leqslant B_m < 0.95$	$0.75 \leqslant B_m < 0.90$
过湿	$B_m < 0.85$	$B_m < 0.80$	$B_m < 0.75$

注：表中砂类土、黏质土、粉质土的划分执行《公路土工试验规程》JTG 3430—2020的规定。

道基土的平均稠度B_m应按式(1.6-1)计算，液限、塑限测试方法按照《公路土工试验规程》JTG 3430—2020中液塑限联合测定仪测定方法（T 0118）执行。

$$B_m = (w_L - w_m)/(w_L - w_P) \tag{1.6-1}$$

式中：B_m——道基土的平均稠度（%）；

w_L——不利季节道床影响深度内道基土采用100g锥的实测液限（%）；

w_P——不利季节道床影响深度内道基土的实测塑限（%）；

w_m——不利季节道床影响深度内道基土的实测平均含水率（%）。

对于粒料类等无法测定平均稠度的材料，道基的干湿类型可根据道基顶面距地下水位或地表积水水位的高度按表1.6-4确定。

道基干湿类型 表 1.6-4

道基干湿类型	一般特征
干燥	$H_0 > H_1$，道基干燥稳定，沥青道面强度和稳定性不受地下水影响
中湿	$H_2 < H_0 \leqslant H_1$，道基上部土层处于地下水影响的过渡带区内
潮湿	$H_3 < H_0 \leqslant H_2$，道基上部土层处于地下水影响区内
过湿	$H_0 \leqslant H_3$，道基极不稳定，冰冻区春融翻浆

注：1. H_0为不利季节道基相对高度。
2. 地表积水水位指不利季节积水20d以上的水位。
3. H_1、H_2、H_3分别为干燥、中湿、潮湿状态的道基临界高度，执行《民用机场沥青道面设计规范》MH/T 5010—2017的规定。

4.道基反应模量（表1.6-5）

道基反应模量（k_0值）指标

表 1.6-5

道基土类	k_0值（MN/m³）
黏性土、细粒土	≥40
粗粒土	≥60
块（碎）石	≥80

5.土石方压实指标

一般道基填方压实度见表1.6-6。

道基填方压实度指标

表 1.6-6

道基顶面以下深度（m）	飞行区指标Ⅱ	
	A、B	C、D、E、F
0.8～4.0	≥94%	≥95%
4.0 以下	≥92%	≥93%

注：1. 表中压实度是重型击实试验法求得的最大干密度的百分数，执行《公路土工试验规程》JTG 3430—2020 的规定。
　　2. 在多雨潮湿地区，当道基为高液限黏土及特殊土质时，应根据道基处理要求，通过现场试验分析确定压实标准，根据现场实际情况表内压实度可降低1%。

高填方机场土方压实度见表1.6-7。

高填方机场土方压实指标

表 1.6-7

部位			道基顶面或地势设计标高以下深度（m）	压实度（%）
飞行区道面影响区	填方		0.0～4.0	≥96
			>4.0	≥95
	挖方及零填		0.0～0.3	≥96
			0.3～0.8	≥94
飞行区土面区	填方	跑道端安全区	0.0～0.8	≥90
			>0.8	≥88
		升降带平整区	0.0～0.8	≥90
			>0.8	≥88
		其他土面区	>0.0	≥88
	挖方及零填	跑道端安全区	0.0～0.3	≥90
		升降带平整区	0.0～0.3	≥90
		其他土面区	0.0～0.3	≥88
航站区	填方		>0.0	≥93
工作区	填方		>0.0	≥90
预留发展区	填方		>0.0	≥88
填方边坡稳定影响区	填方		>0.0	≥93

注：1. 飞行区道面影响区：飞行区内道面（包括道肩）下与其变形有相互影响的一定地基范围；飞行区土面区：飞行区道面影响区以外的其他飞行区；填方边坡稳定影响区：对填方边坡的稳定性有影响的区域。
　　2. 表中深度，对飞行区道面影响区自道基顶面起算，对其他场地分区自地势设计标高起算。
　　3. 表中压实度是重型击实试验法求得，执行《土工试验方法标准》GB/T 50123—2019 的规定；在多雨潮湿地区或当土质为高液限黏土时，根据现场实际情况，可将表中的压实度降低1%～2%。
　　4. 高填方机场石方填筑压实指标宜采用固体体积率，具体指标由试验或石料性质确定。
　　5. 各场地分区内建（构）筑物的地基压实指标尚应符合国家现行有关技术标准的规定。

第2章

机场工程测量

回顾过去，由于历史原因及出于国家安全考虑，机场建设测量技术不宜公开，国内很少见到系统的有关大型机场建设测量方面的书籍，相关测量规范也比较少，机场建设测量技术所依据的基础理论主要是传统的几何、最小二乘法、概率论等。随着当代科技的飞速发展，各学科、各专业的相互融合和推进，技术应用效率和应用范围不断提升和拓展。纵观国内外，综合性的大型工程建设越来越多，测量工作从形式和技术范围的角度上已无从区分究竟是属于建筑测量、水利测量、变形测量，还是大地测量或工程测量所专属的技术范畴。近年来，空间测量技术手段如 GPS 卫星定位技术、卫星激光测距、合成孔径雷达干涉测量、卫星重力梯度测量、机载 LiDAR 测量、三维激光扫描技术等，包括建立和维持高精度的地球参考标架以及地区性和全球性的基本点网等理论已逐渐融合到工程测量技术应用范畴，为工程测量提供了新的技术、方法和手段，同时数据采集和处理具有显著自动化、海量化特征，成果提供也能够实时化，在机场建设工程测量领域，测量技术也逐步迈向了科学化、智能化、动态化新阶段。

机场测量有其独有的特点，在充分调研机场建设测量现状与趋势的条件下，借鉴已有机场建设或其他方面工程建设的思路和经验，并结合测量技术发展，运用现代测量仪器和现代理论，对机场建设过程中涉及的测量内容进行系统的梳理总结，旨在为机场建设过程中测量技术的设计和实施提供指导作用。以普通测量为基础，融合航空摄影测量、激光系统等先进测量手段在机场建设过程中的控制测量、地形测量、净空测量、遮蔽角测量、磁偏角测量、施工测量、竣工测量、监测等阶段的应用，形成了贯穿于机场建设的全生命周期的测量工作方法、技术路线、成果等，为机场测量工作提供完整的技术指导。

2.1 基本要求

2.1.1 测量基准

机场工程建设大地坐标系应采用 CGCS2000 国家大地坐标系，高程基准采用 1985 国家高程基准。建立机场独立坐标系的，应与国家系统建立联系，提供相关坐标之间的转换关系。测量平面基准设计应充分考虑机场建设区域所在高程面及高斯正形投影对边长投影变形影响，投影变形不应大于 2.5cm/km，以满足设计与施工要求。

2.1.2 测量精度

在规范要求和实践中，机场建设工程测量以中误差作为衡量测量精度的指标，以 2 倍中误差为极限误差。一般而言，机场跑道、导航站和雷达站等地理坐标均采用 CGCS2000 国家大地坐标系测定，用经、纬度表示，测量可精确至 0.01″。高程以 1985 国家高程基准测定，测量精确至厘米，跑道高程以跑道中线与两端点交点的高程分别标定。机场跑道方向以跑道中线真北方位角为准，测量精确至 1″。

2.1.3　过程控制

机场工程建设测量实施前，应收集与测量工作有关的资料，包括起算控制点资料，建设区域各种比例尺地形图、卫星影像图、竣工图，以及跑道等相关设计资料。承接机场工程测量任务后，应在现场踏勘的基础上，按照委托任务内容及要求，编制测量技术方案，按照方案设计实施测量，并在过程中控制测量质量，获得机场建设各阶段需要的测量成果。

2.2　控制测量

机场建设测量控制网测设遵循分层分级原则。首级控制网的布设，应满足机场近期建设的需要，又兼远期建设的发展，并应与国家高一级或同级控制点（网）相联测，联测点一般不少于 3 个。机场建设工程项目或项目的独立区域应布设不少于 3 个首级控制点，以满足现场使用和检核需求。实践中，首级及次首级控制网宜选择布设在建设场地周边及跑道中线延长线等控制性位置，现场埋设混凝土预制桩，视现场条件，平面控制和高程控制可用同一桩位。

测区内平面控制网投影长度变形大于 2.5cm/km 时，可采取投影于抵偿高程面或任意设带的方式建立独立平面坐标系，并在测量成果中予以说明。建立独立平面坐标系统依次选择如下方法：

1）投影面为抵偿高程面的高斯–克吕格投影统一 3° 带平面直角坐标系统。

2）任意带的高斯–克吕格投影平面直角坐标系统，投影面可采用黄海平均海水面或机场设计高程面。

3）当高斯–克吕格投影任意带平面直角坐标系统不能满足要求时，应分带投影。

首级平面控制网的等级，应根据机场建设规模、控制网的用途和精度要求合理选择。对于加密网，在满足规范精度指标的情况下，可越级布设或同等级扩展。建立机场平面独立坐标系的，一般以飞机跑道中心线为基准，使机场独立坐标系纵轴平行或重合于跑道中心线，以通过跑道中心并垂直于纵轴方向为横轴，坐标原点的选择应当保证测区内的坐标不出现负值同时便于计算和应用。

考虑到机场整体或部分区域不均匀沉降对飞机跑道安全的重大影响，高程控制网周期性复测是有必要的。同时，在机场高程控制网建设期间，在相对稳定区域以深埋桩形式布设适量水准点，对机场运营维护具有重要价值（图 2.2-1）。

图 2.2-1　某机场现场

2.2.1 平面控制测量

机场平面测量控制网可采用 GNSS 卫星定位测量、导线测量、三角形网测量等方法建立。采用 GNSS 测量方法时，静态 GNSS 控制网精度等级依次为二、三、四等和一、二级；采用导线及导线网测量方法时，控制网精度等级依次为三、四等和一、二、三级；采用三角形网（三角网、三边网或边角网）测量方法时，控制网精度等级依次为二、三、四等和一、二级。机场工程建设平面测量控制网类型和等级按测量条件和使用要求选用，各类平面控制测量等级间对应关系如表 2.2-1 所示。

各类平面控制网等级对应关系 表 2.2-1

GNSS 控制网（静态）	导线控制网	三角形控制网	主要用途
二等	三等	二等	首级控制，联系测量，防护工程控制
三等	四等	三等	首级控制，联系测量，防护工程控制，场区控制，测量放样
四等	一级	四等	控制加密，测量放样
一级	二级	一级	控制加密，测量放样
二级	三级	二级	控制加密

注：考虑到精度问题，动态 GNSS 控制网等级依次为一、二、三级。

机场平面测量控制点的选埋关系到控制网测量精度的保障和点位的便捷使用与保护，可参考以下条件与要求：

1）首级控制点宜埋设在不受工程施工影响的区域，同时应方便观测、加密和扩展。加密控制网可视建设情况确定。

2）采用 GNSS 观测方法时，每个 GNSS 控制点宜有 1 个通视方向；GNSS 控制点应对空开阔，高度角在 15°以上的范围内，应无障碍物；点位周围不应有强烈干扰接收卫星信号的干扰源或强烈反射卫星信号的物体，距大功率无线电发射源宜大于 200m，距高压输电线路或微波信号传输通道宜大于 50m；测站附近的局部环境（地形、地貌、植被等）与周围的大环境保持一致，以减少气象元素带来的误差。

3）采用导线测量和三角形网测量方法时，相邻控制点间视线超越障碍物的高度或旁离障碍物的距离对测量成果具有显著影响，一般而言，进行二等三角形网测量时，视线与障碍物间距不宜小于 1.5m；进行三、四等测量时，视线与障碍物间距不宜小于 1.0m；进行一、二级测量及三级导线测量时，其不宜小于 0.5m。

4）采用电磁波边长测距时，考虑电磁波的传递与反射特性，结合实际经验，测线宜高出地面和离开障碍物 1m 以上；测线不得通过散热塔、烟囱等发热体的上空及附近；安置测距仪的测站应避开受电磁场干扰的地方，离开高压线距离宜大于 5m；应避免测距时的视线背景内有强反光物体。

5）二、三、四等平面控制点应绘制点之记和提供照片，其他控制点可视需要而定。

6）跑道中心线两端延长线上，应分别埋设 2~3 个永久性控制点，间距不宜小于 100m。

7）应充分利用符合要求的原有控制点，在点位稳定性和测量经济性方面均能获利。

8）控制点的埋设及尺寸规格应符合《工程测量标准》GB 50026—2020 的规定。

机场建设工程各类各等级平面控制网测量技术要求和精度指标是平面控制测量的核心，也是机场建设中不发生系统性位置和方向偏移的基本保障。为了方便读者了解和使用，本书结合有关国家和行业规范标准，对机场建设工程平面控制网的相关测量技术要求和测量精度指标进行整理和分类归集。

各等级静态 GNSS 控制网的主要技术指标，应符合表 2.2-2 的规定。

静态 GNSS 控制网的主要技术指标　　　　　　　　　　表 2.2-2

等级	相邻点之间的平均距离（km）	固定误差a（mm）	比例误差b（$\times 10^{-6}$）	约束点间的边长相对中误差	最弱相邻点点位中误差（mm）	最弱边边长相对中误差
二等	9.0	5	2	≤1/250000	5	≤1/120000
三等	4.5	10	5	≤1/150000	10	≤1/70000
四等	2.0	10	10	≤1/100000	10	≤1/40000
一级	1.0	10	20	≤1/40000	20	≤1/20000
二级	0.5	10	40	≤1/20000	20	≤1/10000

注：1. 各级 GNSS 控制网相邻点最小距离可为平均距离的 1/3～1/2，最大距离可为平均距离的 2～3 倍；
　　2. 最弱边边长相对中误差为约束平差后的最弱边边长相对中误差。

各等级动态 GNSS 控制网的主要技术指标，应符合表 2.2-3 的规定。

动态 GNSS 控制网的主要技术指标　　　　　　　　　　表 2.2-3

等级	相邻点间距离（m）	点位中误差（mm）	相对中误差	方法	起算点等级	流动站到基准站距离（km）	测回数
一级	≥500	≤50	≤1/30000	网络 RTK	—		≥4
二级	≥250	≤50	≤1/14000	网络 RTK	—		≥3
				单基站	四等及以上	≤6	
三级	≥200	≤50	≤1/7000	网络 RTK	—		≥3
				单基站	四等及以上	≤6	
					二级及以上	≤3	

各等级 GNSS 控制网静态观测应符合表 2.2-4 的要求。

GNSS 控制网静态观测技术要求　　　　　　　　　　表 2.2-4

等级	接收机类型	仪器最低标称精度	卫星高度角（°）	有效观测卫星数	时段长度（min）	数据采样间隔（s）	平均重复设站数	PDOP 值
二等	多频或双频	$3mm + 1 \times 10^{-6}$	≤15	≥4	90	10～30	2	≤6
三等	多频或双频	$5mm + 2 \times 10^{-6}$	≤15	≥4	60	10～30	2	≤6
四等	多频或双频	$5mm + 2 \times 10^{-6}$	≤15	≥4	45	10～30	1.6	≤6
一级	双频或单频	$10mm + 5 \times 10^{-6}$	≤15	≥4	30	5～15	1.6	≤8
二级	双频或单频	$10mm + 5 \times 10^{-6}$	≤15	≥4	30	5～15	1.6	≤8

GNSS 动态测量可采用单基站 RTK 或网络 RTK 测量方式，在已建立 CORS 网的城市和地区，一般均采用网络 RTK 测量方式。GNSS 控制网的动态观测应符合表 2.2-5 的要求。

GNSS 控制网动态观测技术要求 表 2.2-5

等级	接收机类型	仪器最低标称精度	卫星高度角（°）	有效观测卫星数	一测回观测值个数	测回间隔（s）	PDOP 值
一级	双频	$10mm + 2 \times 10^{-6}$	≤ 15	≥ 5	≥ 10	≥ 60	≤ 6
二级	双频	$10mm + 2 \times 10^{-6}$	≤ 15	≥ 5	≥ 10	≥ 60	≤ 6
三级	双频	$10mm + 2 \times 10^{-6}$	≤ 15	≥ 5	≥ 10	≥ 60	≤ 6

各等级导线控制网的主要技术指标，应符合表 2.2-6 的规定。

各等级导线测量的主要技术指标 表 2.2-6

等级	导线长度（km）	平均边长（km）	测角中误差（″）	测距中误差（mm）	测距相对中误差	测回数			方位角闭合差（″）	导线全长相对闭合差
						0.5″级仪器	1″级仪器	2″级仪器		
三等	14.0	3.0	1.8	20.0	≤ 1/150000	4	6	10	$3.6\sqrt{n}$	≤ 1/55000
四等	9.0	1.5	2.5	18.0	≤ 1/80000	2	4	6	$5\sqrt{n}$	≤ 1/35000
一级	4.0	0.5	5.0	15.0	≤ 1/30000	—	—	2	$10\sqrt{n}$	≤ 1/15000
二级	2.4	0.25	8.0	15.0	≤ 1/14000	—	—	1	$16\sqrt{n}$	≤ 1/10000
三级	1.2	0.1	12.0	15.0	≤ 1/7000	—	—	1	$24\sqrt{n}$	≤ 1/5000

注：1. n 为测站数。
2. 当测区测图的最大比例尺为 1：1000 时，一、二、三级导线的导线长度、平均边长可放长，但最大长度不应大于表中规定相应长度的 2 倍。
3. 当导线平均边长较短时，应控制导线边数不超过表中相应等级导线长度和平均边长算得的边数；当导线长度小于表中规定长度的 1/3 时，导线全长的绝对闭合差不应大于 0.13m。
4. 导线网中结点与结点、结点与高级点之间的导线段长度不应大于表中相应等级规定长度的 70%。

各等级导线水平角观测技术要求，应符合表 2.2-7 的要求。

各等级导线控制网水平角观测技术要求 表 2.2-7

等级	仪器精度等级	半测回归零差限差（″）	一测回 2C 互差（″）	同一方向值各测绘较差限差（″）
四等及以上	0.5″	≤ 3	≤ 5	≤ 3
	1″	≤ 6	≤ 9	≤ 6
	2″	≤ 8	≤ 13	≤ 9
一级及以下	2″	≤ 12	≤ 18	≤ 12
	6″	≤ 18	—	≤ 24

注：当某观测方向的垂直角超过±3°的范围时，一测回内 2C 互差可按相邻测回同方向进行比较，比较值应满足表中一测回内 2C 互差的限值。

各等级导线控制网边长测距的主要技术要求，应符合表 2.2-8 的规定。

各等级导线控制网边长测距的主要技术要求 表 2.2-8

平面导线控制网等级	仪器精度等级	每边测回数		一测回读数较差（mm）	单程各测回较差（mm）	往返测距较差（mm）
		往	返			
三等	5mm 级仪器	3	3	≤ 5	≤ 7	≤ 2(a + b × D)
	10mm 级仪器	4	4	≤ 10	≤ 15	
四等	5mm 级仪器	2	2	≤ 5	≤ 7	
	10mm 级仪器	3	3	≤ 10	≤ 15	
一级	10mm 级仪器	2		≤ 10	≤ 15	
二、三级	10mm 级仪器	1		≤ 10	≤ 15	

注：1. 一测回是全站仪盘左、盘右各测量 1 次的过程；
　　2. 困难情况下，测边可采取不同时段测量代替往返观测。

各等级三角形网的主要技术指标，应符合表 2.2-9 的规定。

各等级三角形网的主要技术指标 表 2.2-9

等级	平均边长（km）	测角中误差（″）	测距中误差（mm）	起始边长相对中误差	测距相对中误差	最弱边边长相对中误差
二等	9.0	≤ 1.0	≤ 30	≤ 1/300000	≤ 1/300000	≤ 1/120000
三等	5.0	≤ 1.8	≤ 30	≤ 1/160000	≤ 1/160000	≤ 1/80000
四等	2.0	≤ 2.5	≤ 16	≤ 1/100000	≤ 1/120000	≤ 1/45000
一级	1.0	≤ 5.0	≤ 16	≤ 1/40000	≤ 1/60000	≤ 1/20000
二级	0.5	≤ 10.0	≤ 16	≤ 1/20000	≤ 1/30000	≤ 1/10000

各等级三角形网测量的主要技术要求，应符合表 2.2-10 的规定。

各等级三角形网测量的主要技术要求 表 2.2-10

等级	平均边长（km）	测角中误差（″）	测边相对中误差	最弱边边长相对中误差	测回数				三角形最大闭合差（″）
					0.5″级仪器	1″级仪器	2″级仪器	6″级仪器	
二等	9.0	1.0	≤ 1/25万	≤ 1/12万	9	12	—	—	3.5
三等	4.5	1.8	≤ 1/15万	≤ 1/7万	4	6	9	—	7.0
四等	2.0	2.5	≤ 1/10万	≤ 1/4万	2	4	6	—	9.0
一级	1.0	5.0	≤ 1/4万	≤ 1/2万	—	—	2	4	15.0
二级	0.5	10.0	≤ 1/2万	≤ 1/1万	—	—	1	2	30.0

注：测区测图的最大比例尺为 1∶1000 时，一、二级网的平均边长可放长，但不应大于表中规定长度的 2 倍。

2.2.2 高程控制测量

机场建设高程控制网的精度可划分为国家二、三、四等，控制网精度等级可根据工程规模、用途和要求确定。一般情况下，平原地区机场的首级高程控制网按国家二等水准网精度施测，山区、丘陵地区机场的首级高程控制网可按国家三、四等水准网精度施测。机场项目的首级高程控制网应布设成闭合环，加密网宜布设成附合网、结点网或闭合环。国家二等及三等精度的高程控制网应采用水准测量方式，国家四等精度的高程控制网可采用水准测量或三角高程测量方法。机场扩建项目的高程系统要与机场原高程系统保持一致，否则应与原高程系统建立联系。

机场建设工程各等级高程控制网测量技术要求和精度指标是高程控制测量的核心，也是机场建设和运营中竖向位置和位移的基本保障。本书结合有关国家和行业规范标准，对机场建设工程高程控制网的相关测量技术要求和测量精度指标进行整理和分类归集，以方便查阅和使用。

各等高程控制网的主要技术指标，应符合表 2.2-11 的规定。

各等高程控制网的主要技术指标 表 2.2-11

等级	每千米测量中误差		路线长度（km）	水准仪级别	水准尺	观测次数		往返较差、附和或环线闭合差（mm）	
	偶然中误差 M_Δ（mm）	全中误差 M_W（mm）				与已知点联测	附和或环线	平地	山地
二等	≤1	≤2	—	DS1、DSZ1	因瓦	往返各一次	往返各一次	$4\sqrt{L}$	
三等	≤3	≤6	≤50	DS1、DSZ1	因瓦	往返各一次	往一次	$12\sqrt{L}$	$4\sqrt{n}$
				DS3、DSZ3	玻璃钢、双面		往返各一次		
四等	≤5	≤10	≤16	DS3、DSZ3	玻璃钢、双面	往返各一次	往一次	$20\sqrt{L}$	$6\sqrt{n}$

注：1. 结点之间或结点与高级点之间的路线长度不应大于表中规定的 70%；
2. L 为往返测段、附合或环线的水准路线长度（km），n 为测站数；
3. 数字水准测量和同等级的光学水准测量精度要求相同。

数字水准仪外业测量的主要技术要求，应符合表 2.2-12 的规定。

数字水准仪外业测量的主要技术要求 表 2.2-12

等级	水准仪级别	视线长度（m）	前后视的距离较差（m）	前后视的距离较差累积（m）	视线离地面最低高度（m）	测站两次观测的高差较差（mm）	数字水准仪重复测量次数
二等	DSZ1	≤50	≤1.5	≤3.0	≥0.55	≤0.7	≥2
三等	DSZ1	≤100	≤2.0	≤5.0	≥0.45	≤1.5	≥2
四等	DSZ1	≤100	≤3.0	≤10.0	≥0.35	≤3.0	≥2

光学水准仪外业测量的主要技术要求，应符合表 2.2-13 的规定。

光学水准仪外业测量的主要技术要求 表 2.2-13

等级	水准仪级别	视线长度（m）	前后视距差（m）	前后视距差累积（m）	视线离地面最低高度（m）	基辅分划或黑红面读数较差（mm）	基辅分划或黑红面所测高差较差（mm）
二等	DS1/DSZ1	≤50	≤1.0	≤3.0	≤0.5	≤0.5	≤0.7

续表

等级	水准仪级别	视线长度（m）	前后视距差（m）	前后视距差累积（m）	视线离地面最低高度（m）	基辅分划或黑红面读数较差（mm）	基辅分划或黑红面所测高差较差（mm）
三等	DS1/DSZ1	≤100	≤3.0	≤6.0	≤0.3	≤1.0	≤1.5
	DS3/DSZ3	≤75				≤2.0	≤3.0
四等	DS3/DSZ3	≤100	≤5.0	≤10.0	≤0.2	≤3.0	≤5.0

电磁波测距三角高程测量的主要技术指标，应符合表 2.2-14 的规定。

电磁波测距三角高程测量的主要技术指标　　　　表 2.2-14

等级	每千米高差全中误差（mm）	边长（km）	观测方式	对向观测高差较差（mm）	附和或环形闭合差（mm）
四等	10	≤1	对向观测	$40\sqrt{D}$	$20\sqrt{\sum D}$

注：1. D 为测距边的长度（km）；
　　2. 起点的精度等级，四等应起于不低于三等水准的高程点上；
　　3. 路线长度不应超过相应等级水准路线的总长度。

电磁波测距三角高程测量的主要技术要求，应符合表 2.2-15 的规定。

电磁波测距三角高程测量的主要技术要求　　　　表 2.2-15

等级	垂直角观测				边长测量	
	仪器精度等级	测回数	指标差较差（″）	测回较差（″）	仪器精度等级	观测次数
四等	2″级仪器	3	≤7″	≤7″	10mm 级仪器	往返各一次

2.3　地形测量

机场工程地形测量服务于机场建设的各个阶段，同时各阶段对地形图使用的要求也不相同，具体要求以地形图比例尺为准。根据机场建设工程的设计阶段、规模大小和运营管理需要，地形图测绘的比例尺可按表 2.3-1 选取。

地形图测绘的比例尺　　　　表 2.3-1

比例尺	用途
1：5000	可行性研究（包括飞行程序设计）、总体规划、初步设计
1：2000	可行性研究、初步设计、施工图设计、详细规划
1：1000	初步设计、施工图设计、净空障碍物图测量
1：500	
1：200	导航台位置附近地形测量

地形的类别划分和基本等高距的确定应符合下列规定：

1）应根据地面倾角 α 大小确定地形类别；

平坦地：$\alpha < 2°$；

丘陵地：$2° \leqslant \alpha < 6°$；

山地：$6° \leqslant \alpha < 25°$；

高山地：$\alpha \geqslant 25°$。

2）基本等高距应按表 2.3-2 选取。

基本等高距（单位：m）　　　　　　表 2.3-2

地形类别	比例尺			
	1：500	1：1000	1：2000	1：5000
平坦地	0.5	0.5	1	2
丘陵地	0.5	1	2	5
山地	1	1	2	5
高山地	1	2	2	5

随着测量技术和设备的迅猛发展，地形测量的方法和手段也越来越先进，测量效率更加高效，地形图测量产品多样和丰富。在机场工程地形图测量中，本书主要介绍 RTK 测图、全站仪测图、车载三维激光扫描测图、低空数字摄影测图、机载激光雷达扫描测图等技术。

在地形图测量前期，现场需要布设图根控制点，可作为地形图测量测站或像控点等使用。图根平面控制和高程控制测量可同时进行，也可分别施测。一般来讲，图根点相对于邻近等级控制点的点位中误差不应大于图上 0.1mm，高程中误差不应大于基本等高距的 1/10。对于小测区，图根控制可作为首级控制。图根点点位标志宜采用木（铁）桩，当图根点作为首级控制或等级点不足时，每幅图应埋设一个标石。图根控制测量可采用 RTK 测量、图根导线、图根水准测量等，本书主要介绍 GNSS-RTK 图根控制测量的主要技术要求。

1）RTK 图根控制测量可采用单基站 RTK 测量模式，也可采用网络 RTK 测量模式；作业时，有效卫星数不宜少于 6 个，多星座系统有效卫星数不宜少于 7 个，PDOP 值应小于 6，并应采用固定解成果。

2）RTK 图根控制点应进行两次独立测量，坐标较差不应大于图上 0.1mm，高程较差不应大于基本等高距的 1/10，符合要求后应取两次独立测量的平均值作为最终成果。

3）GNSS-RTK 平面图根控制测量的主要技术要求应符合表 2.3-3 的规定。

GNSS-RTK 平面图根控制测量的主要技术要求　　　　表 2.3-3

等级	相邻点间距离（m）	边长相对中误差	起算点等级	流动站到单基准站间距离（km）	测回数
图根	≥100	≤1/4000	三级及以上	≤5	≥2

GNSS-RTK 图根高程测量与平面测量同步进行，主要技术要求应符合表 2.3-4 的规定。

GNSS-RTK 图根高程测量的主要技术要求　　　　表 2.3-4

等级	平地、丘陵			山地		
	模型内符合中误差（mm）	检测高程中误差（mm）	检测较差（mm）	模型内符合中误差（mm）	检测高程中误差（mm）	检测较差（mm）
图根	≤30	≤50	≤100	≤45	≤75	≤150

2.3.1　GNSS-RTK 地形测量

机场建设工程地形测量中，采用 GNSS-RTK 地形测量方法已经成为常态，这主要得益于我国北斗卫星导航系统的建成与应用，以及国产 GNSS 测量设备的成熟与普及。GNSS-RTK 测图常使用双频或多频接收机，仪器标称精度不低于 $10mm + 5 \times 10^{-6}$。测图作业一般采用单基站 RTK 测量方法。随着我国许多城市和区域已建立连续运行基准站系统，采用网络 RTK 进行地形测量已经成为普遍现象。GNSS-RTK 地形测量前需要做好相应的准备工作。

1）搜集测区的测量控制点成果、卫星定位测量资料，掌握测区控制平面基准和高程基准参数，包括参考椭球参数、中央子午线经度、纵横坐标的加常数、投影面高程、平均高程异常等；了解掌握所在区域的连续运行基准站系统的覆盖情况。

2）搜集卫星导航系统的地心坐标框架与测区地方坐标系的转换参数，以及相应参考椭球的大地高基准与测区的地方高程基准的转换参数。

3）使用网络 RTK 前，应按要求在地方有关服务机构进行登记、注册，并应获得系统服务的授权。

需要实时建立 GNSS 坐标转换关系时，需要考虑以下要求：

1）基准转换可采用重合点求定三参数或七参数的方法进行。

2）坐标转换参数和高程转换参数的确定分别进行。坐标转换位置基准要保持一致，重合点不少于 4 个，在测区的周边和中部均匀分布；高程转换可采用卫星定位高程测量的方法。

3）有条件的，坐标转换参数可直接使用测区卫星定位控制网二维约束平差所计算得到的参数。

4）当进行大面积区域测图时，可能需要分区求解转换参数，测量中要注意相邻分区重合点的测量，一般重合点不应少于 2 个。

5）正常情况下，转换参数需要采取多种点组合的方式分别计算，并应择优选取使用。

如果已经掌握既有转换参数（模型），在应用中需要注意以下几点：

1）应在转换参数（模型）计算所覆盖的范围内使用该模型。

2）使用前，应对既有转换参数（模型）的精度、可靠性进行实测检查和分析，检查点应分布在测区的中部和边缘，采用卫星定位实时动态图根控制测量方法检测，检测结果平面较差不应大于图上 0.1mm，高程较差不应大于等高距的 1/10；超限时，应分析原因，并应重新建立转换关系。

在连续运行基准站系统不能覆盖的区域，采用单基站 + 流动站进行地形测量就成为一种常见的选择。受 GNSS 接收机卫星信号接收条件限制及其间通信影响，单基站 + 流动站地形测量现场作业有其特别的一些要求：

1）应根据测区面积、地形和数据链的通信覆盖范围，均匀布设基准站。

2）单基站站点的地势应宽阔，周围不得有高度角超过 15° 的障碍物和干扰接收卫星信号或反射卫星信号的物体。

3）以电台通信的单基站 + 流动站模式测量的有效作业半径一般不超过 10km。

基准站的设置决定了该模式测量有效的作业区域和测量精度，基准站的设置满足以下要求：

1）基准站架设在已知控制点位上时，GNSS 接收天线应对中整平，对中偏差不大于 2mm，天线高精确量取至 1mm。

2）电台天线宜设置在高处，电台频率不与其他无线电通信频率冲突。

流动站的测量状态决定了该模式的测量效率和测量质量，流动站测量作业时要注意以下事项：

1）流动站接收机天线高架设要与测区环境相适应，变换天线高时要在手簿上作相应更改。

2）流动站作业的有效卫星数不少于 6 个，多星座系统有效卫星数不少于 7 个，PDOP 值应小于 6，每点观测时间不应少于 5 个历元，得到固定解后记录成果。

3）手簿中正确设置项目参数、天线高、天线类型、PDOP 和高度角，在相对开阔的区域进行流动站的初始化。

4）测量作业前，通过联测已知点做精度检核，检测结果与已知成果的平面较差不应大于图上 0.2mm，高程较差不应大于基本等高距的 1/5。

5）测量过程中出现卫星信号失锁时，需要重新初始化并联测已知点位（附近控制点或已测点位）进行平面和高程检查。结束前，联测控制点进行检查。

利用不同的基准站测量时，要适当测量地物重合点，点位较差不应大于图上 0.6mm，高程较差不应大于基本等高距的 1/3（图 2.3-1）。

图 2.3-1　机场地形测量

2.3.2　全站仪地形测量

全站仪具有测量方式灵活、测量环境适应性强、测量数据稳定可靠的显著特点，缺点是对现场测量控制点依赖性强。在实践中，全站仪测图具有广泛的应用。全站仪测图所使用的仪器和软件应符合下列规定：

1）使用 6″级以上全站仪，测距标称精度不应低于 $10mm + 5 \times 10^{-6}$。

2）配套的测图软件，具备测量数据内业处理和地形图图式符号绘制与图形编辑功能。全站仪测图的方法，可采用编码法、草图法或内外业一体化的实时成图法等。

为了保证测图精度，不发生测量错误，全站仪测图的仪器安置及测站检核需要注意以下几点：

1）仪器的对中偏差不应大于 5mm，仪器高和棱镜高应量至 1mm。

2）应选择远处的图根点作为测站定向点，并应施测另一图根点的坐标和高程作为测站检核；检核点的平面位置较差不应大于图上 0.2mm，高程较差不应大于基本等高距的 1/5。

3）作业过程中和作业结束前，应对定向方位进行检查。

用全站仪配合相应数字测图软件系统进行数字地形测绘时，按照经验和数字测图要求，外业测绘需要做以下几点工作：

1）采用草图法测量作业时，按每测站绘制地形草图，对测量点位进行编号，编号与全站仪的记录点号保持一致。绘制草图时，对地形要素的位置、属性和相互关系简化表述，便于内业地形图编绘使用即可。

2）采用编码法进行数字测图作业时，一般采用通用编码格式，也有些用户使用软件的自定义功能和扩展功能建立用户自己的编码系统。

3）采用内外业一体化的实时成图法作业时，需要实时确立测点的属性、点及地形地物相互之间的逻辑关系及其连接，地形地物其他绘图要素等。

4）在建筑密集的地区作业时，对于仪器无法直接测量的点位，可采用支距法、线交会法等几何作图方法进行测量，并应记录相关数据。

数字外业测图可按图幅施测，也可分区施测，测图时可测出图幅或分区边界图上 5mm，以便于接拼图。每日测量结束后，将全站仪采集储存的数据传输到计算机，做相应数据检查，生成原始数据文件并备份。

2.3.3　三维激光扫描地形测量

三维激光扫描地形测量是一种新型测图方式，是包括我国北斗导航卫星系统在内的全球卫星定位应用与三维激光扫描硬件设备和软件产业快速发展共同催生出来的一种地形测量新工艺。作为三维激光扫描测量的次生产品，三维激光扫描地形测量与三维激光扫描模型，三维激光点云等具有天然的共生共建关系，其产品生产和应用存在无限可能。在机场工程建设中，已经有了大量的三维激光扫描地形测量应用，测量方式主要有车载三维激光扫描、机载三维激光扫描或背包式三维激光扫描，本节主要介绍车载三维激光扫描测量系统的主要技术要求和注意事项。

对车载三维激光扫描地形测量作业首先要考虑的是数据的完整性和安全性，对此要有相应预案。实践经验中，首先是要保障设备的正常工作，一旦出现不正常情况要做好记录，以便查阅和补救。对于因遮挡或无法进入施测的部位需要做好记录，现场条件允许时，及时完成补采。测量作业中遭遇恶劣天气条件，需要立即停止现场作业并对设备采取防护措施，保证设备安全。每日野外数据采集完成后，应将采集的数据传输到计算机进行数据质量检查，做好数据保存与备份。

车载激光扫描测量系统作业前的准备工作主要包括资料收集与分析、现场踏勘、设备校验与准备、技术设计、路线规划、控制测量、基准站设计等内容。车载激光扫描测量作业的路线规划具有很重要的地位，路线规划时，需要兼顾测区道路交通状况、导航定位卫星信号接收情况，以及太阳方位，尽可能有利于测量作业的顺利实施。

1）路线规划应包括初始化位置、结束位置、行进路线、移动速度、保障措施等。

2）宜先沿主要道路、河流，再沿次要道路、支流规划外业采集路线。

3）采集时，宜沿直行道路采集，双向通行道路宜往返采集并不应重复。

4）作业时段，宜选择晴天和无拥堵的时间段采集。

5）在导航定位卫星信号无法满足观测精度要求的区段，需要布设地面控制点，辅助扫描测量定位。

车载激光扫描测量系统的基准站宜选择连续运行基准站。当需自行布设基准站时，宜在已知点上架设双基准站，精度不应低于一级，有效作业半径宜小于 10km，视场内障碍物的高度角不宜大于 15°。基准站作业应符合下列规定：

1）基准站观测时间段应覆盖移动测量系统的数据采集时间，数据采样间隔不应大于 1s。

2）基准站的值守人员不可离开站点，应阻止无关人员和车辆靠近，并应防止基准站受到振动或被移动。

3）作业期间不得改变基准站天线的位置和高度，也不得在基准站旁使用手机、对讲机等无线电通信设备，避免干扰测量，给测量带来较大误差或粗差。

车载激光扫描测量系统数据采集作业前，对系统外围设备和相关设施做好检查，包括车辆与供电设备状态、各组件连接与工作状态、数据存储和备份空间、卫星定位测量基准站状态，切实保障测量作业顺利完成。

三维激光扫描定位定姿数据采集应符合下列规定：

1）作业前应采用静态或动态方式进行 IMU 初始化，初始化地点相对开阔、无遮挡、无高压线或高压铁塔，尽量避开水塘和桥梁等。

2）初始化作业应满足导航定位有效卫星数不少于 6 颗，PDOP 小于 6 的要求。

3）数据采集结束后应检查数据完整性，对临时基准站的点位进行标识。

对三维激光点云采集也要做一些要求，以保证点云数据质量：

1）激光数据的回波比例不低于 90%；

2）根据激光扫描仪的性能控制采集速度；

3）点云密度应满足项目要求。

数据处理流程宜包括对定位定姿数据、激光点云等数据的预处理与数据融合处理，处理后数据文件的组织与存储管理应符合现行行业标准《车载移动测量数据规范》CH/T 6003 的有关规定。定位定姿数据处理应符合下列规定：

1）可选取距当前测量区域最近的卫星定位测量基准站数据进行解算，也可采用多基站数据联合进行平差。卫星导航系统与惯性测量单元联合平差中误差要求，宜符合表 2.3-5 的规定。

卫星导航系统与惯性测量单元联合平差中误差要求　　　　　　表 2.3-5

项目	中误差
平面位置	≤ 0.03m
高程	≤ 0.06m
侧滚角	≤ 0.03°
俯仰角	≤ 0.03°
行车方向偏角	≤ 0.05°

2）在导航定位卫星信号弱或者失锁的情况下，可采取地面控制点纠正的方法。

3）应输出定位定姿精度、初始化参数等信息。

4）应根据工程要求和实际测量情况进行控制点纠正。

5）组合导航定位数据处理结果应满足项目要求。

激光点云数据处理应符合下列规定：

1）激光点云应包含绝对坐标和时间信息。

2）应对激光点云进行噪声处理，噪声率不应高于 5%。

3）车载激光扫描数据精度应符合表 2.3-6 的规定。

车载激光扫描数据精度（单位：m）　　　　　　　　表 2.3-6

级别	平面精度	高程精度	距离范围
1 级	0.05	0.05	50
2 级	0.1	0.1	100
3 级	0.2	0.2	200

三维激光扫描地理要素的采集应符合下列规定：

1）地理要素的分类与代码应符合现行国家标准《基础地理信息要素分类与代码》GB/T 13923 的有关规定。

2）采用交互立体量测模式，采集管线、管线井、独立树、电线杆、电力线等独立地物要素和线要素。

3）采用切片投影方式，采集房屋、道路、植被、河流等线状、面状地物要素。

4）根据矢量要素类型、位置，设置切片点云的层数、厚度。

5）根据切片点云，描绘编辑矢量要素。

移动测量系统外业数据采集结束后（图 2.3-2、图 2.3-3），应进行数据检查，检查内容宜包括点云精度、全景影像与点云配准精度、全景影像质量及数量、测区覆盖情况和工程之间叠加检查情况等。数据应在检查合格后进行内业采集提取。

图 2.3-2　车载三维激光扫描仪　　　图 2.3-3　背包式三维
　　　　　　　　　　　　　　　　　　　　　激光扫描仪

2.3.4　低空数字摄影地形测量

在大面积或长线路地形测量中，低空数字摄影测量具有明显优势。低空数字摄影可适用于 1：500、1：1000、1：2000、1：5000 航测成图，机场建设工程各阶段需要不同比例尺的地形图，这样看来两者之间的生产方式与需求是契合的。近年来，低空数字摄影地形测量技术在机场地形测量中大量应用，产生了很好的效益。低空数字摄影飞行器需要具备卫星导航和定位定姿的功能，飞行器的有效载荷、续航能力、巡航速度需要满足任务飞行要求。低空数字摄影数码相机的成像探测器面阵不应低于 2000 万像素，最高快门速度不应大于 1/1000s，相机镜头应为定焦镜头且应对焦无限远。低空数字摄影相机应进行检校，相机检校参数应包括像主点坐标、主距和畸变差方程系数。低空摄影的飞行质量主要应包括像片倾角、像片旋角、航线弯曲度、航高保持、像片重叠度、摄区边界覆盖等，应符合国家现行标准《工程摄影测量规范》GB 50167 和《低空数字航空摄影规范》CH/T 3005 的有关规定。进行低空数字摄影作业时，必须制订飞行器安全应急预案且必须遵守国家对低空空域使用管理的规定。

低空数字航摄影像的质量应符合下列规定：

1）影像应能辨认出与地面分辨率相适应的细小地物影像，并应能建立立体模型。

2）影像上不应有云、烟、局部反光、污点等缺陷；若影像存在缺陷，不应影响立体模型的连接和立体采编。

3）在曝光瞬间，因飞机飞行造成的像点位移不宜大于 1 个像素，并不应大于 1.5 个像素。

4）拼接影像无模糊、重影和错位现象。

像控点布设和空中三角测量的主要技术要求应符合下列规定：

1）像控点可根据航线数目选用航线网布点或区域网布点。当采用具有实时动态辅助导航功能或后处理动态功能的低空数字摄影飞行器时，像控点数量可适当减少。

2）像控点测量可采用导线测量、卫星定位测量。

3）空中三角测量应包括航摄影像的内定向、相对定向、绝对定向和网平差计算等，对于具有卫星导航定位和惯性测量单元的辅助空中三角测量，在网平差时应导入摄站坐标、像片外方位元素进行联合平差。

4）像控点布设和空中三角测量的其他技术要求应符合现行国家标准《工程摄影测量规范》GB 50167 的有关规定。

低空数字摄影（图 2.3-4、图 2.3-5）的数据质量检查包括飞行质量检查、POS 数据检查、影像质量检查等。应在检查合格后进行内业数据采集作业。

图 2.3-4　低空无人机
测量（一）

图 2.3-5　低空无人机测量（二）

2.3.5　机载激光雷达扫描地形测量

在一些特殊区域的机场工程地形测量中，机载激光雷达扫描地形测量多有应用。机载激光雷达数据获取应根据激光雷达和数码相机的技术参数及项目精度要求进行设计，并应符合下列规定：

1）航线旁向重叠设计不宜小于 20%，最低不应小于 10%；旋偏角不宜大于 15°，最大不应超过 25°。

2）航高设计应兼顾影像分辨率、点云密度、地形起伏以及激光测程等因素。

3）航线数据文件应包括航线号、航带顺序及系统工作参数等信息。

4）航线布设在中高分辨率、具有空间地理定位的遥感影像和数字高程模型上进行。

5）机载激光雷达测图相对航高和点云密度一般根据设备性能和项目要求确定，并应符合表 2.3-7 的规定。

机载激光雷达测图相对航高和点云密度的要求　　　　　　　　　表 2.3-7

相应比例尺	扫描航高（m）	DEM 格网间距（m）	扫描点云密度（点/m²）
1：500	500	0.5	≥16
1：1000	1000	1.0	≥4
1：2000	2000	2.0	≥1
1：5000	3000	2.5	≥1

6）激光点精度应符合有关点位精度和高程精度的规定。森林或弱反射率地区，激光点的精度不超出相应限差的 1.5 倍。

机载激光雷达扫描定位应符合下列规定：

1）机载激光雷达扫描定位可采用 RTK 测量技术，基准站间距宜为 15～30km，特殊情况下，站间距不应超过 50km。地面基准站点不低于一级控制点的精度。

2）卫星定位的数据采样间隔不宜大于 1s，同步观测的有效卫星数不少于 5 颗。PDOP 值不应大于 6，卫星定位采用载波相位实时动态差分模式，使用双差固定解成果。

机载激光雷达扫描的飞行应符合下列规定：

1）激光雷达扫描测量前，应通过检校飞行精确测定激光扫描仪、惯性导航仪（IMU）和数码相机的偏心分量，精确至 10mm。

2）起飞前，需要检查飞行控制系统、激光雷达、数码相机、卫星定位接收机天线及惯性导航仪（IMU）等设备及控制软件的工况。

3）设置激光雷达设备的扫描镜摆动角度、扫描频率、脉冲等参数，同时设置数码相机的曝光度、快门速度、ISO 值等相机参数。

4）飞行器进入预设航线获取测区点云与影像数据时，监视设备的运行状态调整相关设备参数。

5）飞行速度应根据项目精度要求、仪器设备性能指标、地形起伏等情况确定。整个测区的飞行速度要保持一致。

6）在一条航线内，航高变化不应超过相对航高的 10%，实际航高不应超过设计航高的 10%。

7）航线俯仰角、侧翻角不宜大于 2°，最大不应超过 4°。航线弯曲度控制在 3%以内。

8）每架次飞行结束后，应根据数据整理清单，填写数据质量检查记录表，包括成果数据、航飞记录表和初步检查记录表。

机载激光雷达扫描数据处理时，应根据 POS 数据、激光测距数据、系统检校数据、地面基站数据联合解算，生成激光点云数据，并将建（构）筑物、植被等非地面点与地面点分离。

机载激光雷达扫描的数据质量检查包括地面基站数据、POS 数据、激光点云数据精度、影像数据质量等内容（图 2.3-6）。

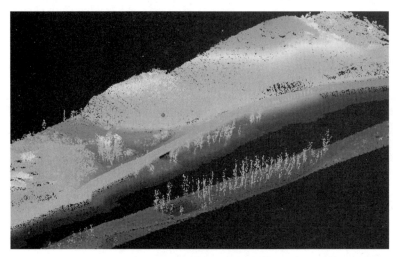

图 2.3-6 机载激光扫描成果

2.4 净空障碍物测量

由于飞机在机场区域内的飞行高度比较低，所以必须在机场上空划出一个区域，这个区域称为机场净空区。飞机能否安全起降，与机场场址内外的地形地貌和人工构筑物高度密切相关。因此，必须对机场附近沿起降航线一定范围内的空域提出净空要求，保证飞机起降时的低高度飞行不能有地面障碍物妨碍导航和飞行的影响。净空障碍物测量是对机场周边地区有可能影响机场净空条件的障碍物进行的测量工作。

为保障飞机起降安全和机场运行安全，防止由于机场周围障碍物增多而使机场无法使用，规定了几种障碍物限制面，用以限制机场及其周围地区障碍物的高度。障碍物限制面包含内水平面、锥形面、进近面、内进近面、过渡面、内过渡面、复飞面、起飞爬升面等。突出障碍物限制面的物体，可能在某些情况下造成对仪表进近程序或有关目视盘旋程序加大超障高度，或者对飞行程序设计造成实际影响。障碍物限制要求按设计及相关规定执行。障碍物限制面以外的机场附近地区，距机场跑道中心线两侧各 10km、跑道端外 20km 以内的区域内，高出地面标高 30m 且高出机场标高 150m 的物体应视为障碍物，除非经航行部门研究认为其并不危及飞行安全。

机场净空测量一般以 1∶10000 或 1∶50000 地形图为工作底图，图中应标出跑道位置、净空障碍物限制面，按障碍物限制面要求先内业初查，然后在外业现场详细调查及测量。净空测量可在机场首级控制测网下进行。机场净空测量可采用三点前方交会法测量、航空摄影测量、GNSS 测量等手段。障碍物的测量精度要求为平面及高程均不大于 0.5m。测量障碍物的坐标、高程，调查障碍物的属性。净空区内有铁路、公路、江河或高压线穿越时，应测出车、船或高压线穿越的最高点高程。当机场延长跑道或提高机场等级时，应按要求对机场净空进行重测。将机场净空测量成果编绘成净空平面图和净空剖面图，图中标出净空障碍点，并注明每个净空障碍点的编号和高程。相同属性的障碍物应顺序编号，图中应列出障碍物一览表，表与图一一对应，包括障碍物编号、名称、方向、距离、高程和超高高度。净空剖面图水平比例应与净空剖面图一致，垂直比例可为 1：2000～1：5000。

2.5 导航台（站）及遮蔽角测量

导航台（站）测量内容主要包括台（站）地形测量、台（站）位置测量、台（站）区域内障碍物及遮蔽角测量。导航台（站）测量需要符合《民用航空通信导航监视台（站）设置场地规范 第 1 部分：导航》MH/T 4003.1—2021《民用航空通信导航监视台（站）设置场地规范 第 2 部分：监视》MH/T 4003.2—2014 和《航空无线电导航台（站）电磁环境要求》GB 6364—2013 的有关规定。导航台（站）的位置点、真北方向点应埋设永久性标志，航向信标台及方向性要求较强的台站，在平行和垂直跑道方向或自真北方向起每隔 90°便于保存位置，埋设永久性标石。设置在跑道中线延长线上的台（站）位置，以跑道端中心点起算，其偏离方向不应大于 60″，各台（站）至跑道端点距离的相对误差不应大于 1/1000。导航台和雷达站应采用 CGCS2000 坐标系测量中心点的地理坐标，用经纬度表示，精确至0.01″。以跑道轴线为零方向或按真北方向，按各台站技术要求测定各台站区域内障碍物的平面位置、高程、方向角和遮蔽角。

遮蔽角是指雷达波源与地物顶端的连线和地平线之间的夹角，当雷达天线仰角小于该角度时，由于地形或地物对天线波束的遮挡，导致雷达无法发现飞行目标。为了掌握导航台（站）周围是否有高大障碍物影响雷达探测，对于高度超过台站塔或天线的障碍物要测量出位置、高度，并计算出障碍物相对于台站天线的方位、距离、遮蔽角等数据。工作中，要求对导航台（站）中心点 500m 以内的架空电力线（标明电压等级）、架空通信线、铁路（包括电气化铁路）、金属构筑物的方位、距离及标高进行测量；对雷达站站址中心点周围1000m 以内的现有气象雷达、高频发生器、微波站等产生有源干扰的电器设施方位、距离及标高进行测量。测量航向台水平方向+10°保护区内高于航向台地面设计标高 15m 的障碍物图。导航台（站）遮蔽角的观测是以导航台（站）天线的位置中心点为基准，自真北方向点起沿 360°方位，每隔 1°～3°（视遮蔽角的变动剧烈程度而定）测量一点，对障碍物应测其最大遮蔽角及其水平方向角。对各测量值应按方向角及遮蔽角连成曲线图，在图上注明构成遮蔽的障碍物性质，如山峰、铁塔及建筑群等。遮蔽角曲线图是以方向角为横坐标轴，遮蔽角为纵坐标轴，按纵横坐标不同比例尺绘制曲线图。遮蔽角测量可以采用全站仪直接施测障碍物平面位置、高程和遮蔽角，如全站仪不便观测，可以使用 GNSS-RTK 测量障碍物位置和高度并计算出各障碍物的遮蔽角等信息。遮蔽角测量也可采用航空摄影测量的方法，利用无人机航测采集测区数据，生成 DEM 模型，计算并统计障碍物遮蔽角，绘制遮蔽角曲线图。

2.6 机场位置和跑道方向测量

测量机场位置和跑道方向，其主要目的是明确其在参考椭圆体上的大地经纬度与大地方位角，为机场建设与运营提供准确位置与方位服务。机场位置点和跑道方向以跑道中线及其中点为准，位置点经纬度和跑道方位均与国家大地网联测计算，位置点经纬度中误差不大于 0.1″，跑道真北方位角中误差不大于 20″。受测量基准点基础设施条件限制，联测确有困难的，可采用天文观测方法获得机场位置与跑道的天文经纬度和天文方位角，其观测精度基本与联测换算大地坐标的精度一致，可采用二等观测。天文坐标一般应进行垂线偏差的改正，解算得到大地坐标成果。也可采用全球定位系统测量，并归算至大地坐标系。

地磁导航具有简便、廉价、可靠、不易受干扰等特点，成为世界各国航空航海领域必备的导航方法。磁偏角是机场建设的重要参数，主要用于设定跑道编号、导航台站的基准方位等。磁偏角是真子午线与磁子午线的夹角，在机场建设运营中要求其精度优于 0.1°。磁偏角测量工作实际上包括两部分：真方位角测量和磁方位角测量。首先通过 GNSS 方法测定基线两端点的坐标，解算求出观测基线的真方位角，采用专门的磁偏角测量仪器测定基线的磁方位角，二者相减即可得观测基线的磁偏角。测定磁方位角的测量仪器称为地磁经纬仪，地磁经纬仪由无磁材料制造的光学经纬仪、磁通门磁力仪、检零器三部分组成。磁偏角测量时应进行多次重复观测，通过比较重复测量数据，估算最终成果的精确度，取其平均值作为最终成果。

2.7 施工测量

机场工程建设施工测量时，应先在飞行区、航站区和工作生活区建立施工控制网。施工控制网可利用勘察阶段已有平面和高程控制网，其中平面控制网的边长应归算到施工区的平均高程面上，并应进行复测检查。飞行区施工测量应在机场独立坐标系统下进行。航站区和工作生活区施工测量可在 CGCS2000 国家坐标系统或机场所在地地方坐标系统下进行，测量坐标系统与设计文件保持一致。机场建设施工控制网点应根据设计总平面图和施工总布置图加密布设控制点，以满足施工测设的需要。机场建设施工测量以中误差作为衡量测量精度的指标，以 2 倍中误差为允许误差。

2.7.1 施工场地测量

施工场地测量主要内容包括场地现状图、场地平整、临水临电管线敷设、施工道路、临时建（构）筑物以及机具物料场地布置等测量工作。场地现状图一般以 1∶500、1∶1000 比例尺测绘。场地平整测量应根据设计和施工方案的有关要求，采用全站仪、GNSS 卫星定位等测量技术，平坦地区施测 20m×20m 方格网，地形起伏地区施测 10m×10m 方格网。施工场地各对象测量允许误差可按表 2.7-1 要求考虑。

施工场地测量允许误差 表 2.7-1

测量内容	平面（mm）	高程（mm）
场地平整方格网点	±50	±20
施工道路	±70	±50
临水	±50	±50
临时雨污水	±50	±30
临电	±70	±70
临建	±50	±30

2.7.2 场区施工测量控制网布设

飞行区施工测量控制网以 10～20m 等间隔的格网形式布设，有关点位的坐标均为 0.5m 或 1m 的整数倍。按照现场条件，场区建筑物施工平面控制网可布设成矩形，特殊情况下也可布设成"十"字形主轴线，或布设成平行于建筑物外轮廓的多边形。场区施工平面控制网测量可根据建筑物的不同精度要求分三个等级，其主要技术要求见表 2.7-2。

建筑物施工平面控制网主要技术要求 表 2.7-2

等级	适用范围	测角中误差（″）	边长相对中误差
一级	钢结构建筑、候机楼、机场塔台、跑道及滑行道	±8	1/24000
二级	框架结构建筑、机场办公楼、机场宾馆	±12	1/15000
三级	一般建筑	±24	1/8000

建筑物施工平面控制网分建筑物外部控制网和内部控制网，地下部分施工阶段一般布设在建筑物外侧地表面上，主体施工阶段需要把控制点引测布设在建筑物内部。控制网建成后，需要在合适位置测设建筑物轴线控制桩，作为控制建筑物轴线的放样和检查的基本点位。将建筑物外部控制引测至内部时，一般要预先埋设内部控点标板，投测到标板的点位允许误差为±1.5mm。机场建设工程施工高程控制网可采用水准测量和光电测距三角高程测量方法建立，水准测量的等级依次分为二、三、四、五等，光电测距三角高程测量可用于四、五等高程控制测量，具体等级可根据场区的实际需要确定。

2.7.3 机场建（构）筑物施工测量

机场建筑物施工定位放线测量的主要内容包括：建筑物定位放线、桩基础施工测量、基坑开挖过程中的放线与抄平、建筑物基础放线、±0.000 以下的测量放线与抄平等。建筑物定位放线时，起点允许误差为±20mm，边长相对误差不应大于 1/6000，且边长误差不应大于±20mm。

建筑物定位的方法多种多样，可按照现场实际情况选用：

1）建筑物轴线平行且构成矩形关系时，一般选用直角坐标法。

2）建筑物轴线不平行或相互构成任意形状时，一般选用极坐标法。

3）建筑物远距离定位，可选用方向交会法。

4）建筑物场地平整，距离定位不超过所用钢尺长度且量距条件较好时，可选用距离交会法。

±0.000 以上结构施工测量主要内容包括主轴线内控制点的测设与竖向投测、施工层的平面与标高控制测设与竖向投测、大型预制构件的安装测量、模板的定位与拼接安装等。结构施工测量采用外控法进行轴线竖向投测时，应将控制轴线引测至首层结构外立面上，作为各施工层主轴线竖向投测的测量基准。结构施工测量采用内控法进行轴线竖向投测时，应在首层或最底层底板上预埋钢板，划"十"字线钻孔作为基准点并在各层楼板对应位置预留 200mm×200mm 孔洞，以便竖向传递轴线。轴线竖向投测时，投测的允许偏差为 $3H/10000$（H 为竖向投测距离），且符合表 2.7-3 的规定。

轴线竖向投测允许偏差　　　　　　　　　　　　　　　　　　　表 2.7-3

项目		允许偏差（mm）
每层		±3
总高 H（m）	$H \leqslant 30$	±5
	$30 < H \leqslant 60$	±10
	$60 < H \leqslant 90$	±15

施工层放线时，应先校核投测轴线，闭合后再测设细部轴线与施工线，各部位放线允许偏差应符合表 2.7-4 的规定。

各部位放线允许偏差　　　　　　　　　　　　　　　　　　　表 2.7-4

项目		允许偏差（mm）
外廓主轴线长度 L（m）	$L \leqslant 30$	±5
	$30 < L \leqslant 60$	±10
	$60 < L \leqslant 90$	±15
	$90 < L \leqslant 120$	±20
	$120 < L \leqslant 150$	±25
	$150 < L$	±30
细部轴线		±2
承重结构边线、非承重墙边线及门窗洞口线		±3

建筑标高的竖向传递，可采用钢尺或测距仪等测设。当使用钢尺时，应从首层起始标高线垂直量取，当传递高度超过钢尺长度时，应另设一道起始线，依次投测传递；当使用光电测距投测时，宜沿测量洞口、管线洞口等垂直向上传递。建筑物标高投测允许误差为 $3H/10000$，且符合表 2.7-5 的规定。

标高竖向投测允许偏差 表 2.7-5

项目		允许偏差（mm）
每层		±3
总高 H（m）	$H \leqslant 30$	±5
	$30 < H \leqslant 60$	±10
	$60 < H \leqslant 90$	±15

施工层抄平之前，应先校测 2 个以上传递标高点，当较差小于 3mm 时，以其平均值作为本层标高起算值。抄平时宜将水准仪安置在待测点范围的中心位置，水平线标高允许误差为±3mm。各施工层墙体砌筑到一定高度后，在墙体上测设半米或整米标高水平线作为结构、装修施工的标高依据，相邻标高点间距不大于 4m，水平线允许误差为±3mm。预制柱安装时，可用两台经纬仪，在相互垂直的方向线上同时校测构件安装的垂直度，预制柱安装测量垂直度的允许误差为±3mm。预埋钢板应保持水平并与地脚螺栓垂直，依据纵、横控制轴线，交会出定位钢板上的纵、横轴线，其允许误差为±0.5mm。在灌注基础混凝土前，应检查调整纵、横轴线与设计位置，其允许误差为±0.5mm。预埋钢板水平控制允许误差为±0.5mm。机场形体复杂建（构）筑物的平面细部定位点及结构曲面细部定位点测设，可采用全站仪坐标法、极坐标法、交会法、偏角法与弦线法等方法。机场管线工程定位校测或调整应符合下列规定：

1）室外管线与室内管线连接时，以室内管线的位置和高程为准。

2）室外管线与市政干线连接时，以市政干线预留口位置和高程或市政规划位置和高程为准。

3）新建管线与原有管线连接时，以原有管线位置和高程为准。

管线点相对于邻近控制点的测量点位中误差不应大于±50mm，高程中误差不应大于±20mm。各类管线安装高程的测量允许偏差应符合表 2.7-6 的规定。

管线安装高程测量允许偏差 表 2.7-6

管线类型	高程测量允许偏差（mm）
自流管线	±3
压力管线	±10

机场围场路及其他内部道路终点与交点相对于定位控制点的定位测量允许误差应符合表 2.7-7 的规定。

道路定位测量的允许误差 表 2.7-7

项目	允许误差（mm）
道路直线中线定位	±25
道路曲线横向闭合差	±50

机场内部道路工程各种施工高程控制桩的测量允许误差应符合表 2.7-8 的规定。

高程控制桩的测量允许误差 表 2.7-8

项目	允许误差（mm）
纵横断面测量	±20
施工边桩	±5
竣工校测	±10

2.7.4 机场飞行区施工测量

机场飞行区测量控制网遵守一次布控、后续定期维护原则，为场道施工建设和运营维护提供测量控制依据，保障各阶段测量精度的一致性。机场工程建设中，对跑道及滑行道区域的平面控制点不应少于 3 个，高程控制点不应少于 2 个。飞行区施工测量控制桩交接完成后，要及时进行复测和加密。大型机场施工平面控制点可用 GNSS 静态测量测设和加密。如果机场某一个区域进行施工，施工区域相对面积不大，也可用导线法进行控制点测设和加密。跑道及滑行道施工高程控制点采用高精度水准仪观测，精度满足二等水准测量要求。其他场道区域可按三等水准测量技术要求进行高程测量，其每千米高差偶然中误差以±3mm 考虑。每千米高差偶然中误差以下式计算：

$$M_{\mathrm{h}} = \pm\sqrt{\frac{1}{4n} \times \left(\frac{W \times W}{L}\right)} \tag{2.7-1}$$

式中：M_{h}——每千米高差偶然中误差（mm）；

W——测段往返高差不符值（mm）；

L——测段长度（km）；

n——测段数量。

场道中心点现场测设完毕后，应对其平面及高程精度进行同精度检测，按点位中误差和高程中误差统计。平面位置精度可用下式计算：

$$M_{\Delta} = \pm\sqrt{\frac{(\Delta S_{\mathrm{i}} \times \Delta S_{\mathrm{i}})}{2n}} \tag{2.7-2}$$

式中：M_{Δ}——场道中心检测点的平面位置中误差（mm）；

ΔS_{i}——场道中心点平面位置检测偏差（mm）；

n——检测点数量。

高程中误差用下式计算统计：

$$M_{\mathrm{V}} = \pm\sqrt{\frac{(\Delta H_{\mathrm{i}} \times \Delta H_{\mathrm{i}})}{2n}} \tag{2.7-3}$$

式中：M_{V}——场道中心检测点的高程中误差（mm）；

ΔH_{i}——场道中心点高程检测偏差（mm）；

n——检测点数量。

机场道面摊铺施工测量中，平面主要测量跑道和滑行道边界位置可使用 RTK 在跑道和滑行道道面边线处采集一定数量点的平面坐标，直线段以每 50m 采集一个点，拐角和圆弧部分加密采集点。机场道面摊铺施工时，沥青道面层铣刨并清理完毕后，按照地势设计图方格网尺寸布设测量方格网。方格网横向是飞机起降方向，按照每 10m 一个断面布设，纵向根据坡度设计确定方格网分幅。采用 RTK 和 50m 钢卷尺放样方格网，使用水准仪按三等水准测量方格网点的高程，包括现有道肩边线的高程。道面摊铺中，及时测量并提供摊铺厚度，检测摊铺厚度是否满足场道−3～+5mm 的验收要求。数字摊铺机自动控制系统对高程控制点的密度要求高，为避免遮挡，要求在道面两侧都布设同样间距的高精度高程控制点，点位密度以保障数字摊铺机实时观测到 2 个以上高程点为准，按三等水准要求测设。机场助航灯光带位置测设，可采用 GNSS RTK、全站仪坐标放样，并辅以钢尺定向量距方式进行。钢尺量测时，应注意钢尺保持水平拉直状态，分段量测尺寸之和与总长度相对误差不应大于 1/1000。

2.7.5　三维激光扫描技术在建筑施工模拟预拼装中的应用

现代机场航站楼很多都会采用钢结构等预制构件作为建筑物结构的一部分，这些预制结构单体体积庞大、外形多样，有些还是复杂的异形结构，并且大多数钢预制结构拼装还需要在建筑物上部空间完成，由此如何对这些结构按设计要求进行拼装，已经成为挑战。一般来讲，建筑预制结构现场拼装施工之前，都要有个预拼装过程，预拼装是控制施工质量、保证构件在现场顺利安装的有效措施。如何实现预制结构便捷预拼装，甚至室内仿真模拟拼装，对施工效率和施工成本控制以及施工安全控制，是具有现实研究意义的。按照《钢结构工程施工规范》GB 50755—2012 要求，机场航站楼钢结构预制构件预拼装是将分段制造的大跨度柱、梁、桁架、支撑等钢构件在出厂前进行整体或分段分层临时性组装，采用三维激光扫描技术对这些构件进行三维扫描，使其完全数字化，然后进行数字化模拟预拼装，切实提升构件预拼装水平。

大兴国际机场航站楼屋顶盖相当于 25 个足球场大，仅采用 8 根巨大的"C 形柱"支撑，该"C 形柱"也是全球最大的钢结构支撑。"C 形柱"本身结构复杂，体积庞大，由大量预制构件组成，必须进行预拼装作业，确保质量合格后再运输到现场安装施工。施工实践中，完成这些钢结构"C 形柱"预拼装，采用传统的预拼装工艺将耗费大量的人力物力财力且效率低下，严重制约航站楼施工进度。采用高精度三维激光扫描技术扫描测量各预制构件，对单构件外形尺寸进行测量检测，检测其外形尺寸、对接部位、弯弧度等重要制造指标是否满足设计施工要求。同时将预制构件扫描图件在虚拟环境中拼装成结构单元，与"C 形柱"BIM 模型拟合分析，验证构件拼装精度，实现结构单元的数字化预拼装。该机场航站楼"C 形柱"施工实践中，首先选择 1 根"C 形柱"进行实体预拼装，并对实体预拼装与数字化预拼装进行数据比对，得出了数字化模拟预拼装不仅能保证建筑构件加工精度，且完全能够取代实体预拼装。大兴国际机场航站楼"C 形柱"和其他劲性钢结构均仅采用数字化模拟预拼装技术，缩短预拼装工期 70%以上，有力保障了航站楼整体施工进度。

2.7.6　数字化测量技术在场道施工中的应用

机场场道施工主要涉及土方和道面施工，在三维数字化施工实践中，在现场使用的各类机械设备上同步安装相关自动控制系统，包括接收器、数据电台、网管、控制箱、传感器及相关软件等，辅以场道三维模型，实现场道数字化施工，并能实现远程监视与控制。场道三维模型的建立，主要是通过采用专业软件对场道各结构层设计高程分层，叠加场道设计模型中，再统一到施工坐标和高程系下，形成一个场道施工三维模型。通过远程发送或现场拷贝的方式，传递给现场的施工机械，在场地周边平面和高程控制点的定位定高与监视下，实现数字化场道施工作业。现场机械能够将数据实时传输回系统平台，用户能够收到机械施工过程中的各项数据，对施工进行远程控制与管理。

1. 场道施工测量应用

土基表面高程、横坡和平整度是场道施工控制的重点。场道三维数字化施工中，机械设备按照设计高程和虚铺厚度等参数自动控制铲刀来完成施工作业，机械操作员可通过操作室内可视化界面实时查看当前作业面与设计面的差值，掌握施工状况。测量人员只需不定时对成品面抽检，验证设备是否正常运行即可。同时，系统会根据实时高程与设计高程的差值进行填挖计算，为整平后作业面是否需要填挖提供依据。机械引导系统通过与控制点基准站的实时联测解算，获得机械设备的准确位置，并通过传感器测算铲斗位置与姿态，实现场道施工的自动化控制作业。

2. 道面施工测量应用

机场场道道面施工主要是摊铺和碾压。场道三维数字化施工通过智能化控制设备施工，大大缩减了各类干扰因素，保障了场道施工质量和安全。

1）摊铺机数字化控制系统。架设在控制点上的全站仪实时跟踪测量，将坐标数据通过电台传送到摊铺机控制系统，在同设计数据比对后，系统将高程修正信息传递给自动控制箱，控制箱发出指令，驱动摊铺机作业，实现路面平整度施工。数字化摊铺系统的应用实现了测站全站仪与摊铺机自主测量、自主引导，按照场道三维模型控制指导道面摊铺施工。

2）压路机数字化控制系统。压路机加装数字化施工控制系统后，可以实现道面自主碾压作业，机械操作员通过操作室内可视化界面实时查看当前碾压遍数、碾压层数、当前高程、设计高程等数据，掌控碾压施工作业，控制碾压施工质量。

机场场道改扩建施工中，一般会面临不停航施工问题。机场场道不停航施工大多在夜间进行，且有效施工时间短。场道三维数字化施工技术利用固定基站、流动站和设备自动化系统相互配合，能够减少测量人员大量场道工作，提高施工作业效率，有效解决了机场场道改扩建工作面临的难题。

2.8 道面或板角高程测量

机场改扩建工程，或涉及机场道面损坏或提高机场等级时，需要在机场道面分块平面图的基础上，测量道面分块角点平面位置、道面或板角高程。道面分块角点的平面位置一般采用全站仪或 GNSS RTK 测量，道面或板角点高程测量一般采电子水准仪测量。道面或板角高程测量时，需要沿跑道或滑行道周围布置水准点（网），水准点（网）宜每 100m 布设一点，除沿跑道或滑行道周围布设成闭合环外，还应环绕联络道布设成结点网，按二等水准施测。采用水准仪直接后视水准点，测定水泥混凝土道面板角或沥青道面网点高程。测点布设间距不宜大于 10m×10m，道面中线、边线及坡度变化处应有测点，不得进行二次转点测定。板角或网点高程应重复测定，其两次测定高程较差应不超过±3mm。板角或网点高程相对邻近水准点高程中误差不大于±5mm。道面板角或网点高程图按 1∶200 或 1∶500 比例尺绘制，高程精确测至 1mm。道面或板角高程也可利用三维激光扫描的方法测量（图 2.8-1），扫描后应使用传统测量方法进行抽查验证并进行精度评定。

图 2.8-1 三维激光扫描测量

2.9 竣工测量

2.9.1 竣工测量基本要求

机场建设项目竣工后，应进行竣工测量。竣工测量对象主要有航站楼、货运库（楼）、航管楼与塔台、飞行区及其他配套设施。竣工测量的工作内容包括机场建（构）筑物外部轮廓线的测量、四至距离测算、建（构）筑物的高度测量、竣工测量地形图测绘、建筑面积测量等。机场建（构）筑物外部轮廓线的测量主要有以下工作要求：

1）应测量建（构）筑物外部轮廓线和规划文件中标注坐标的建（构）筑物外轮廓点位。

2）建（构）筑物外部轮廓线平面图形、次要点位及其附属配套设施应实测，一般采用极坐标法测量。

3）测量规划文件中标注坐标的建（构）筑物外轮廓点位时，条件点测量可采用双极坐标法、前方交会法、GNSS RTK 法或量距法等。采用双极坐标法、前方交会法时，点位较差应不大于 50mm，成果取平均值；采用前方交会法时，交会角度宜在 30°～150°之间，且交会距离宜小于 100m；采用 GNSS RTK 法时，点位中误差和高程中误差均不应大于 ±50mm。用量距法时，可用钢尺量距或手持激光测距仪测距，单程双次丈量，两次量距较差应在 ±20mm 之内，成果取用平均值。

机场建（构）筑物主要角点距四至的距离测量是建筑物竣工测量的主要内容之一，需要满足规划验收要求。

1）四至边界应与规划文件中所示的四至边界一致，涉及规划用地红线和规划道路时，应复核其变更情况。

2）四至周边建筑未建时，可不计算间距，也可依据其设计坐标计算，并应在测量平面图上注明。

3）因四至周边建筑正建无法实测时，可依据该建（构）筑物的初始验线测量成果计算，并应在测量平面图上注明。

建（构）筑物与四至的距离测量可使用钢尺或手持激光测距仪实地量测，也可解析计算相关尺寸。采用钢尺或手持激光测距仪量测时，应采用单程双次丈量方法，两次量距较差在 20mm 之内，成果取用平均值。建（构）筑物的四至距离应与规划文件中标注的位置、数据一一对应。

机场建（构）筑物四至边界点坐标实地测量，也可利用建筑物灰线或正负零验线的测量成果。

机场建（构）筑物的高度测量是建筑物竣工测量的主要内容之一，需要满足建筑物竣工验收要求。

1）应测量建（构）筑物的高度、层数和建（构）筑物室外地坪的高程。

2）建（构）筑物的高度测量可采用电磁波测距三角高程测量、钢尺或手持激光测距仪测量等方法。采用电磁波测距三角高程测量法时，应变换仪器高或觇标高测两次；采用钢尺量距或手持激光测距仪测距时，应采用单程双次丈量。各方法两次测量值的较差均应不大于 100mm，成果取用平均值。

3）平屋顶建（构）筑物的高度，应测量女儿墙顶到室外地坪的高度及女儿墙自身高。室外地坪指建筑外墙散水处，当建筑不同位置的散水高程不一致时，以计算建筑高度相关方向的散水平均位置为室外地坪。

4）坡屋面或其他曲面屋顶建（构）筑物的高度，一般测量建（构）筑物屋面下檐口至室外地坪的高度，当屋顶坡度大于 30°时，测量坡屋顶高度一半处至室外地坪的高度。

5）阶梯式建筑应测出不同楼层的高度。

机场地下建（构）筑物的竣工测量包括地下泵房、地下配电室、地下停车场、过街地道等地下空间设施。应测量地下建（构）筑物外部轮廓线、地下建（构）筑物高度、四至距离；外部轮廓线及主要细部点位是内墙时，应在竣工测量平面图中说明，或依据设计尺寸推算到外墙。

地下建（构）筑物的高度指净空高度或室外地坪至底板的高度，净空高度应在规划文件注明的位置测量，不同的净空高度应分别测量并在剖面示意图中明确表示。地下建筑物各层结构厚度需要实测，规划文件中明确覆土厚度的，要通过相关测量数据解算出覆土厚度，以满足规划验收要求。

机场竣工地形图测绘应符合下列规定：

1）竣工地形图应在建（构）筑物竣工后进行实地测绘。

2）竣工地形图可采用全站仪测图、RTK 测图、地面三维激光扫描测图进行全野外数字测图，成图比例尺宜为 1：500，图纸坐标系统、高程基准、图幅大小、图上注记、线条规格，应与原设计图一致。

3）涉及规划文件的地物点相对邻近图根点的点位中误差不应大于 50mm，地物点之间的间距中误差不应大于 70mm。其他地物点相对邻近图根点的点位中误差不应大于 70mm，地物点之间的间距中误差不应大于 100mm。地物点的高程中误差不应大于 40mm。

4）竣工地形图的分幅可采用自由分幅，也可采用标准图幅。

5）竣工地形图数据可采用现行国家标准《地理空间数据交换格式》GB/T 17798 规定的格式或通用的 GIS 软件数据格式进行存储和交换。

机场竣工建筑面积测量应包括建（构）筑物地上主体、地下主体及附属设施。建筑面积外业数据采集时绘制建筑物各层测量草图，现场记录量测数据。可采用实地量距法或坐标解析法，或其他能符合相应精度要求的测量方法。测量仪器使用检定合格的钢尺、手持激光测距仪、全站仪等，或其他能符合精度要求的测量仪器。测量中，要注意建筑物中的技术层、夹层、暗层、地下层、阳台、卫生间、楼顶等隐蔽地方，避免漏测。

建筑面积计算处理应符合现行国家标准《建筑工程建筑面积计算规范》GB/T 50353 的相关规定。

1）测量完成后，需要编制机场建设工程竣工测量成果报告，报告书应包括竣工测量成果表（含竣工测量平面图）、建（构）筑物高度测量成果图和建筑面积成果表，建设工程竣工测量成果报告书的内容及格式应符合相关规定。

2）建设工程竣工测量成果表（含竣工测量平面图）的内容应包括建（构）筑物信息、建设单位信息、测绘单位信息和竣工测量平面图。建（构）筑物信息应包括建设工程规划文号、名称、性质、层数、高度、建筑面积、特征点平面坐标和其他说明。

3）竣工测量平面图应以竣工测量地形图为基础，其内容应与规划文件相对应，表示建（构）筑物的平面布局、位置信息、高程信息、规划界线信息和注记信息等内容。

4）建（构）筑物高度测量成果图宜采用立面示意图的形式分栋表示，多楼层建筑各楼层都要标出整体高度。一个建（构）筑物高度测量成果图表示不清的，可绘制多个建（构）筑物高度测量成果图。在规划文件中单独作为一项建（构）筑物同时存在地上、地下部分时，地上、地下部分应在同一张建（构）筑物高度测量成果图上表示。

5）建筑面积成果表分幢制作，每幢竣工建（构）筑物的建筑面积成果表应包括竣工建（构）筑物信息、建筑面积统计信息和建筑面积分层信息。其中，竣工建（构）筑物信息应包括项目名称、建设工程规划文号、工程地点、图幅号、地上层数和地下层数等。

2.9.2　三维激光扫描竣工测量

三维激光扫描测量在机场工程竣工测量中具有独特的应用价值和效果。三维激光扫描测量数据采集主要采用以下 3 种方式：

1）单站绝对定向模式：三维激光扫描测站与靶标（类似全站仪的棱镜）布设在图根点上，并设置扫描相应参数，执行扫描。

2）无靶标相对定向：采用无靶标方式，直接对目标建筑物进行扫描测量。

3）高精度车载三维激光扫描测量：主要用于场道道路竣工。

在三维激光扫描测量工艺中，需要对扫描测量数据预处理，主要包括：

1）三维点云数据的滤波技术

对于有序点云噪声，采用高斯滤波方法去噪；对于散乱点云噪声，采用拉普拉斯滤波算法。这两种方法相对数据处理效率较高。针对点云补洞算法，采用分块处理的方法，将海量点云数据进行分块后，建立基于三角网格模型的曲面修复方法，该方法不仅计算效率高，而且具有较高的拓扑性。

2）三维点云数据压缩技术

一般选择比较实用的基于区域分割的顶点合并网格简化算法，该算法具备易于程序实现且执行效率高的优点。

3）三维点云数据矢量化技术

利用基于扫描线矢量化的思想，对散乱激光点云进行二维排序后，在每一条扫描线中进行线段拟合，在不同扫描线间将线段进行平面拟合，从而完成了基于点线面模式的激光点云矢量化算法。

机场竣工三维激光扫描测量首先要对三维激光扫描仪采集的数据进行处理，通过三维模型构建，获得机场建（构）筑物三维立体模型，并在模型上量测绘制竣工图形，解算竣工验收数据，生成竣工成果资料。

1）抽取三维模型中特定高度层的信息，绘制立面图进行高度验收。

2）利用专业数据处理软件，量取计算建筑物面积，并对建筑物面积汇总进行建筑面积验收。

3）利用专业数据处理软件，绘制建筑物平面位置关系图、航站楼及附属建筑平面位置关系图等，进行平面位置与四至关系验收。

2.10　测量成果

机场建设工程测量成果按选勘阶段、初勘阶段、详勘阶段、施工、竣工、运维等各阶段生成提供，各阶段测量成果可独立或合并提供，测量成果合并提供时对应的内容应合并出具，提供成果资料要明确资料使用范围和期限，有特殊使用情况的，应在成果报告中特别说明。

平面控制测量成果宜包括以下内容：

1）技术设计；

2）平面控制网图、控制点点之记；

3）测量仪器、气象及其他仪器的检定检验资料；

4）全部外业观测记录资料；

5）全部内业计算资料、数据加工处理中生成的文件、资料及成果表；

6）技术总结或技术报告；

7）质量检查验收报告。

高程控制测量成果宜包括以下内容：

1）技术设计；

2）高程控制网图、控制点点之记；

3）测量仪器及其他仪器的检定检验资料；

4）全部外业观测记录资料；

5）全部内业计算资料、数据加工处理中生成的文件、资料及成果表；

6）技术总结或技术报告；

7）质量检查验收报告。

地形测量成果主要包括数字线划图（DLG）成果、数字高程模型（DEM）成果、数字正射影像（DOM）成果、数字三维模型成果，成果文件宜包括以下内容：

1）技术设计；

2）测量仪器及其他仪器的检定检验资料；

3）全部外业观测记录资料；

4）全部内业计算资料、数据加工处理中生成的文件；

5）技术总结或技术报告；

6）质量检查验收报告。

净空测量成果主要包括净空测量成果说明、净空平面图、净空剖面图、电子文件。

导航台站测量成果主要包括测量成果说明、地形图、场地环境平面图、遮蔽角图、测量成果表、电子文件。

机场位置和跑道方向测量成果主要包括测量成果说明、测量成果图、表、电子文件。

道面或板角高程测量成果主要包括测量成果说明、道面分块高程图、测量成果表、电子文件。

竣工测量成果因其特殊性，在第 2.9 节中详细说明，在此不再赘述。

第3章

机场工程勘察

机场工程勘察是机场建设的前期阶段，为机场设计提供基础资料，分为选址勘察、初步勘察和详细勘察 3 个阶段，根据场地环境和工程需要，还涉及料源勘察、填海机场勘察、水上机场勘察、高填方机场勘察等专项勘察内容。机场工程勘察具有系统性强、要求高、内容多、范围广、难度大、责任大等特点。

3.1 基本要求

3.1.1 机场工程岩土分类

民用机场工程岩土分类执行《岩土工程勘察规范》GB 50021—2001 的规定。

3.1.2 机场工程勘察等级划分

民用机场工程勘察分级，应根据机场的场地复杂程度、地基等级和飞行区指标，按表 3.1-1～表 3.1-3 综合分析确定。

民用机场场地复杂程度划分　　　　　　　　　　表 3.1-1

场地类别	划分条件
一级场地 （复杂场地）	符合下列条件之一者：①抗震设防烈度大于或等于 8 度，分布有潜在地震液化可能性砂土、粉土层的地段；②不良地质作用强烈发育；③地质环境已经或可能受到强烈破坏；④地形地貌复杂或飞行区填方高度大于或等于20m；⑤滩涂或填海造地地地
二级场地 （中等场地）	符合下列条件之一者：①抗震设防烈度等于 7 度，分布有潜在地震液化可能性砂土、粉土层的地段；②不良地质作用一般发育；③地质环境已经或可能受到一般破坏；④地形地貌较复杂或飞行区填方高度大于或等于10m
三级场地 （简单场地）	符合下列条件者：①抗震设防烈度小于或等于 6 度的场地；②不良地质作用不发育；③地质环境基本未受破坏；④地形地貌简单或飞行区填方高度小于10m

注：从一级场地开始，向二级场地、三级场地推定，以最先满足的为准。

民用机场地基等级划分　　　　　　　　　　表 3.1-2

地基类别	划分条件
一级地基	符合下列条件之一者：①岩土种类多，性质变化大，地下水对工程影响大且需特殊处理；②软弱土、湿陷性土、膨胀土、盐渍土、多年冻土等特殊性岩土，以及其他情况复杂，需作专门处理的岩土
二级地基	符合下列条件之一者：①岩土种类较多，性质变化较大，地下水对工程有不利影响；②除一级地基规定以外的特殊性岩土

续表

地基类别	划分条件
三级地基	符合下列条件者：①岩土种类单一，性质变化不大，地下水对工程无影响；②无特殊性岩土

注：从一级地基开始，向二级地基、三级地基推定，以最先满足的为准。

民用机场工程勘察等级划分　　　　　　　　　　　　　　表 3.1-3

勘察等级	确定勘察等级的条件		
	场地复杂程度	地基等级	飞行区指标Ⅱ
甲级	一级场地（复杂场地）	一级、二级、三级	C、D、E、F
	二级场地（中等场地）	一级	C、D、E、F
		二级、三级	E、F
	三级场地（简单场地）	一级	C、D、E、F
		二级、三级	E、F
乙级	二级场地（中等场地）	二级	C、D
		三级	C、D
	三级场地（简单场地）	二级	C、D
丙级	三级场地（简单场地）	三级	C

3.2　机场工程阶段性勘察

3.2.1　选址勘察

民航机场工程一般都是大型工程，选址勘察是非常重要的环节，一般通过对多个候选场址工程地质资料的对比分析，对拟选场址的稳定性和适宜性作出工程地质评价。

选址勘察阶段以收集资料、工程地质调查、现场踏勘为主，对地形、地貌、地质条件较复杂的机场场址，应辅助工程地质测绘；场址条件复杂时，对主要设施和代表性地段应进行必要的勘探，布置少量钻探或坑探。

选址勘察一般开展气象条件调查、工程地质测绘与调查等工作，必要时可开展工程地质勘察工作。

1. 选址勘察任务

选址勘察阶段应完成下列主要任务：

1）收集区域地质、工程地质、水文地质和地震地质等有关资料，了解场址范围内的地层分布、岩性特征、地下水条件、构造特点、地震效应和不良地质作用等情况。

2）从地质构造、地震环境角度，分析评价场址的稳定性。

3）初步调查场址的特殊性岩土和不良地质作用，分析对机场工程的影响。

4）进行初步的机场环境工程地质评价和地质灾害预测，对不良地质作用的防治措施进行初步分析。

5）对场址的稳定性作出评价，并对机场建设的适宜性作出初步评价。

2. 气象条件调查

调查场址及其附近区域的气象条件，统计不少于最近连续 10 年（特殊地区不少于 5 年）

的各风向频率、最高气温、降水量和蒸发量的多年平均值。

统计影响机场能见度和飞行安全的气象资料，以年出现坏天气日数表示，如：低能见度（按能见度小于400m、400～800m、800～1200m分别统计）、低云（按云高低于400m、400～800m分别统计）、沙尘暴、雷暴、龙卷风、风切变和强烈降水等。

3. 工程地质测绘与调查

工程地质测绘与调查，宜包括下列内容：

1）初步调查预选场址的区域构造、抗震设防烈度和地震历史情况，判断有无影响场区稳定性的活动断裂或强地震环境。

2）初步调查预选场址的岩溶、滑坡、崩塌、泥石流、地下采空区等不良地质作用，分析对机场工程的危害程度，对场址的稳定性作出初步评价。

3）初步调查预选场址地层岩性、特殊性岩土和水文地质等条件，初步分析机场工程建设可能遇到的岩土工程问题。

4）初步调查地下水的类型，含水层的岩性特征、埋藏深度、污染情况及其与地表水体的关系。

5）初步调查场址附近的自然水系、水灾情况（包括水灾原因、淹没范围、持续时间等）、水利建设情况。

6）初步收集气象、水文、植被、土的标准冻结深度等资料。

7）调查有无地磁异常和影响机场修建的矿藏资源。

4. 工程地质勘察

1）有下列情况之一的，应在选址勘察阶段进行必要的工程地质勘察：

（1）场地复杂程度为一级或二级。

（2）地基等级为一级或二级。

（3）飞行区指标Ⅱ为D、E、F。

（4）场址或场址附近没有可供参考的勘察资料。

2）选址勘察阶段的工程地质勘察工作应符合下列要求：

（1）了解场址岩土类型、成因、地质年代、分布规律及一般物理力学性能指标。

（2）了解场址地形特征、地貌类型。

（3）了解场址环境工程地质概况进行环境工程地质评价和地质灾害预测，初步提出防治和监测措施。

（4）了解场址主要地质构造类型；了解有无断裂带，判定断裂带的活动性，评价场址稳定性和断裂带对机场工程的影响。

（5）了解场址有无特殊性岩土和需进行处理的岩土工程问题。

（6）初步提供地基处理设计所需的岩土参数实测值或经验值。

3）勘探点、线的布置

（1）勘探点宜布置在跑道中心线、典型地貌单元及拟建航站区。

（2）根据场地复杂程度和地基等级，跑道中心线上勘探点间距可采用600～1000m。

4）勘探深度

勘探深度应符合下列规定：

（1）基岩埋藏较浅时，钻孔深度可至中、微风化基岩内1～3m；基岩埋藏较深时，钻孔深度可至较硬的稳定土层 3～5m。探坑深度根据实际情况确定。

（2）查明地质构造的钻孔深度，按实际需要确定。

5）室内试验及原位测试

室内试验与原位测试应符合下列要求：

（1）钻孔和探坑竖向取土样间距应按地层特点和岩土的均匀程度确定，主要岩土层应取样。

（2）室内试验与原位测试工作内容应根据岩土类别确定，提供工程分析评价所需参数。

3.2.2　初步勘察

初步勘察阶段，应按勘察任务书要求，采取合适的勘察方法和手段，对机场全场进行勘察。初步勘察宜按飞行区、航站区和工作区分别进行勘察。

初步勘察一般开展工程地质测绘与调查、工程地质勘察、水文地质勘察等工作。

1. 初步勘察任务

初步勘察阶段应完成下列主要任务：

1）对机场建设的场地适宜性，从区域地质、水文地质、工程地质和环境工程地质条件角度，进行深入的分析与评价。

2）进行机场环境工程地质评价和地质灾害预测，初步提出不良地质作用的防治和监测措施建议。

3）对不良地质体和特殊性岩土作出初步分析、评价及处理建议。

4）在抗震设防烈度大于和等于 7 度的场地，对场地和地基的地震效应做出初步评价。

5）提出场地的初步岩土工程资料和主要的岩土设计参数。

6）评价场地稳定性和适宜性，对主要岩土工程问题提出技术解决方案的初步建议。

2. 工程地质测绘与调查

工程地质测绘与调查，宜包括下列内容：

1）调查研究地形、地貌特征，划分地貌单元，分析各地貌单元的形成过程及其与地层、构造、不良地质作用的因果关系。

2）查明场地主要地质构造、新构造活动的形迹及其与地震活动的关系。

3）初步查明岩土的年代、成因、性质、厚度和分布范围，以及各种特殊性岩土的类别和工程地质特征。

4）初步查明岩体结构类型、风化程度、各类结构面（尤其是软弱结构面）的产状和性质，岩、土接触面和软弱夹层的特性等。

5）初步查明场地土的标准冻结深度和冻土性质等。

6）调查岩溶、洞穴、滑坡、崩塌、泥石流、冲沟、地面沉降、断裂、地震震害、地裂缝、场地的地震效应、岸边冲刷等不良地质作用的形成、分布、形态、规模、发育程度及其对工程建设的影响。

7）调查人类活动对场地稳定性的影响，包括大挖大填、河流改道、人工洞穴、地下采空、灾害防治、抽水排水和水库诱发地震等。

8）调查场地地下水的类型、补给来源、排泄条件、历年最高地下水位，尤其是近 3～5 年最高地下水位，初步确定水位变化幅度和主要影响因素，并实测地下水位；必要时应设长期观测孔。

9）调查场地附近的河流、水系、水源及水的流向、流速、流量、常水位，洪水位及其发生时间、淹没范围。

10）收集气象、水文、植被及建筑材料等资料。

3. 工程地质勘察

1）初步勘察阶段工程地质勘察应包括下列主要内容：

（1）初步查明场地的地形特征、地貌类型。

（2）初步查明场地主要地质构造、断层及其性质、地震烈度、工程地震特征。

（3）初步查明场地环境工程地质概况，进行环境工程地质评价和地质灾害预测，初步提出防治和监测措施。

（4）初步查明场地的岩土类型、成因、地质年代、分布规律及一般物理力学性质指标。

（5）初步查明场地沟、塘、河、湖中的淤泥性质、分布、厚度及其对工程建设的影响。

（6）初步查明场地有无特殊性岩土和需要进行处理的岩土工程问题。

（7）提供地基处理设计所需的基本岩土参数。

2）勘探点（线）的布置

（1）飞行区勘探点（线）的布置应符合以下要求：

飞行区勘探线可按道面工程范围，沿跑道中心线、平行滑行道中心线、联络道中心线布置，机坪按方格网布置。根据地形地貌条件，必要时可在垂直于跑道方向布置适量勘探线。高填方边坡位置可布置适量勘探点。

勘探线上的勘探点间距可按表3.2-1确定，局部异常地段应予以适当加密。

勘探点应沿勘探线布置，具体位置可根据现场地形地质条件适当调整。在每个地貌单元和不同地貌单元交接部位，应布置勘探点。

飞行区初步勘察勘探点间距 表3.2-1

勘察等级	中心线勘探点（m）	方格网勘探点（m）
甲级	100～150	150～200
乙级	150～200	200～250
丙级	200～300	250～300

（2）航站区勘探点（线）的布置应符合以下要求：

航站区勘探线、勘探点间距可按表3.2-2确定，局部异常地段应予以适当加密。

在每个地貌单元和不同地貌单元交接部位，应布置勘探点。

航站区初步勘察勘探线、勘探点间距 表3.2-2

勘察等级	勘探线间距（m）	勘探点间距（m）
甲级	100～150	75～150
乙级	150～200	100～200
丙级	200～300	150～200

注：场地地质条件复杂时，间距取小值。

（3）工作区勘探点（线）的布置应符合以下要求：

工作区勘探线、勘探点间距可按表3.2-3确定，局部异常地段应予以适当加密。

在每个地貌单元和不同地貌单元交接部位，均应布置勘探点。

工作区初步勘察勘探线、勘探点间距　　　　　　　　　　表 3.2-3

勘察等级	勘探线间距（m）	勘探点间距（m）
甲级	150～200	100～150
乙级	200～300	150～200
丙级	300～400	200～300

3）勘探深度应符合下列规定：

（1）钻孔可分控制性钻孔和一般性钻孔。飞行区控制性钻孔宜占勘探孔总数的 1/5～1/3，航站区控制性钻孔宜占勘探孔总数的 1/8～1/4，工作区控制性钻孔宜占勘探孔总数的 1/10～1/5；并且每个地貌单元宜有控制性钻孔。

（2）钻孔深度宜按表 3.2-4 确定。

（3）查明地质构造的钻孔深度，按实际需要确定。

初步勘察钻孔深度　　　　　　　　　　表 3.2-4

功能分区	控制性钻孔深度	一般性钻孔深度
飞行区	挖方区及接近道面设计高程区至中微风化基岩内 1～3m；基岩埋藏较深时，至较硬的稳定土层 3～5m 且不小于 15～20m。填方区至填方荷载有效深度下 10～15m。厚层软土区至软土层以下地层 5m 且不小于 30m	挖方区及接近道面设计高程区至基岩内 1～2m；基岩埋藏较深时，10～15m。填方区至填方荷载有效深度下 5～10m
航站区	挖方区及接近道面设计高程区至中微风化基岩内 1～3m；基岩埋藏较深时，至较硬的稳定土层 5～10m 且不小于 20～30m。填方区至填方荷载有效深度下 5～10m。厚层软土区至软土层以下地层 5m 且不小于 30m	挖方区及接近道面设计高程区至基岩内 1～2m；基岩埋藏较深时，15～20m。填方区至填方荷载有效深度下 2～5m
工作区	至中微风化基岩内 1～3m；基岩埋藏较深时，至较硬的稳定土层 3～5m 且不小于 10～15m。厚层软土区至软土层以下地层 5m 且不小于 30m	至基岩内 1～2m；基岩埋藏较深时，5～10m

4）取样及原位测试要求

取样测试应符合下列要求：

（1）取样的孔、坑在划定的工程地质单元内应均匀布置，其数量应不少于勘探点总数的 1/6～1/3。

（2）钻孔和探坑竖向取土样间距，应按地层特点和岩土的均匀程度确定，每一土层均应取样。场区每土层取样数量不少于 12 个。

（3）飞行区室内试验项目可根据岩土类型按表 3.2-5 确定，航站区和工作区室内试验项目执行《岩土工程勘察规范》GB 50021—2001 等相关规范的规定。

（4）应采取有代表性的浅层土样进行腐蚀性分析试验，地基土对水泥混凝土、混凝土中钢筋及钢结构的腐蚀性评价执行《岩土工程勘察规范》GB 50021—2001 的规定。

飞行区室内岩土试验项目　　　　　　　　　　表 3.2-5

试验项目	道槽影响区							边坡稳定影响区						
	砂类土	粉土	黏性土	软土	黄土	盐渍土	膨胀土	砂类土	粉土	黏性土	软土	黄土	盐渍土	膨胀土
天然含水量试验	●	●	●	●	●	●	●	●	●	●	●	●	●	●
密度试验		●	●	●	●	○	●		●	●	●	●	○	●
颗粒密度试验	●	●	●	●	●	●	●	●	●	●	●	●	●	●

续表

试验项目	道槽影响区							边坡稳定影响区						
	砂类土	粉土	黏性土	软土	黄土	盐渍土	膨胀土	砂类土	粉土	黏性土	软土	黄土	盐渍土	膨胀土
颗粒分析	●	●				○	○	●	●				○	○
界限含水率试验		●	●	●	●	○	●		●	●	●	●	○	●
相对密度试验	●							●						
击实试验		●	●		●		●		●	●		●		●
承载比试验	○	○	○											
渗透试验 垂直		○	●	●	●				○	●	●	○		
渗透试验 水平	○	○	●	○							●	○		
固结试验	●	●	●	●	○		●	●	●	●	●	○		
次固结试验		○	●	●										
直接剪切试验 快剪		○	●	●	○			●	●	●	●	●	○	
直接剪切试验 固快	○	○	●	●	○			○	●	●	●	●	○	
直接剪切试验 慢剪										○	○			○
反复直剪试验										○	○			
三轴压缩试验 UU			○	○				○	●					○
三轴压缩试验 CU		○		○				○		○		○		
三轴压缩试验 CD								○		○	○	○		
无侧限抗压强度试验			○									○		
湿陷/溶陷试验					●							○	●	
膨胀试验							●							●
收缩试验							●							○
易溶盐试验	●	●	●	○	●	○		●	●	●	●	●	●	●
有机质含量试验	●	●	●	●	●	○	●	●	●	●	●	●	○	●

注：●为适用项目；○为可用项目。

4. 水文地质勘察

1）水文地质勘察的目的任务

（1）查明含水层和隔水层的类型、埋藏条件。

（2）查明地下水类型、流向、水位及其变化幅度、补给、径流和排泄条件。

（3）查明多层地下水的水位和动态变化规律，以及相互间转化关系。

（4）查明场地地质条件对地下水赋存和渗流状态的影响。

（5）评价地下水对地基产生的影响，并提出相应的防治措施建议。

2）勘察方法、内容

（1）结合工程地质测绘，进行水文地质调查。

（2）测量所有钻孔、探井水位。当场地有多层对工程有影响的地下水时，分层量测地下水位。

（3）进行现场试验或室内试验，测定土层的渗透系数等水文地质参数。

（4）根据地下水的埋藏特征采取有代表性的水样进行腐蚀性分析，地下水对水泥混凝土、金属材料等的腐蚀性评价执行《岩土工程勘察规范》GB 50021—2001 的规定。

（5）当地下水条件复杂、对机场建设有较大影响时，应选择代表性钻孔进行长期水位观测，或在不同深度处埋设孔隙水压力计，量测压力水头随深度的变化。

3.2.3　详细勘察

详细勘察阶段应按勘察任务书要求，针对场区存在的岩土工程问题，采取合适的勘察方法和手段，重点对飞行区和周围影响场区稳定的区域进行勘察。航站区、工作区的岩土工程详细勘察执行《岩土工程勘察规范》GB 50021—2001、《市政工程勘察规范》CJJ 56—2012 等相关规范的规定。

1. 详细勘察任务

飞行区详细勘察阶段应完成下列主要任务：

1）提供详细的岩土工程资料和设计所需的岩土参数。

2）对场区地层结构、工程地质条件和水文地质条件进行分区分析与评价。

3）进一步进行机场环境工程地质评价，提出不良地质作用的防治和监测措施建议。

4）对不良地质体和特殊性岩土进行岩土工程分析与评价，对地基处理与土石方工程提出建议方案。

2. 工程地质测绘与调查

对地形、地质条件复杂的特殊场地，详细勘察阶段应在初步勘察的基础上，对某些专门地质问题作进一步的工程地质测绘与调查。

详细勘察阶段的工程地质测绘与调查，宜包括下列内容：

1）查明滑坡的形态特征与规模、滑裂面的地层结构与坡度、滑坡体周边地形地貌特征、地下水条件，分析滑坡的形成过程、稳定状态及发展趋势。

2）查明崩塌体的分布、规模、形态特征及岩土性状，分析其对工程的影响。

3）查明塌陷、洞穴、地面裂缝的分布、形态特征和规模，查明塌陷、洞穴、地面裂缝的类型和性质，查明其与地表水和地下水的关系，分析其对工程的影响。

4）查明泉眼的分布、位置、出水量，泉水的地下水类型、补给来源、排泄条件，与地表水体的关系。

5）查明场地土层的标准冻结深度。

3. 工程地质勘察

1）详细勘察阶段工程地质勘察应包括下列主要内容：

（1）查明场区地形特征、地貌类型。

（2）查明场区地质构造、抗震设防烈度、工程地震特征及不良地震构造情况。

（3）详细查明场区岩土类型、成因、分布规律。

（4）详细查明场区地基土的物理力学性质和指标。

（5）查明场区特殊性岩土的种类、分布、类别或等级。

（6）查明不良地质作用（岩溶、滑坡、崩塌、地震液化等）及类似不利地质条件（埋藏的古河道、非岩溶土洞、墓穴等）的性质、分布、规模。

（7）查明重要岩土工程问题（地基处理、高填方等）的工程地质条件。

（8）查明沟、塘的分布、断面尺寸、形态特征，分析对工程建设的影响；查明暗浜、暗河、古河道的分布范围和岩土特征，分析其对工程的影响。

（9）查明地表植物土状况。

2）勘探点（线）的布置

勘探点（线）的布置应符合以下要求：

（1）沿跑道中心线及其道肩边线、滑行道中心线布置勘探线；机坪一般情况下按方格网布置，地形复杂时应结合地形进行调整；高填方边坡区按第 3.3.4 节进行勘察。

（2）勘探线上的勘探点间距可按表 3.2-6 确定。

（3）勘探点应重点布置在地质条件有代表性的地带，并根据现场实际地形条件进行适当调整。每个地貌单元和不同地貌单元交接部位，应布置勘探点。在土面区可根据地形地貌条件适当布置一些勘探点。

飞行区详细勘察勘探点间距　　　　　表 3.2-6

勘察等级	勘探点间距（m）		
	中心线勘探点	两侧勘探点	方格网勘探点
甲级	50～75	100～150	75～100
乙级	75～100		100～125
丙级	100～150		125～150

注：1. 跑道两侧勘探点可根据地形地貌条件与中心线勘探点间隔布置或相对布置。
2. 中心线勘探点、方格网勘探点间距含初步勘察勘探点。

3）勘探点深度

控制性钻孔宜占勘探孔总数的 1/5～1/3，并且每个地貌单元应有控制性钻孔。一般场地和地基条件下，控制性钻孔深度可至中微风化基岩内 1～3m；基岩埋藏较深时，至较硬的稳定土层 3～5m 且不小于 15～20m。一般性钻孔深度可至基岩内 1～2m；基岩埋藏较深时，钻孔深度 10～15m。探坑深度根据实际情况确定。

软土、湿陷性土等特殊性岩土地基、高填方边坡工程还应满足有关规范要求。

对于丘陵地区的高填方区段和软土地区，勘探深度应满足沉降计算的要求。

对于丘陵地区的挖方段，应满足土石材料性质及土石比勘察需要。

4）取样及原位测试要求

取样孔在平面上应均匀布置，其数量应不少于勘探点总数的 1/6～1/3。道槽设计标高下地基土取样竖向间距，应按地层特点和土的均匀程度确定。1～5m 深度可为 1.0～1.5m，5～10m 深度可为 2.0～2.5m，10m 深度以下可为 3.0m。每一土层均应取样。

5）室内试验

室内土工试验的项目宜根据具体地质条件和工程要求按表 3.2-5 确定，并按有关试验方法标准对土样进行试验。道槽设计标高下地基土每一土层每项岩土指标的数量一般情况应不少于 6 个；压缩性高的土层、特殊性土、受地下水影响的土层，每一土层每项岩土指标的数量应不少于 12 个。

对于涉及土石方工程和夯实/压实地基处理的场区内各类细颗粒土，应进行重型击实试验，提供最佳含水量与最大干密度。每种土类重型击实试验的组数应不低于 3 组，勘察等级为甲级时应不低于 5 组。

应根据需要测定天然状态下的地基反应模量、击实状态下的室内加州承载比，并进行不利状态修正。地基反应模量和加州承载比试验不宜少于 3 组，地基反应模量应选择有代表性的区段、土层和标高位置进行试验，室内加州承载比试验应选择有代表性土料，压实度为 95%。

应采取有代表性的道槽设计标高附近的浅层土样，进行腐蚀性分析试验，地基土对水泥混凝土、混凝土中钢筋的腐蚀性评价执行《岩土工程勘察规范》GB 50021—2001 的规定。

4. 水文地质勘察

1）水文地质勘察的目的、任务

（1）查明地下水类型、埋藏深度、赋存条件和动态变化规律。

（2）查明场区含水层的分布规律、渗流状态及地下水和地表水的水力联系和补排关系。

（3）查明压缩层内各层岩土，以及可能发生渗透变形岩土层的水文地质参数。

（4）查明场区内地下水位、变化幅度及动态变化规律。

（5）查明机场附近范围内有无对地下水的污染源，取样分析地下水的水质情况，评价浅层地下水对混凝土、混凝土中钢筋的腐蚀性。

（6）综合评价地下水对工程的影响（浸泡软化、渗透变形、盐渍化、冻融、腐蚀性等），提出防治措施建议。

2）勘察方法、内容

（1）对地下水影响区的水文地质条件进行深入调查，比例尺 1∶200～1∶500。

（2）分层量测所有钻孔、探井初见水位、稳定水位。

（3）选择有代表性的勘探孔作为地下水位观测孔进行地下水季节性变化观测，对场区泉点、初步勘察阶段设置的地下水观测孔进行长期观测，结合有关工程地质测绘与调查成果，综合分析地下水的季节性动态变化规律。

（4）进行室内渗透试验，测定黏性土、粉土、砂土、全强风化岩石等的渗透系数。

（5）现场抽水或注水试验，综合测定地基土的渗透性。

（6）采取代表性地下水水样进行简分析、全分析。

（7）当地下水条件复杂，对机场建设有较大影响时，应选择代表性钻孔进行长期水位观测。

（8）必要时进行室内物理模拟试验和数值分析。

（9）绘制场区地下水位等值线，尤其是地下水影响区等值线图。

（10）绘制综合水文地质平面图、水文地质柱状图和水文地质剖面。

3.3　机场工程专项勘察

3.3.1　料源勘察

1. 料源分类

1）按地表土的地表植物状况划分

地表土的分类除执行《岩土工程勘察规范》GB 50021—2001 的规定外，尚应根据其地表植物状况按表 3.3-1 进行分类。

地表土按地表植物状况分类　　　　　　　　　　　　　表 3.3-1

地表土类别	地表植物情况	
地表素土	荒（漠）区	非农林用、荒地、无灌木、草丛
	乔木区	乔木林区、疏林区
	灌木区	灌木林区、无草丛
植物土	果木区	土壤改良区
	耕植区	农作物耕植区
	草木区	牧场、草地、洼地、冲沟底部

注：分布于场区表面，含植物根茎和有机杂质，结构松散、稳定性差的土应判定为植物土。

2）按土、石开挖难易程度划分

料源的分类除执行《岩土工程勘察规范》GB 50021—2001 的规定外，可根据开挖难易程度按表 3.3-2 进行土、石分级。

土、石按开挖难易程度分级　　　　　　　　　　　　　表 3.3-2

土、石等级	土、石类别	代表性土、石名称	开挖难易程度
I	松土	植物土、中密或松散的砂土和粉土、软塑的黏性土	用铁锹挖，脚蹬一下到底的松散土层
II	普通土	稍密或松散的碎石土（不包括块石或漂石）、密实的砂土和粉土、可塑的黏性土	部分用镐刨松，再用锹挖，以脚蹬锹需连蹬数次才能挖动
III	硬土	中密的碎石土、硬塑黏性土、风化成土块的岩石	必须用镐整个刨过才能用锹挖
IV	软石	块石或漂石碎石土、泥岩、泥质砂岩、弱胶结砾岩，中风化—强风化的坚硬岩或较硬岩	部分用撬棍或十字镐及大锤开挖，部分用爆破法开挖
V	次坚石	砂岩、硅质页岩、微风化—中等风化的灰岩、玄武岩、花岗岩、正长岩	用爆破法开挖
VI	坚石	未风化—微风化的玄武岩、石灰岩、白云岩、大理岩、石英岩、闪长岩、花岗岩、正长岩、硅质砾岩等	用爆破法开挖

3）按填料分类

填料按照表 3.3-3 进行分类。

民用机场工程填料分类　　　　　　　　　　　　　表 3.3-3

填料类别	分类粒组	填料亚类	亚类分类粒组	级配	岩石强度 f_r（MPa）	填料名称	填料代号
石料	粒径大于 60mm 的颗粒质量超过总质量的 50%	块石料	块石含量大于碎石含量	—	> 30	硬岩块石料	A1
				—	5～30	软岩块石料	A2
				—	≤ 5	极软岩块石料	C1
		碎石料	块石含量不大于碎石含量	—	> 30	硬岩碎石料	A3
				—	5～30	软岩碎石料	A4
				—	≤ 5	极软岩碎石料	C2

续表

填料类别	分类粒组	填料亚类	亚类分类粒组	级配	岩石强度f_r（MPa）	填料名称	填料代号
土石混合料	粒径大于60mm的颗粒质量不超过总质量的50%，且粒径小于2mm的颗粒质量不超过总质量的50%	石质混合料	粒径大于5mm的颗粒质量超过总质量的70%	—	> 30	硬岩石质混合料	A5
				—	5～30	软岩石质混合料	A6
				—	≤ 5	极软岩石质混合料	C3
		砾质混合料	粒径大于5mm的颗粒质量超过总质量的30%，且不超过70%	良好	> 30	硬岩良好级配砾质混合料	A7
				不良		硬岩不良级配砾质混合料	B1
				良好	5～30	软岩良好级配砾质混合料	A8
				不良		软岩不良级配砾质混合料	B2
				—	≤ 5	极软岩砾质混合料	C4
		土质混合料	粒径大于5mm的颗粒质量不超过总质量的30%	—	—	砂土混合料	A9
				—	—	粉土混合料	B3
				—	—	黏性土混合料	C5
土料	粒径小于2mm的颗粒质量超过总质量的50%	砂土料	砂粒含量大于细粒含量	—	—	砂土料	A10
		粉土料	砂粒含量不大于细粒含量	—	—	粉土料	B4
		黏性土料		—	—	黏性土料	C6
特殊土料	—	特殊土料	—	—	—	特殊土料	D

注：1. 块石为粒径大于200mm，碎石为粒径大于60mm且不大于200mm，砂粒为粒径大于0.075mm且不大于2mm，细粒为粒径不大于0.075mm。
2. 级配良好应同时满足$C_u \geqslant 5$、$C_c = 1～3$两个条件，不能同时满足时为级配不良。
3. f_r为饱和单轴抗压强度，当无法取得f_r时，可用点载荷试验强度换算，换算方法执行《工程岩体分级标准》GB/T 50218—2014的规定。
4. 粉土料塑性指数$I_P \leqslant 10$，黏性土料塑性指数$I_P > 10$。
5. 当土质混合料中的土料分别以砂土、粉土或黏性土为主时，土质混合料相应命名为砂土混合料、粉土混合料或黏性土混合料。
6. 特殊土料包括膨胀土、红黏土、软弱土、冻土、盐渍土、污染土、有机质土、液限大于50%且塑性指数大于26的黏性土等。
7. 代号A1～A10为A类填料，代号B1～B4为B类填料，代号C1～C6为C类填料，代号D为D类填料。
8. 表中主要依据填料粒径及其所含石料的岩石强度等进行填料分类，体现的是填料的基本物理力学性质，不仅适用于高填方工程，也适用于填海及其他民用机场工程。

2. 场内料源勘察

1）地表土勘察

机场建设场地范围大，地表土往往有多种类型，其中植物土分布范围广，场区地形条件复杂、地面交通条件差、弃土或倒运费用比较高，如何有效利用场区内的植物土是机场建设中需要解决的迫切现实问题。

（1）地表土勘察要求

①应结合钻探进行，必要时宜布置适量的坑探。探坑的深度应穿透地表土层。

②查明地表土的分布、厚度、含水量、有机质含量、物质成分、颗粒级配、均匀性和密实性。

③对场区地表素土和有机质含量低于5%的植物土进行重型击实试验，测定其最优含水量和最大干密度。

（2）地表土的岩土工程评价要求

①对道面影响区范围内的填方区地表素土和有机质含量低于3%的植物土，阐明其分布和成分，判定其均匀性，评价其压缩性和密实度，分析植物土中有机质降解对工程的影响。

②对有机质含量3%～5%的植物土作为场内填料的适宜性进行分析和评价。

2）场内挖方区土石材料性质及土石比勘察

对初步确定的场地设计标高、障碍物限制面以上的挖方区进行料源勘察时，应按勘察任务书要求，充分结合初步勘察成果，采取综合的勘察手段和勘察方法进行土石材料性质及土石比勘察。

（1）土石比勘察应优先采用综合的物探手段，查明岩石面分布情况并在有代表性地段，有针对性地布置钻孔，验证物探成果。在岩石面起伏大以及存在大量孤石、风化石的地区，应以钻孔方法为主、物探方法为辅，查明土、石分界面。

（2）勘探点布置应充分考虑地形条件、物探和初勘成果；勘探点间距不宜大于50m，钻孔数量占勘探点总数的比例应不小于30%；在山顶和山腰间（至初步确定的场地设计标高）应适当布置钻孔。

（3）应根据土、石类别和等级分别统计各种土、石的方量。土石比可按式(3.3-1)进行计算。

$$R_{SR} = \left(\frac{10 \sum V_{Si}}{\sum V_{Si} + \sum V_{Ri}} \right) \Big/ \left(\frac{10 \sum V_{Ri}}{\sum V_{Si} + \sum V_{Ri}} \right) \tag{3.3-1}$$

式中：R_{SR}——某统计范围内的土石比，以$n/(10-n)$表示；

$\sum V_{Si}$——统计范围内可用于填方各类土（包括松土、普通土和硬土）的自然体积的总和；

$\sum V_{Ri}$——统计范围内可用于填方各类石（包括软石、次坚石和坚石）的自然体积的总和。

（4）对用于场区填料的各类土、石应测定天然密度，通过试验确定细粒土的类别和塑性指数、粗粒土颗粒级配以及岩土的最大干密度，按设计要求的密实度计算并且提供各类岩土的填挖比。岩土的填挖比可按式(3.3-2)进行计算。有条件时，应通过现场填筑试验确定填挖比。除按自然地形、整个场区分别计算各类填料储量和填挖比，还宜分区或按标段计算。

$$m = \rho_{d1}/\rho_{d0} \tag{3.3-2}$$

式中：m——某类岩土的填挖比；

ρ_{d1}——设计的压实填土、石干密度；对于土，$\rho_{d1} = \rho_{dom} \times R_d$，$\rho_{dom}$为最大干密度，$R_d$为设计的压实度；

ρ_{d0}——天然状态下土、石干密度。

（5）对用于场区填料的各类土、石，除常规土工试验外，应根据工程情况进行其他有关试验（如易溶盐含量、击实土的湿陷性试验、胀缩性试验），以进行工程特性研究和分类；对其作为填料的适宜性进行分析评价，并对其填筑位置提出建议。

（6）针对填筑边坡部位有可能采用的填料，应通过室内相似条件下的密度、抗剪强度参数以及现场大体积灌水法密度试验、现场直接剪切试验等确定稳定性分析所需要的参数。

（7）填料储量宜采用全站仪、三维激光扫描、GPS测量等采集的数据进行计算，也可执行《民用机场高填方工程技术规范》MH/T 5035—2017的规定；岩溶发育地区应考虑岩溶洞穴对填料储量的影响。

（8）应根据试验段和全场的施工情况，修正填料分类和填挖比。

（9）应考虑填料开采后形成边坡的稳定影响，并提出工程建议。

（10）应提出水土保持措施建议。

3. 场外料源勘察

场外料源调查应依据当地国土空间规划，采用资料搜集、问询和现场踏勘等方法；场外料源勘察宜采用钻探、物探、挖探等多手段相结合的方法。

1）场外料源地调查

（1）料源地调查应符合下列要求：

① 查明备选填海料源的地点、范围、运距、沿途交通条件等。

② 初步估算不同类型料源的储量，填海工程的料源储量宜为设计需要量的 2.5～3.0 倍。

（2）料源地的选择应符合下列要求：

① 料源地与填筑区间的距离应适宜，并避开建（构）筑物、障碍物、爆炸物、水产养殖区、环境敏感区、居民聚集区、学校、医院、高压电网、高速公路、铁路等。

② 料源开采不应影响附近建（构）筑物、边坡、航道、河势、堤防及海岸的稳定。

③ 料源地填料的质量、可开采量以及可供应强度应满足工程建设要求。

④ 宜选择无覆盖层或覆盖层薄的料源地。

⑤ 水上料源宜选择距填筑区较近、水深条件适宜、风浪较小、水流较平缓、管线布置较方便的区域。

⑥ 当疏浚土满足要求时，可作为填料使用。

2）场外料源勘察

（1）场外料源勘察应满足下列要求：

① 查明料源地土石料的岩土类别、工程特性及水稳性。

② 查明料源储量，勘察的料源储量宜为设计需要量的 1.5～2.0 倍。

③ 查明料源开采的难易程度。

④ 提供各类填料的分类储量、土石比、填筑填挖比。

⑤ 对各类填料提出填筑建议。

（2）陆上料源地勘察要求见本节场内料源勘察。

（3）水上料源地勘察应符合下列要求：

① 水上料源地勘察宜以物探方法为主。

② 勘探点可按网格形布置，间距宜为 200～400m，勘探点深度应满足取土深度要求。

③ 应对不同填料的输运方式提出建议。

④ 应进行水下开挖边坡稳定性的分析评价，并提出建议。

当采用固体废弃物作为填料时，应查明其种类、成分、工程特性等，评价其作为填料的工程可行性及环保可行性，对可用填料应提出建议的填筑区域。

4. 地方建筑材料调查

应对块石、片石、碎石、砂砾石、砂、石灰、粉煤灰或其他工业废渣等地方建筑材料进行调查，查明各种材料的产地、储量、质量、开采与运输条件、价格等情况。

1）材料质量调查要求

（1）对于石料场，应鉴定岩石的种类、强度、矿物成分、胶结物及胶结程度、风化和节理程度、有无软弱夹层，以及可开采的品种。用于水泥混凝土的碎石材料，尚应查明石料中有无蛋白石、玉髓等活性二氧化硅成分。

（2）对于砂场，应查明砂的组成成分、颗粒形状和级配、洁净程度。必要时应查明砂料中有无活性二氧化硅成分。

（3）对于砾石、卵石、漂石料场，应查明料场分布特点、埋藏条件、岩石种类、强度、颗粒大小、颗粒形状和级配、强度和风化程度。

（4）对于石灰、粉煤灰和其他工业废渣料场，应收集其有效化学成分、物理性能的试验资料。

2）材料试验

无现成材质试验资料时，应进行下列材料试验，试验方法应执行《公路工程集料试验规程》JTG E42—2005 的规定。

（1）对水泥混凝土用碎石，应进行压碎指标值、坚固性、针片状颗粒含量、含泥量、泥块含量、有机物含量、硫化物及硫酸盐含量、表观密度、松散堆积密度等试验，必要时应进行碱集料反应试验。

（2）对沥青道面面层用碎石，应进行集料压碎值、洛杉矶磨耗损失、与沥青的黏附性、坚固性、细长扁平颗粒含量、软石含量、表观密度、吸水率、磨光值等试验。

（3）对水泥混凝土用砂，应进行颗粒分析、含泥量、泥块含量、云母含量、有机物含量、硫化物及硫酸盐含量、表观密度、松散堆积密度等试验，必要时应进行碱集料反应试验。

3.3.2 填海机场勘察

填海机场是在填海形成的陆域上建设的机场，包括由陆域向海域延伸、部分填海形成的半岛式机场，以及在离开陆地的海域填筑形成的离岸式机场。

填海工程是在沿海淤积型潮滩岸段或河口地区建筑堤坝，利用回淤泥砂淤积成陆域；或在海域直接修建围堰，通过水力吹填、水上抛填、陆上堆填等形成陆域的活动。

机场填海工程应先期调查、搜集填海海域的气象、水文、海底地形地貌、地质及地震、环境条件等资料，缺少相关资料时应进行必要的观测、测绘、勘探及专项研究等工作。

机场填海工程勘察范围可分为填海海域和料源区，应根据填海工程的特点和机场填海工程场地分区制定勘测方案。料源区勘察见第 3.3.1 节。

1. 自然条件调查与收集

机场填海工程应先期调查、搜集填海海域的气象、水文、海底地形地貌、地质及地震、环境条件等资料，宜包括下列内容：

1）气象资料，包括风、雨、雾、气温、湿度、雷暴和灾害性天气等，缺少气象资料时应根据工程需要进行必要的现场观测。

2）水文资料，包括潮汐、水位、冰况、水温、盐度、水流、波浪和径流等，缺少水文资料时应根据工程需要进行必要的现场观测。

3）地形、地貌及泥砂资料，包括海岸概况、地貌、多年海床地形图、含砂量、输砂率、输砂量、颗粒级配与海床构成等。

4）地质资料，包括地形地貌、地层、地质构造、岩土性质、地下水、不良地质作用、岩土工程评价等。

5）地震资料，包括区域构造、地震史、地震基本烈度等。

6）鸟情资料。

7）海域生物资料。

2. 填海海域勘察

填海海域勘察应根据海底地质、水文及气象条件，采用钻探、原位测试、物探等多种手段相结合的方法，选择的物探方法应适用于海上作业。

填海海域勘察范围可分为填筑区和海堤，海堤勘察应执行《水运工程岩土勘察规范》JTS 133—2013 的规定。

1）初步勘察

初步勘察应满足飞行区、航站区、工作区和其他区域陆域形成设计和施工的需要，并符合下列要求：

（1）应查明拟建海域海底的地质构造、地层结构、岩土工程特性以及海底不良地质作用的成因、分布、规模和发展趋势，并对场地的稳定性做出评价，对主要的岩土工程问题提出技术解决方案的建议。

（2）勘探点可采用网格状布置，间距宜为 200～300m，地质条件复杂时应加密。

（3）勘探孔深度应满足地基处理方案设计及地基变形计算的要求。

2）详细勘察

对于飞行区，详细勘察应满足飞行区原地基处理设计与施工、道基沉降验算与沉降控制等要求；对于航站区、工作区及其他区域，此阶段不再进行详细勘察，待陆域形成后可根据拟建设施要求执行《岩土工程勘察规范》GB 50021—2001、《市政工程勘察规范》CJJ 56—2012 等相关规范的规定。

（1）飞行区详细勘察应符合下列要求：

①查明海域海底地质构造、地层结构、岩土工程特性，提供详细的岩土工程资料。

②查明海域不良地质作用的类型、成因、分布、规模、发展趋势，并提出工程处理建议。

（2）飞行区详细勘察应充分利用初步勘察的成果，勘探点间距宜按表 3.3-4 确定，海底地质条件复杂时应加密，存在不良地质作用时，应进行专项勘察。

飞行区详细勘察勘探点间距   表 3.3-4

区域		勘探点布置方式	勘探点间距（m）	备注
飞行区道面影响区	跑道	沿跑道中心线及道肩边线布置	75～150	跑道中心线 75～100m；道肩边线 100～150m
	滑行道	沿滑行道中心线布置	75～150	影响区范围较大时，滑行道两侧宜布置勘探点
	机坪	网格状布置	100～150	—
飞行区土面区		—	—	根据实际情况适当布置

注：1. 飞行区勘察应采用钻探、静力触探、物探等多种勘探手段相结合的方法，各种勘探手段的比例不做限制，由工程师根据具体情况确定，采用物探手段时，测线间距应满足上表中相应要求。

　　2. 表中数值为一般情况下的勘探点间距，地质条件复杂时应加密，以满足查明地质条件为准。

（3）填海海域勘察应采取海水水样进行水化学分析，取样应在高平潮、低平潮时段分别在目标海域各采取 3 组。

（4）岩土取样和测试应符合下列要求：

①取样孔在平面上宜均匀布置，其数量应不少于钻探点总数的 1/6。

②每一地层每项岩土指标的数量应不少于 12 个。

③原位测试和土工试验项目应提供稳定性验算、承载力验算、变形计算、固结度计算等所需的岩土参数与指标。

3.3.3　水上机场勘察

水上机场是指水上飞机进行起降、滑行、锚固等活动的机场，包含用于水上飞机起降的水面和海岸斜坡或码头、停机坪、机库、维修站，以及供公众使用、机场运营保障等岸上附属设施。

水上机场勘察可根据不同勘察阶段对水域开展调查，然后进行工程地质勘察。

1. 水域调查

1）选址阶段

（1）水区水文、气象调查

①调查湖区、库区的最高水位、正常水位、平均水位、枯水期水位、死水位及水位年、月变化。

②调查海区的最高潮位、最低潮位、平均高潮位、平均低潮位、大潮平均高潮位、大潮平均低潮位、小潮平均高潮位、小潮平均低潮位、平均潮位、最大潮差、平均潮差及潮差年、月变化等。

③调查不同方向的波浪要素、频率变化、波浪形态及波浪年、月变化等。

④调查水流、潮流、海流的流速、流向沿平面及水深的变化，沿岸环流及回流的性质和特征。

⑤调查泥砂的来源、特性、运动规律、运移形态等。

⑥调查冰凌的结冰初终日期、范围、冰层厚度、流水期限、冰块大小、流速、流向等。

⑦调查水区沿岸的气温、湿度、雾、能见度、风、降水、雷暴、冰雹等年、月变化。

（2）水深调查

①大致了解水域的水底地形地貌变化情况。

②调查水深可采用收集已有各种水深图、海图或进行水深测量等方法。

2）初勘阶段

（1）水文、气象调查与分析

①统计分析各种影响飞机水上活动及船舶作业的水文、气象因素和日数。

②确定水域场址不同方向、不同累积率、不同重现期的设计和校核波浪要素（波高、周期与波长）。

③确定一定累积率的设计高水（潮）位、设计低水（潮）位及一定重现期的校核高水（潮）位、校核低水（潮）位。

④设计和校核波浪要素与水（潮）位。

⑤在无潮位观测资料的海区，应设临时验潮站，进行一天 24h 潮位连续观测，验潮时

间不应少于 1 个月。

⑥在水流变化复杂的水区，可按有关规程进行流速、流向的连续测定。

⑦调查研究飞机的入水道建设、水上滑行道或飞行水区的开挖等对海（湖、库）底、岸滩冲淤变化的影响：必要时，可进行水区动力模型试验、数值模拟或利用遥感资料等进行专门研究。

（2）水深的测量

①测图应在飞机入水道、水上滑行道、飞行水区及港区范围进行。

②水深图比例尺采用 1∶1000 或 1∶2000。

③图上应标明浅滩、暗礁、淹没建筑物、沉船等障碍物的位置、范围、深度、性质及海底地形地貌。

3）详勘阶段

（1）水文分析与研究

①进一步校验设计、校核水位或潮位、深水波浪等要素，必要时可设立海洋观测站进行水位、波浪的长期观测。

②根据水域水深变化情况，推算不同水深条件下的设计波浪要素。

（2）对特殊水文现象的调查与研究要求

①台风增水与减水的幅度对水位的影响，海啸发生的可能、周期、水位持续时间及对水工设施影响等。

②湖区、库区滑坡涌浪的可能性及对水工设施的影响。

（3）水深测量

①水深图比例尺采用 1∶500 或 1∶1000。

②必要时，可进行定深扫测。

③水深图应标明水下局部地形、地貌变化、障碍物高度和范围。

2. 工程地质勘察

1）选址阶段

（1）工程地质调查

①调查陆区和飞机水上活动区域的地层成因类型、岩性、产状特征、分布概况、地质构造、地震活动、地下水等情况。

②调查湖泊、水库、河口、海滨的岸坡形态与稳定性、地貌特征、冲淤变化、淹没范围等。

（2）勘探与试验

①对拟选场址宜用简便方法进行勘探，如标准贯入试验、浅层剖面仪探测等。

②湖（库）区顺岸向勘探点间距为 200～300m，垂岸向勘探点间距为 100～200m，海区勘探点间距为 500～1000m。

③勘探深度一般不超过 40m。

（3）水质初步调查与鉴别

①确定有害污染源及水域污染程度。

②判别水质对混凝土、钢等材料的腐蚀性。

2）初勘阶段

（1）工程地质调查

①着重调查水域动力地貌特征、岸滩冲淤变化、岸线迁移过程、岸坡稳定、地层分布规律、岩土层性质、地质年代、成因类型、岩层的风化程度、埋藏条件及产状等。

②不良地质及软土的分布范围、发育程度、形成原因及对工程的影响。

③水域人工建筑物对水底地形、岸滩冲淤的影响及当地建筑经验。

④地震烈度及当地建筑物抗震设防情况。

（2）勘探与试验

①湖区、库区建筑物勘探线一般垂直岸向布置，海区建筑物勘探线一般平行建筑物长轴方向布置，但当建筑物位于岸坡较陡的地区时，亦可垂直岸向布置。

②水区勘探线和点的距离见表3.3-5。

水区勘探线和点的距离　　　　　　　　　　　　表 3.3-5

工程类别		地形、地质条件	勘探线间距（m）	勘探点间距（m）
湖区	飞行水区、港区、水上滑行道区	山区	50~70	40~70
	入水道区			
	飞行水区、港区、水上滑行道区	丘陵	70~100	70~100
	入水道区			
	飞行水区、港区、水上滑行道区	平原	100~150	100~150
	入水道区			
海区	入水道区	岩基	≤50	≤75
		岩土基	50~100	75~100
		土基	75~150	100~150
	飞行水区、港区、水上滑行道区	岩土基	150~200	150~200
		土基	200~300	200~300

③在岸坡区，地貌、地层变化处，以及不良地质作用发育处应适当加密勘探点。

④勘探点勘探深度见表3.3-6。

勘探点勘探深度　　　　　　　　　　　　表 3.3-6

工程类别	一般性勘探点勘探深度（m）	控制性勘探点勘探深度（m）
飞行水区、港区、水上滑行道区	设计水深以下2~4	—
入水道区	10~15	20~40

⑤勘探点中，取样孔为1/4~1/2，竖向取样间距一般为1~2m，其余为标准贯入试验孔或静力触探孔。

⑥疏浚区域可仅布置鉴别孔或标准贯入试验孔。

⑦土工试验按常规试验进行。

（3）水质分析

①测定水区水的化学成分、含量、酸碱度（pH 值）、含泥量。

②确定有害物污染程度、主要污染源，预测水质变化趋势。

3）详勘阶段

（1）详细勘察提供的工程地质资料应满足地基基础设计、施工的需要。

（2）详细勘察应详细查明各个建筑物所涉及的岩土分布和物理力学性质以及影响地基稳定的不良地质条件。

（3）初勘阶段在水域部分完成的勘探工作已能满足水上机场飞行区的设计要求，详勘阶段应重点针对护岸工程进行详细勘察，护岸工程的勘探工作应执行《水运工程岩土勘察规范》JTS 133—2013 的规定。

（4）各类土的试验应符合下列要求：

①对淤泥、淤泥质土等软弱土层应采用静力触探法、三轴试验、无侧限抗压强度试验或现场十字板剪切试验确定其力学参数，不宜采用直接快剪试验确定抗剪强度。

②对坚硬、硬塑状态的黏性土宜采用无侧限抗压强度试验，抗剪强度试验一般采用快剪和固结快剪法。

③宜用原位测试所得参数结合土层的物理力学性质综合确定单桩承载能力。

④各类岩土除进行常规室内试验外，根据工程需要可增加渗透系数、固结系数、前期固结压力、灵敏度、烧灼损失等指标的试验。

3.3.4　高填方机场勘察

高填方机场是在山区或丘陵地区最大填方高度或填方边坡高度（坡顶和坡脚高差）大于等于 20m 的机场。

高填方机场勘察除应满足第 3.2 节相关内容外，尚应满足下列要求：

1）对场地设计标高以上的挖方区进行挖方区填料勘察，开挖至设计标高后进行挖方区地基勘察。

2）水文地质条件复杂时，应加强水文地质勘察。

3）工程地质条件复杂的场地，或由于设计方案调整等因素导致原有勘察资料不能满足要求时，进行施工勘察。

1. 挖方区勘察

挖方区勘察可分为挖方区填料勘察和挖方区地基勘察。

挖方区填料勘察应查明土石材料性质、储量和填挖比，见第 3.3.1 节。

挖方区地基勘察应查明开挖至设计标高后的岩土性质和不良地质作用，挖方区地基勘察应符合下列要求：

1）应根据不同使用要求和开挖后的场地条件，选择钻探、探井、物探等多种勘察方法；

2）以查明洞穴为主要目的时，宜采取地质雷达、地震勘探、电法等物探手段，并对物探解译异常点进行钻探验证；

3）挖方区开挖后，应查明设计高程下是否存在软弱土、湿陷性土、膨胀土、溶洞、土洞等，评价其对工程的影响，并提出处理意见和建议。

2. 高填方边坡勘察

对于高填方边坡工程，应加强对边坡稳定影响区的勘察。高填方边坡工程勘察应满足下列要求：

1）查明高填方边坡工程范围内及周边区域的地形地貌特征。

2）查明有无影响边坡稳定的不良地质作用。

3）查明各土层的类型、分布、厚度、状态和结构特征，特别是相对软弱土层的形态特征、分布规律、坡度。

4）查明岩土的物理力学指标，重点查明各岩土层的抗剪强度指标。

5）查明地下水分布特征及其与地表水的相互作用关系。

1）资料收集

（1）机场总体规划平面图、平整区边线定位图、地势设计图、场地平整设计标高（坡顶线设计标高）。

（2）坡顶填方高度、初步确定的边坡坡度、边坡工程范围。

（3）高填方边坡工程范围内和相关区域的地形图。

（4）场地及其附近已有的勘察资料、环境条件资料。

（5）地基处理或岩土工程治理的初步方案。

（6）勘察任务书或勘察技术要求。

2）工程地质测绘与调查

当地形地质条件较复杂时，高边坡工程勘察应进行工程地质测绘与调查，调查范围应包括高填方边坡及其邻近地段。

边坡区工程地质测绘与调查除应满足详细勘察的要求外，尚应重点包括下列内容：

（1）边坡区的地形形态和微地貌特征。

（2）边坡区的冲洪积堆积物、坡积物、崩塌堆积物的分布与性状。

（3）地表水、地下水、泉和湿地等的分布。

（4）周边地区的自然边坡坡度、性状与坡面情况。

（5）当地边坡工程的经验。

3）工程勘探

勘探线和勘探点的布置应根据边坡范围、工程地质条件、地下水情况和地形形态确定。除沿高边坡主要典型断面布置勘探线外，在其两侧可根据实际情况布置一定数量勘探线。一般宜在坡顶、坡脚及其中间布置勘探点，勘探点间距不宜大于 50m，在地形突变处和预计采取工程措施的地段，应布置勘探点。勘探方法除钻探和触探外，可根据土质条件，布置一定数量的探井。

勘探深度应满足边坡稳定分析和工程治理的需要。所有勘探孔应穿过相对软弱层并穿过最深潜在滑裂面进入稳定地层一定深度。进入稳定地层的深度应满足表 3.3-7 的规定。

边坡勘察勘探孔进入稳定地层深度的要求   表 3.3-7

稳定地层情况			勘探孔进入稳定地层深度（m）	
土、石等级	土、石类别	代表性土、石名称	控制性勘探孔	一般性勘探孔
Ⅱ	普通土	稍密或松散的碎石土（不包括块石或漂石）、密实的砂土和粉土、可塑的黏性土	5.0～10.0	2.0～3.0
Ⅲ	硬土	中密的碎石土、硬塑黏性土、风化成土块的岩石	3.0～5.0	1.0～2.0
Ⅳ	软石	块石或漂石碎石土、泥岩、泥质砂岩、弱胶结砾岩，中风化—强风化的坚硬岩或较硬岩	2.0～3.0	0.5～1.0

稳定地层情况			勘探孔进入稳定地层深度（m）	
土、石等级	土、石类别	代表性土、石名称	控制性勘探孔	一般性勘探孔
V	次坚石	砂岩、硅质页岩、微风化—中等风化的灰岩、玄武岩、花岗岩、正长岩	1.0～2.0	—
VI	坚石	未风化—微风化的玄武岩、石灰岩、白云岩、大理岩、石英岩、闪长岩、花岗岩、正长岩、硅质砾岩等	0.5～1.0	—

注：地形条件不利时取大值、坡高超过 50m 时取大值。

4）原位测试及室内试验

在边坡稳定影响深度内，根据土质条件分别进行动力触探试验、静力触探试验和十字板剪切试验，并采取土试样进行室内剪切试验；当边坡高度超过 20m，顺坡填筑且土质条件复杂（如软弱土、混合土等）时，宜进行现场剪切试验。

土的强度试验应根据岩土条件和实际情况确定，并应符合下列要求：

（1）进行室内快剪和固结快剪试验。

（2）应有一定数量的三轴剪切试验。

（3）应对用作边坡区填土的击实土进行室内剪切试验。

（4）剪切试验的最大竖向压力应不低于高填方边坡附加荷载与地基土自重应力之和。

5）分析评价

高填方边坡稳定性的综合评价应包括下列内容：

（1）对场区地层结构、工程地质条件和水文地质条件，从高填方边坡稳定性的角度进行分析与评价。

（2）对不良地质条件和特殊性岩土进行岩土工程分析与评价，提出边坡稳定影响区地基处理方案建议。

（3）进行边坡稳定分析，复核建议参数的合理性，提出高填方边坡工程设计方案的建议。边坡稳定性计算，并符合下列要求：

①根据边坡顶面标高和边线位置，选择有代表性的分析断面。

②根据试验测试成果确定强度指标，应考虑地下水条件，采用正确的计算模型。

③选择若干综合坡比。

④提出设计所需的岩土工程资料和岩土参数。

3. 水文地质勘察

高填方工程水文地质勘察应贯穿勘察和施工过程。

1）高填方原地基处理阶段

水文地质勘察应符合下列要求：

（1）对场区原有泉点、施工中揭露的泉点、填方关键地段中地下水、场区所在水文地质单元内主要泉点、民井、生产井以及盲沟出水点进行观测。

（2）调查主要内容为水位、水量、浑浊度。

（3）评价内容包括原地基处理对水文地质条件改变可能造成的次生地质灾害、对周边地下水环境和填筑体底部的影响。

2）填筑施工阶段

水文地质勘察应符合下列要求：

（1）对场区所在水文地质单元内主要泉点、民井、生产井以及盲沟出水点进行观测。

（2）对填筑体内部地下水位、边坡出水点高程、出水量进行观测。

（3）对挖方区段的面积、揭露泉点、地层渗透性、降水或施工管道渗漏等进行调查和观测。

（4）评价内容应包括挖方和填筑施工对水文地质条件的改变，以及水文地质条件改变对填方工程变形、地下水环境和周边地质环境的影响。

3）填筑完成后

水文地质勘察应符合下列要求：

（1）对填筑体施工阶段的观测点继续进行观测，对填筑完成后新出现的填筑体渗水点、建（构）筑物管道渗漏点进行观测。

（2）评价内容应包括地下水变化对填筑体变形、建（构）筑物稳定和周边环境的长期影响等。

4. 施工勘察

当高填方机场出现下列情况之一时，应在施工过程中进行施工勘察：

1）场地条件复杂，施工过程中才能查明其地质条件。

2）设计方案发生较大变化，且原有的勘察资料已不能满足现有设计要求。

3）受工程施工影响，地质条件及参数发生较大变化。

4）在工程施工过程中，有必要对某些指标和参数进一步优化和验证。

施工勘察应充分利用开挖面、平整场地、施工机械等现场条件，采用地质测绘、物探、探井、钻探等综合勘察方法。

施工勘察报告应包括工程地质条件、水文地质条件和岩土物理力学参数，并对设计和施工提出建议。

3.4 勘察成果

3.4.1 选址勘察成果

选址勘察报告应包含以下内容：

1. 选址勘察报告内容

1）前言

（1）勘察目的、依据、任务和要求

（2）勘察方法和手段

（3）勘察工作情况和取得的勘察成果

2）机场工程地质、水文地质条件和评价

（1）区域地质条件

（2）工程地质条件

（3）水文地质条件

（4）自然水系、水位情况

（5）机场场地与地基稳定性的基本分析与评价

（6）机场环境工程地质问题预测

3）场址气象条件

（1）风向

（2）气温

（3）降水量和蒸发量

（4）坏天气

4）结论和建议

（1）场址主要地质构造、地形地貌特征

（2）场址水文情况

（3）场址气象条件

（4）岩土工程问题处理的初步意见

（5）场址环境工程地质条件与机场建设的相互关系和影响

（6）场址工程地质条件对建设机场适宜性影响的初步评价

（7）地方建筑材料情况

2. 报告附件

1）附图

（1）勘探点平面布置图

（2）机场所在区域综合地质构造图

（3）综合工程地质图

（4）控制孔、取样孔、测试孔柱状图

（5）场址附近河流的洪水位淹没范围图

（6）勘探点主要数据一览表

（7）其他需要的图表

2）试验、测试成果资料

（1）岩土试验指标综合成果表

（2）原位测试成果表

（3）室内试验成果表

3）其他专题勘察报告资料

3.4.2　初步勘察成果

初步勘察报告应包含以下内容：

1. 初步勘察报告内容

1）前言

（1）勘察目的、依据、任务和要求

（2）勘察方法、手段、仪器设备

（3）取得的勘察成果

（4）勘察工作情况和完成的主要工作量

2）机场工程地质条件和评价

（1）场地工程地质分区

（2）场地工程地质条件

（3）场地水文地质条件

（4）各主要持力层工程地质评价

（5）机场场地与地基稳定性分析与评价

（6）机场环境工程地质问题预测

3）结论和建议

（1）场址主要地质构造、地形地貌特征

（2）基本岩土参数的分析与选用

（3）岩土工程问题处理的初步建议

（4）场地环境工程地质条件与机场建设的相互关系和影响

（5）场地工程地质条件对建设机场适宜性影响的初步评价

（6）地方建筑材料情况

（7）对详勘工作的建议

2.报告附件

1）附图

（1）勘探点平面布置图

（2）机场所在区域综合地质构造图

（3）综合工程地质图

（4）场地地下水等水位线图

（5）机场跑道、平行滑行道、机坪等工程地质剖面图

（6）钻孔柱状图

（7）不良地质体的分布图

（8）场地附近河流的最高洪水位淹没范围图

（9）地方建筑材料分布图

（10）勘探点主要数据一览表

（11）其他需要的图表

2）试验、测试成果资料

（1）岩土试验指标综合成果表

（2）原位测试成果表

（3）室内试验成果表

3）工程物探勘察成果资料

4）其他专题勘察报告资料

3.4.3　详细勘察成果

飞行区详细勘察报告应包含以下内容：

1.飞行区详细勘察报告内容

1）前言

（1）勘察目的、依据、任务和要求

（2）勘察方法、手段、仪器设备

（3）取得的勘察成果

（4）勘察工作情况和完成的主要工作量

2）机场工程地质条件和评价

（1）机场工程地质条件和工程地质分区

（2）岩土参数的统计与分析

（3）地基土工程地质条件评价

（4）地下水条件，水与土对建筑材料的腐蚀性

（5）机场场地与地基稳定性具体分析与评价

（6）挖方区填料的可挖性与压实性分析，填挖比

（7）机场环境工程地质问题分析

3）结论和建议

（1）对勘察任务书中提出的问题和要求作出技术结论

（2）岩土参数的分析与选用

（3）抗震设防烈度，场地与地基地震效应评价

（4）场地土的标准冻结深度

（5）岩土利用、整治、改造方案及其分析

（6）地基处理方案建议

（7）工程施工和运行期间可能发生的岩土工程问题的预测和预防措施建议

2. 报告附件

1）附图

（1）勘探点平面布置图

（2）综合工程地质图

（3）工程地质分区图

（4）机场地下水等水位线图

（5）特殊土分布厚度等位线图

（6）基岩顶面等位线图

（7）机场跑道、滑行道、机坪工程地质剖面图

（8）控制孔、取样孔、测试孔柱状图

（9）勘探点主要数据一览表

（10）岩土工程计算简图及计算成果图表

（11）岩土利用、整治、改造方案的有关图表

（12）其他需要的图表

2）试验、测试成果资料

（1）岩土试验指标综合成果表

（2）原位测试成果表

（3）室内试验成果表

3）工程物探勘察成果资料

4）沟、浜、塘专项调查报告

5）其他专项勘察报告资料

第 4 章

机场岩土工程设计

在现有民用机场、通用机场、军用机场等设计理论的基础上，对机场场道岩土设计进行了一定的归纳和总结，同时借鉴和引入了公路、水利、建筑等专业规范的相关内容，对现有机场规范规定相对模糊的概念及内容进行了补充和完善。地基设计部分概化了一般地基、软弱地基、高填方地基三个机场建设过程中常用的计算模型，并补充完善了高填方填筑体计算方法、双层地基计算理论等内容。边坡设计部分依据坡体土性以及滑动方式的差异分别总结了对应的计算理论以及方法。排水设计部分中涵盖了地表排水和地下排水计算理论及方法。

4.1 基本要求

4.1.1 输入资料

岩土工程设计前应取得下列资料：

1）场地分区和地势设计资料；

2）岩土工程勘察资料；

3）区域气象水文资料；

4）场外排水设计资料；

5）料源资料；

6）当地岩土工程治理的经验和施工设备等资料。

4.1.2 设计等级划分

机场场地的复杂程度根据场地条件按下列规定划分：

1）符合下列条件之一者为一级场地（复杂场地）：

（1）抗震设防烈度大于或等于8度，分布有存在潜在地震液化可能性砂土、粉土层的地段；

（2）不良地质作用强烈发育；

（3）地质环境已经或可能受到强烈破坏；

（4）地形地貌复杂或飞行区填方高度大于或等于20m；

（5）滩涂或填海造地场地。

2）符合下列条件之一者为二级场地（一般场地）：

（1）抗震设防烈度等于7度，分布有存在潜在地震液化可能性砂土、粉土层的地段；

（2）不良地质作用一般发育；

（3）地质环境已经或可能受到一般破坏；

（4）地形地貌较复杂或飞行区填方高度大于或等于 10m。

3）符合下列条件者为三级场地（简单场地）：

（1）抗震设防烈度小于或等于 6 度的场地；

（2）不良地质作用下发育；

（3）地质环境基本未受破坏；

（4）地形地貌简单或飞行区填方高度小于 10m。

注：从第 1）条开始，向第 2）、3）条推定，以最先满足的为准。

机场地基等级根据地基情况按下列规定划分：

1）符合下列条件之一者为一级地基：

（1）岩土种类多，性质变化大，地下水对工程影响大且需特殊处理；

（2）软弱土、湿陷性土、膨胀土、盐渍土、多年冻土等特殊性岩土，以及其他情况复杂，需作专门处理的岩土。

2）符合下列条件之一者为二级地基：

（1）岩土种类较多，性质变化较大，地下水对工程有不利影响；

（2）除本条第一款规定以外的特殊性岩土。

3）符合下列条件者为三级地基：

（1）岩土种类单一，性质变化不大，地下水对工程无影响；

（2）无特殊性岩土。

注：从第 1）条开始，向第 2）、3）条推定，以最先满足的为准。

机场岩土工程设计等级按表 4.1-1 划分。

机场岩土工程设计等级划分 表 4.1-1

确定岩土工程设计等级的条件		岩土工程设计等级
场地复杂程度	地基等级	
一级场地（复杂场地）	一级、二级、三级	甲级
二级场地（中等场地）、三级场地（简单场地）	一级	
二级场地（中等场地）	二级、三级	乙级
三级场地（简单场地）	二级	
	三级	丙级

4.1.3　场地分区

场地分区见表 4.1-2。

场地分区 表 4.1-2

分区	范围
飞行区道面影响区	道肩两侧各外延 1～3m 的范围，填方区尚需以 1：0.6～1：0.4 向两侧放坡至原地面

续表

分区	范围
飞行区土面区	飞行区内飞行区道面影响区以外的区域，不包括填方边坡稳定影响区
航站区	包括航站楼（候机楼）、管制中心、停车楼（场）、航站交通及服务设施等的区域
工作区	包括机场办公区、综合保障区、机场货运区、生活服务区等
预留发展区	场地平整范围内预留的规划发展区域
填方边坡稳定影响区	根据填方高度和天然地基的实际条件，通过具体分析确定

注：飞行区道面影响区填方区道肩外向两侧放坡坡比，填土为中砂、粗砂、碎石等粗粒土时可取 1：0.6，填土为粉质黏土等细粒土时可取 1：0.4。

4.1.4　设计阶段划分

机场岩土工程设计可分为方案设计、初步设计和施工图设计三个阶段。根据实际情况，在初步设计后可增加技术设计。

1）岩土工程方案设计应结合当地经验进行多方案比较，形成技术方案研究报告。

2）岩土工程初步设计应在方案设计的基础上进行设计方案比选，确定设计方案和技术经济指标。

3）岩土工程技术设计应在初步设计的基础上，基于现场试验或专项研究成果进行，解决初步设计尚未完全解决的重大、复杂技术问题，提出优化的设计方案和技术经济指标。

4）岩土工程施工图设计应在初步设计或技术设计的基础上进行，提出施工设计参数和施工技术要求。

4.1.5　设计步骤

确定岩土工程设计方案时，宜按下列步骤进行：

1）根据岩土工程条件，结合场地分区及功能要求，确定岩土工程设计的目的、范围以及各项技术指标，并通过分析，初步选出几种可供考虑的岩土工程技术方案。

2）对初步选出的岩土工程技术方案，从技术可靠性、可实施性、造价、工期要求以及对环境影响等方面进行综合技术经济分析，确定岩土工程设计方案。

3）结合场地分区和场地平整形成的挖方区和填方区，确定地基或填筑体的设计指标、参数和标准。

4）进行地基沉降变形和边坡稳定性分析，地基沉降变形或边坡稳定性不满足要求需进行地基处理时，应对处理后的地基进行沉降变形或稳定性验算。

5）根据实际情况进行地表及内部排水系统设计。

6）进行试验设计，提出设计参数、施工技术要求和检测要求，根据实际情况提出监测要求。岩土工程设计等级为甲级的机场，应开展现场试验并进行专项研究；岩土工程设计等级为乙级的机场，宜开展现场试验；岩土工程设计等级为丙级的机场，宜进行工艺性施工试验。

4.1.6　荷载分析

1）道面结构层荷载：道面结构层引起的附加荷载沿深度衰减缓慢，基本呈矩形分布。

2）飞机荷载：飞机荷载在地基中的附加应力随深度衰减。

飞机荷载按均布荷载q可按下式计算：

$$q = \frac{NG}{Bl} \tag{4.1-1}$$

式中：N——横向分布的飞机数；

　　　G——飞机的重力（kN）；

　　　B——横向分布飞机最外轮中心之间的宽度加轮胎着地宽度（m）；

　　　l——前后轴距加轮胎着地长度（m）；

　　　如横向分布不止两列飞机，则B可按下式计算：

$$B = Nb + (N - l)m + \Delta \tag{4.1-2}$$

式中：b——每一飞机的轮距（m）；

　　　m——左右两飞机相邻轮距（m）；

　　　Δ——轮胎着地宽度。

3）填筑体荷载：填筑体引起的附加荷载沿深度衰减缓慢，基本呈矩形分布。

4.2　地基设计

4.2.1　设计指标

1. 地基沉降变形指标

飞行区道面影响区和飞行区土面区，设计使用年限内的工后沉降和工后差异沉降不宜大于表 4.2-1 的规定。

工后沉降和工后差异沉降　　　　　　　　　　表 4.2-1

场地分区		工后沉降（m）	工后差异沉降（‰）
飞行区道面影响区	跑道	0.2～0.3	沿纵向 1.0～1.5
	滑行道	0.3～0.4	沿纵向 1.5～2.0
	机坪	0.3～0.4	沿排水方向 1.5～2.0
飞行区土面区		应满足排水、管线和建筑等设施的使用要求	

注：1. 工后差异沉降的度量水平距离为 50m。
　　2. 对于跑道和滑行道，当为软弱土地基时，可取表中高值；当为高填方地基时，填筑级配良好的碎石土可取表中低值，填筑细粒土或较弱土地基可取表中高值。
　　3. 对于机坪，当面积大于 20000m² 时，可取表中低值；当面积小于或等于 20000m² 时，可取表中高值。

飞行区道面影响区和飞行区土面区以外其他场地分区的沉降变形，应符合国家现行有关技术标准。

2. 设计控制指标

1）压实指标

《民用机场水泥混凝土道面设计规范》MH/T 5004—2010 规定见表 4.2-2、表 4.2-3。

道床最小压实度要求 表 4.2-2

填挖类型	土基顶面以下深度（m）	压实度（%）	
		飞行区指标Ⅱ	
		A、B	C、D、E、F
填方	0～0.3	95	96
	0.3～0.8	95	96
挖方及零填	0～0.3	94	96
	0.3～0.8	—	94

注：1. 表中压实度系按《公路土工试验规程》JTG 3430—2020 重型击实试验法求得的最大干密度的百分数；
　　2. 挖方区及零填部位，如碾压后或者处理后（采用掺结合料进行改善、表层换填、强夯、冲击碾压等方法）的道床顶面回弹模量达到 30MPa 以上，则下道床压实度可不作要求。

土基填方压实度标准 表 4.2-3

土基顶面以下深度（m）	压实度（%）	
	飞行区指标Ⅱ	
	A、B	C、D、E、F
0.8～4.0	94	95
4.0 以下	92	93

注：1. 表中压实度系按《公路土工试验规程》JTG 3430—2020 重型击实试验法求得的最大干密度的百分数；
　　2. 在多雨潮湿地区，当土基为高液限黏土及特殊土质的土基时，应根据土基处理要求，通过现场试验分析确定压实标准，根据现场实际情况表内压实度可降低 1%。

《民用机场沥青道面设计规范》MH/T 5010—2017 规定见表 4.2-4。

土基压实要求 表 4.2-4

填挖类型	土基顶面以下深度（cm）	压实度（%）不小于
填方	0～100	98
	100～400	95
	400 以下	93
挖方及零填	0～40	98

注：1. 表中压实度是按《公路土工试验规程》JTG 3430—2020 中重型击实法求得的最大干密度的百分数。
　　2. 在特殊干旱地区、特殊潮湿地区及高液限黏土土基，根据现场实际情况表内压实度可适当降低 1%～3%。
　　3. 特殊土质的土基，应根据土基处理要求，通过现场试验分析确定压实标准。

《民用机场岩土工程设计规范》MH/T 5027—2013 规定压实指标见表 1.6-7。

《民用机场飞行区土石方与道面基（垫）层施工技术规范》MH/T 5014—2022 规定见表 4.2-5。

土方密实度要求　　　　表 4.2-5

部位		土基顶面或土面以下深度（cm）	重型击实法的密实度（%）	
			飞行区指标Ⅱ	
			A、B	C、D、E、F
土基区	填方	0～100	96	98
		100～400	93	95
		>400	92	93
	挖方及零填	0～30	96	98
土面区	填方	跑道端安全区 0～80	85	90
		跑道端安全区 >80	83	88
		升降带平整区 0～80	85	90
		升降带平整区 >80	83	88
		其他土面区 0～80	80	85
		其他土面区 >80	80	85
	挖方及零填	跑道端安全区 0～30	85	90
		升降带平整区 0～30	85	90
		其他土面区 0～20	80	85

注：1. 表列仅为一般土质压实要求。特殊土质，通过现场试验分析经设计单位研究确定压实标准。
　　2. 在多雨潮湿地区或当土质为高液限黏土时，根据现场实际情况并经设计单位同意，可将表内密实度适当降低 1%～3%。
　　3. 对于高填方地区，除了满足土基密实度要求外，还应满足沉降控制要求。

2）道基反应模量（k_0）

道基反应模量是刚性道面设计的重要依据，用于确定地基土强度类型、表征道基刚度。道基反应模量越大，道基越不容易变形。地基土层工程性质（强度、粘结性、级配、含水率等）和压实程度等对道基反应模量影响较大，宜按地基土层类型提出相应要求。

道基反映模量（k_0值）指标详见表 1.6-5。

3）道床填料加州承载比（CBR）

道床填料加州承载比（CBR 值）指标详见表 1.6-1。

4.2.2　承载力计算

飞行区场地附加荷载较小，一般不超过 50kPa，即使是软土地基，地基承载力均可满足要求，因此一般情况下可不进行地基承载力验算。

高填方机场地基承载力根据边坡稳定性要求综合确定。

4.2.3 沉降计算

1. 一般地基

1）计算模型（图 4.2-1）

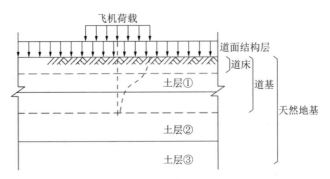

图 4.2-1　计算模型简图

2）计算方法

（1）最终沉降

地基的最终沉降量可采用分层总和法，按下列公式计算：

$$s = \Psi_s s' \tag{4.2-1}$$

$$s' = \sum_{i=1}^{n} \frac{e_{1i} - e_{2i}}{1 + e_{1i}} H_i \tag{4.2-2}$$

式中：s——地基最终总沉降量（mm）。

　　　s'——按分层总和法计算得到的地基沉降量（mm）。

　　　Ψ_s——修正系数，应根据沉降观测资料或当地经验确定；当无观测资料或当地经验时，可根据地基土的特点分析确定；由于地基土类型和应力历史差异，以及软弱土地基加固方法不同，采用分层总和法时修正系数取值范围很大。如《建筑地基基础设计规范》GB 50007—2002 中，主要依据变形计算深度范围内地基土压缩模量当量值的大小，Ψ_s 取 0.2～1.4。

　　　n——计算深度范围内所划分的土层数。

　　　H_i——第 i 分层土的厚度（mm）。

　　　e_{1i}——第 i 分层土压缩曲线上对应于该层上下层面自重应力平均值的孔隙比。

　　　e_{2i}——第 i 分层土压缩曲线上对应于该层上下层面自重应力与附加应力之和平均值的孔隙比。

除以上公式利用压缩试验得到的孔隙比计算地基沉降的方式外，也可以采用附加应力计算地基沉降的方式，公式如下：

$$s = \Psi_s s' = \Psi_s \sum_{i=1}^{n} \frac{a_i(p_{2i} - p_{1i})}{1 + e_{1i}} H_i \tag{4.2-3}$$

$$s = \Psi_s s' = \Psi_s \sum_{i=1}^{n} \frac{\Delta p_i}{E_{si}} H_i \tag{4.2-4}$$

式中：p_{1i}——第i分层土上下层面自重应力值的平均值；

　　Δp_i——第i分层土上下层面附加应力值的平均值；

　　p_{2i}——第i分层p_{1i}与Δp_i之和；

　　a_i——第i分层对应于p_{1i}—p_{2i}段的压缩系数；

　　E_{si}——第i分层土对应于p_{1i}—p_{2i}段的压缩模量。

（2）工后沉降计算

对于饱和黏性地基的工后沉降计算，可根据固结理论计算施工完成时地基土的固结度依此推算施工期的沉降和工后沉降。而对于非饱和土及饱和砂卵石地层，施工完成时绝大部分沉降已经完成，目前并无成熟经验计算其施工期沉降和工后沉降，因此可参考当地经验确定，必要时进行专项研究。

工后沉降s_p应按下式计算。

$$s_p = s_0 - s_{cp} \tag{4.2-5}$$

式中：s_0——路面设计使用年限内地基发生的总沉降（m）；

　　s_{cp}——路基路面施工（预压）期沉降（m）。

任一时刻地基的沉降s_t，应考虑主固结随时间的变化过程，可按下式计算。

$$s_t = Us' \tag{4.2-6}$$

式中：U——地基平均固结度。

（3）固结度计算

地基固结度计算包括瞬时加荷条件和逐级加荷条件，对瞬时加荷条件下的固结度计算值进行实际修正后，可得到平均点固结度。天然地基的固结度计算时，一般只考虑竖向平均固结度。

①瞬时加荷条件下：

竖向固结度：
$$\overline{U}_z = 1 - \frac{8}{\pi^2} e^{-\frac{\pi^2}{4} T_v} \tag{4.2-7}$$

$$T_v = \frac{C_v t}{H^2} \tag{4.2-8}$$

$$C_v = \frac{k_v(1 + e_0)}{a \gamma_w} \tag{4.2-9}$$

径向固结度：
$$\overline{U}_r = 1 - e^{\left(-\frac{8}{F_n} T_h\right)} \tag{4.2-10}$$

$$T_h = \frac{C_h}{d_e^2} t \tag{4.2-11}$$

$$F_n = \frac{n^2}{n^2 - 1} \ln(n) - \frac{3n^2 - 1}{4n^2} \tag{4.2-12}$$

平均总固结度：
$$\overline{U}_{rz} = 1 - \left(1 - \overline{U}_z\right)\left(1 - \overline{U}_r\right) \tag{4.2-13}$$

砂井未打穿压缩土层：
$$\overline{U} = Q U_{rz} + (1 - Q)\overline{U}_z \tag{4.2-14}$$

$$Q = \frac{A_1}{A_1 + A_2} = \frac{H_1}{H_1 + H_2} \tag{4.2-15}$$

式中：T_v——竖向固结的时间因素；

   C_v——竖向固结系数（m^2/s）；

   H——单面排水土层厚度或双面排水土层厚度之半（m）；

   k_v——竖向渗透系数（m/s）；

   a——土的压缩系数（kPa^{-1}）；

   t——固结时间（s）；

   T_h——径向固结时间因素；

   γ_w——水的重度（kN/m^2）。

②逐级加载条件

地基平均固结度可采用改进的太沙基法或改进的高木俊介法修正。

A. 改进的太沙基法

采用改进的太沙基法时，多级等速加载下修正后的地基平均结度 U_t' 可按下式计算。

$$U_t' = \sum_{i=1}^{n} U_{t\left(t - \frac{t_i + t_{i-1}}{2}\right)} \frac{\Delta p_i}{\sum \Delta p_i} \tag{4.2-16}$$

式中：t_i、t_{i-1}——各级等速加载的起点和终点时间（d），当 t 在某一级等速加载的过程中时，取 $t_i = t$；

   Δp_i——第 i 级等速加载的荷载增量，当 t 在某一级等速加载的过程中时，用该点的荷载增量（kPa）；

   $\sum \Delta p_i$——t 时 n 级荷载的累加（kPa）。

B. 改进的高木俊介法

采用改进的高木俊介法时，多级等速加载下修正后的地基平均结度 U_t' 可按下式计算。

$$U_t' = \sum_{i=1}^{n} \frac{q_i}{\sum \Delta p_i} \left[(t_i - t_{i-1}) - \frac{\alpha}{\beta} e^{-\beta t} \left(e^{\beta t_i} - e^{\beta t_{i-1}} \right) \right] \tag{4.2-17}$$

式中：q_i——第 i 级荷载平均加载速率（kPa/d）；

   α、β——参数，可按表 4.2-6 取值。

α、β 取值 表 4.2-6

排水固结条件	竖向排水固结 $U_z \geqslant 30\%$	径向排水固结	竖向和径向排水固结（砂井贯穿土层）	砂井未贯穿土层固结
α	$\frac{8}{\pi^2}$	1	$\frac{8}{\pi^2}$	$\frac{8}{\pi^2}Q$
β	$\frac{\pi^2 C_v}{4H^2}$	$\frac{8C_h}{F_n d_e^2}$	$\frac{\pi^2 C_v}{4H^2} + \frac{8C_h}{F_n d_e^2}$	$\frac{8C_h}{F_n d_e^2}$

注：$Q = H_1/(H_1 + H_2)$。

（4）计算深度

对于一般地基条件，可按《建筑地基基础设计规范》GB 50007—2011 关于计算深度的确定方法，考虑机场工程特点，按沿深度不衰减的极端情况，当计算深度达到 40m 时，再增加 1m 计算深度而新增的沉降量，也能满足《建筑地基基础设计规范》GB 50007—2011 给出下式的要求，因此一般情况下计算深度不超过 40m。

$$\Delta s'_n \leqslant 0.025 \sum_{i=1}^{n} \Delta s'_i \tag{4.2-18}$$

式中：$\Delta s'_i$——计算深度范围内第 i 层的变形计算值；

$\Delta s'_n$——由计算深度向上取厚度为 Δz 的土层的变形计算值，Δz 可取 1m。

2. 软弱地基

1）计算模型

计算模型简图见图 4.2-2。

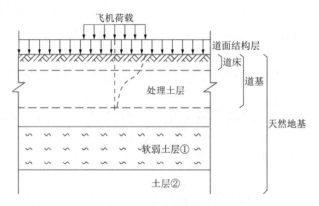

图 4.2-2　计算模型简图

2）计算方法

（1）双层地基应力计算

在机场场道地基设计中，通常采用设置硬壳层的方式提高浅部承载力，达到减小工后沉降的目的，这种类型的地基将出现地基土中垂直应力的分散现象。现假定土层分界面上的摩擦力为零，则条形均布荷载作用下，中心轴线与下卧层软弱层面交点处（M 点，如图 4.2-3 所示）的垂直应力 σ_z 按下式计算：

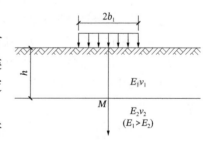

图 4.2-3　双层地基上的条形均布荷载

$$\sigma_z = \alpha p \tag{4.2-19}$$

式中：α——应力系数，根据 $\dfrac{h}{b_1}$ 及 V 值按表 4.2-7 求得；

V——与土的压缩性有关的参数；

$$V = \frac{E_1(1 - \nu_2)^2}{E_2(1 - \nu_1)^2} \tag{4.2-20}$$

E_1、E_2——分别为持力层和下卧层的变形模量（kPa）；

ν_1、ν_2——分别为持力层和下卧层的泊松比。

条形均布荷载下双层地基中 M 点应力 σ_z 的应力系数 α　　　　表 4.2-7

$\dfrac{h}{b_1}$	$V = 1.0$	$V = 5.0$	$V = 10.0$	$V = 15.0$
0	1.00	1.00	1.00	1.00
0.5	1.02	0.95	0.87	0.82

$\dfrac{h}{b_1}$	$V = 1.0$	$V = 5.0$	$V = 10.0$	$V = 15.0$
1.0	0.90	0.69	0.58	0.52
2.0	0.60	0.41	0.33	0.29
3.33	0.39	0.26	0.20	0.18
5.0	0.27	0.17	0.16	0.12

当地基为上硬下软的双层地基时，软弱下卧层顶面处的应力会比用常规的应力分布计算方法（Boussinesq 解）更小。对双层地基除应力分布需按式(4.2-19)的双层地基对待外，其余计算沉降的方法与根据应力系数α分层计算沉降的分层总和法相同。

（2）沉降计算

总沉降由瞬时沉降S_d、主固结沉降S_c及次固结沉降S_s之和计算，即：

$$S = S_d + S_c + S_s \tag{4.2-21}$$

总沉降S宜采用沉降系数m_s与主固结沉降按式(4.2-22)计算：

$$S = m_s S_c \tag{4.2-22}$$

式中：m_s——沉降系数，与地基条件、荷载强度、加荷速率等因素有关；范围值为 1.1～1.7，应根据现场沉降监测资料确定，也可按式(4.2-23)估算：

$$m_s = 0.123\gamma^{0.7}(\theta H^{0.2} + \upsilon H) + Y \tag{4.2-23}$$

θ——地基处理类型系数，地基用塑料排水板处理时取 0.95～1.1，用粉体搅拌桩处理时取 0.85；一般预压时取 0.90；

S_c——主固结沉降，采用分层总和法计算；

H——跑道中心填筑高度（m）；

γ——填料重度（kN/m³）；

υ——加载速率修正系数，加载速率在 20～70mm/d 之间时，取 0.025；采用分期加载，速率小于 20mm/d 时取 0.005；采用快速加载，速率大于 70mm/d 时取 0.05；

Y——地质因素修正系数，满足软土层不排水抗剪强度小于 25kPa、软土层的厚度大于 5m、硬壳层厚度小于 2.5m 三个条件时，$Y = 0$，其他情况下可取$Y = -0.1$。

任意时刻地基的沉降量，考虑主固结随时间的变化过程，按下式计算：

$$S_t = (m_s - 1 + U_t)S_c \tag{4.2-24}$$

或

$$S_t = S_d + S_c U_t + S_s \tag{4.2-25}$$

式中：U_t——地基平均固结度，采用太沙基一维固结理论解计算；对砂井、塑料排水板等竖向排水体处理的地基，固结度按巴隆给出的太沙基-伦杜立克固结理论轴对称条件固结方程在等应变条件下的解计算。

（3）计算深度

对于软土地基，地基变形计算深度可取至下伏岩层、坚硬黏土层或密实砂卵石层顶面；对于非软土地基，地基变形计算深度可按照附加应力沿深度不衰减的条件，取至附加应力等于上覆土层自重应力 10% 的深度。

3. 高填方地基

1）计算模型

计算模型简图见图 4.2-4。

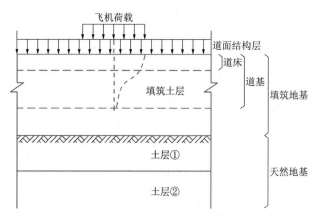

图 4.2-4　计算模型简图

2）计算方法

（1）填筑体沉降计算

①经验公式（表 4.2-8）

填方体沉降计算经验公式　　　　　　　　　　　　表 4.2-8

方法	适用范围	填方体沉降经验公式
日本	砂性土	$s = (0.1\% \sim 0.3\%) \times h$
日本	黏性土	$s = (0.5\% \sim 2.0\%) \times h$
西班牙	碎石类土	$s = (0.1\% \sim 0.4\%) \times h$
德国、日本	碎石类土	$s = h^2/3000$
京沪高铁	粗粒土、碎石类土	$s = (0.1\% \sim 0.3\%) \times h$
京沪高铁	细粒土	$s = (0.3\% \sim 0.5\%) \times h$

注：s 为填方体沉降量，h 为填筑高度。

②公式计算法

高填方机场填筑是一个逐级加荷的过程，各填筑层既是荷载，又是受压层。因此，在考虑填筑体压缩变形时，可在填筑阶段和填筑完成之后两个阶段考虑。在填筑阶段，采用逐级加载法进行计算分析。

A. 填筑体内部的应力分布

填筑体在逐级加荷过程中，土体内部的应力变化和"固结"过程极为复杂，因此，在考虑填筑体自身压缩变形特点的情况下，对其应力、应变关系作如下假定或简化：

a. 填筑体压缩按分层总和法计算。在计算某一填土层对下面土层的作用时，该填土层作为附加荷载，以下土层按自重应力考虑。

b. 填土内部自重应力呈线性增加, 竖向应力按 $\sigma = \gamma h$ 计算 (γ 为填土重度、h 为填筑层高度)。土体中的附加应力符合半无限体上条形荷载作用下的应力分布。

c. 随应力水平的逐步变化, 填土的孔隙比逐渐减少, 压缩模量逐渐提高, 其孔隙比与应力关系符合 e-p 曲线。

在上述假定的基础上, 推导出填筑体压缩变形量的计算公式。

图 4.2-5 为填筑体内部应力分布图。

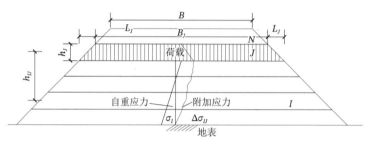

h_J—第 J 层填土厚度; B_J—第 J 层填土顶宽;
L_J—第 J 层填土边坡水平投影长度; h_{IJ}—第 I 层填土中心点至第 J 层填土中心点的距离;
σ_I—第 I 层填土的自重应力; σ_{IJ}—第 J 层填土施加后在第 I 层填土中所添加的附加应力

图 4.2-5 填筑体内部应力分布图

在各层填土中, 自重应力可表示为:

$$\sigma_I = \gamma \times \left(h_{IJ} - \frac{h_J}{2} \right) \tag{4.2-26}$$

每增加一填土层, 其下各土层中的附加应力增量按下式计算:

$$\sigma_{IJ} = \gamma \times \frac{h_J}{\pi} \times \frac{x - \dfrac{B_J}{2} - L_J}{L_J} \times \arctan \frac{x - \dfrac{B_J}{2} - L_J}{y} + \frac{x + \dfrac{B_J}{2} + L_J}{L_J} \times$$

$$\arctan \frac{x + \dfrac{B_J}{2} + L_J}{y} - \frac{x - \dfrac{B_J}{2}}{L_J} \times \arctan \frac{x - \dfrac{B_J}{2}}{y} - \frac{x + \dfrac{B_J}{2}}{L_J} \times \arctan \frac{x + \dfrac{B_J}{2}}{y} \tag{4.2-27}$$

式中: x——应力计算点距填筑体中心线的水平距离。

当只考虑填筑体中心线上的变形情况时, 其附加应力公式可简化为:

$$\Delta \sigma_{IJ} = \gamma \times \frac{h_J}{\pi} \times \frac{2 \times \left(\dfrac{B_J}{2} + L_J \right)}{L_J} \times \arctan \frac{\dfrac{B_J}{2} + L_J}{y} - \frac{B_J}{L_J} \times \arctan \frac{\dfrac{B_J}{2}}{y} \tag{4.2-28}$$

式中: y——第 J 层中心点至第 I 层中心点的距离, $y = h_{IJ}$。

实际上, 填筑体的边界条件与半无限体有一定的差异, 但当以计算路基中心线上的变形为主来看时, 采用半无限体的假定计算结果基本可以接受。水利部门在水坝应力计算中, 对自重应力一般采用 $\sigma = \gamma h$ 计算, 对于附加应力按半无限体计算, 结果表明不会造成大的误差。

B. 填筑体最终变形计算

在求出各层填土的自重应力和附加应力后, 填土的压缩变形可按以下公式计算:

$$S_{IJ} = \frac{\Delta \sigma_{IJ}}{E_s} h_I \tag{4.2-29}$$

或

$$S_{IJ} = \frac{e_1 - e_2}{1 + e_1} h_I \qquad (4.2\text{-}30)$$

式中：E_s——与应力水平 $\sigma_I + \Delta\sigma$ 及自重应力水平 σ_I 相对应的压缩模量；

　　　e_1——对应于自重应力 σ_I 的孔隙比；

　　　e_2——对应于应力 $\sigma_I + \Delta\sigma_{IJ}$ 的孔隙比；

　　　S_{IJ}——由第 J 层填土引起的第 I 层填土的压缩量（其中 S_{IJ} 为第 I 层填土自重所引起的压缩量）。

式 (4.2-29) 为采用压缩模量 E_s 法计算变形的公式，式 (4.2-30) 为采用 $e\text{-}p$ 曲线计算沉降的公式。

由此，第 I 层土的自身压缩量为：

$$S_I = S_{II} + S_{IJ} + \cdots + S_{IN} = \sum_{J=I}^{n} S_{IJ} \qquad (4.2\text{-}31)$$

在各分层的压缩变形量求出以后，由分层总和法可知，填筑体本体总的最终压缩变形量为：

$$S_\infty = S_1 + S_2 + \cdots + S_n = \sum_{i=1}^{n} S_i \qquad (4.2\text{-}32)$$

C. 填筑体填土变形与时间的关系

要获得填筑体在填筑期间或填筑完成后某一时间的变形量，以估计剩余变形，如工后变形，就必须考虑填土沉降变形随时间的变化问题。

对第 I 层填土，假定填筑完工的时间为 t_I（$I = 1, \cdots, n$），填筑后至某一时刻 T（$T > t_I$）所产生的压缩变形量则可表示如下：

$$S_T = S_{T(I)} + S_{LT(I)} \qquad (4.2\text{-}33)$$

式中：$S_{T(I)}$——第 I 层土自身荷重及其上填土荷重引起该层压缩量在 T 时刻完成的部分；

　　　$S_{LT(I)}$——第 I 层下面的土层从 t_I 到 T 时刻所发生的固结变形值。

对于 $S_{T(I)}$，有：

$$S_{T(I)} = \sum_{J=I}^{n} S_{(I,J)} U_{T(I,J)} \qquad (4.2\text{-}34)$$

式中：$U_{T(I,J)}$——自身压缩量 $S_{(I,J)}$ 在 T 时刻的固结度，此时固结时间为 $\Delta T = T - t_J$。

对于 $S_{LT(I)}$，有：

$$S_{LT(I)} = S_{LT(I)1} - S_{LT(I)2} \qquad (4.2\text{-}35)$$

式中：$S_{LT(I)1}$——第 I 层填土下面的土层从填筑之时起到 T 时产生的固结变形；

　　　$S_{LT(I)2}$——第 I 层填土下面的土层从填筑之时起到第 I 层填筑完毕时产生的固结变形。

$S_{LT(I)1}$ 由下式计算：

$$S_{LT(I)1} = \sum_{K=1}^{I} \sum_{J=K+1}^{n} S_{(K,J)} U_{T(K,J)} \qquad (4.2\text{-}36)$$

式中：$S_{(K,J)}$——第 K 层土由于第 J 层填土（$J > K$）而引起的自身压缩量；

　　　$U_{T(K,J)}$——自身压缩量 $S_{(K,J)}$ 在 $t_J \sim T$ 时内所完成的固结度，其固结时间为 $\Delta T = T - t_J$。

$S_{LT(I)2}$ 由下式计算：

$$S_{LT(I)2} = \sum_{K=1}^{I}\sum_{J=K+1}^{n} S_{(K,J)}U_{T(K,J,I)} \tag{4.2-37}$$

式中：$S_{(K,J)}$——意义同式(2.4-36)。

$U_{T(K,J,I)}$——自身压缩量 $S_{(K,J)}$ 在 $t_I \sim t_J$ 时段内所完成的固结度，其固结时间为 $\Delta T = t_I - t_J$。

固结度计算方法按第 4.2.3 节执行。

（2）原地基沉降计算

原地基沉降计算方法参见第 4.2.3 节。

4.2.4 冻胀量计算

冻胀是季节性冻土地区机场建设遇到的主要问题之一，机场跑道的冻胀量应控制在容许总冻胀量范围内。目前机场相关规范对地基冻胀量计算尚无统一标准。

根据《公路路基设计规范》JTG D30—2015 的规定，平均冻胀率按下式计算。

$$\eta = \frac{z}{H_d} \times 100(\%) \tag{4.2-38}$$

式中：z——土的冻胀值（mm）；

H_d——土的冻结深度（mm），不包括冻胀量。

路基总冻胀量按下式计算，用于计算路基冻胀量的土层范围应为路基冻结深度。

$$z_j = \sum_{i=1}^{n} h_i \eta_i \tag{4.2-39}$$

式中：z_j——路基冻胀量（mm）；

h_i——路基冻深内不同土层厚度（mm）；

η_i——路基不同土层土的冻胀率（%）；

n——不同土层数。

根据《冻土工程地质勘察规范》GB 50324—2014，冻胀量为土体在冻结过程中的冻胀变形增量。根据定义，地表冻胀量＝地表冻后标高－地表冻前标高。

即：
$$\Delta_z = h - z_d \tag{4.2-40}$$

式中：Δ_z——地表冻胀量；

h——冻土层厚度；

z_d——设计冻深。

冻胀量计算示意图见图 4.2-6。

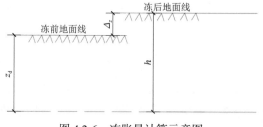

图 4.2-6 冻胀量计算示意图

根据《工程地质手册》相关规定，地基土的冻胀性应通过现场试验确定，在无现场实测资料时，对封闭系统可用 2%～6% 的冻胀率来估计土层的冻胀量。

地基土的冻胀量也可按下列经验公式估算。

1. 封闭系统

最冷月的平均气温为 $-10℃ \leqslant T_a \leqslant -3℃$ 时：

$$\Delta_z = 0.5 z_f (w - 0.8 w_P) \tag{4.2-41}$$

最冷月的平均气温 $T_a < -10℃$ 时：

$$\Delta_z = 0.4 z_f (w - w_P) \tag{4.2-42}$$

2. 开敞系统

1）低塑限黏土：

$$\Delta_z = 1.25 \times z_f^{0.71} \times e^{-0.013z} \tag{4.2-43}$$

2）粉土、高液限黏土、粒径 $\leqslant 0.075\text{mm}$ 粒组含量占 20%～50% 的粉土质砂（砾）类土：

$$\Delta_z = 1.95 \times z_f^{0.56} \times e^{-0.013z} \tag{4.2-44}$$

3）粒径 $< 0.075\text{mm}$ 粒组含量为 10%～20% 的砂类土、砾类土：

$$\Delta_z = 0.13 \times z_f \times e^{-0.02z} \tag{4.2-45}$$

式中：Δ_z——地面冻胀量（cm）；

　　　z_f——冻结深度（cm）；

　　　z——地下水位埋深（从地表算起，cm）；

　　　w——冻结土层的平均含水率（%）；

　　　w_P——冻结土层的塑限含水率（%）。

4.3　边坡设计

4.3.1　计算参数选取

边坡稳定性分析的强度参数，应根据填料及地基土代表性土样的室内试验及现场情况确定。填方边坡稳定性分析强度参数 c、φ 值宜采用表 4.3-1 的试验方法确定。

填方边坡稳定性分析采用的强度参数试验方法　　　　　表 4.3-1

位置	施工期	运行期	备注
填筑体部分	三轴不排水剪切试验、直接剪切快剪试验	三轴固结不排水剪切试验、直接剪切固结快剪试验	可能被地下水浸没部分应采用饱水试件进行试验
天然地基部分	三轴固结不排水剪切试验、直接剪切固结快剪试验		对薄弱或软弱土层宜采用三轴不排水剪切试验或直接剪切快剪试验；可能被地下水浸没部分应采用饱水试件进行试验

4.3.2　控制指标

1. 稳定性指标

填方边坡稳定安全系数不得小于表 4.3-2 所列数值。

填方边坡稳定安全系数

表 4.3-2

分析项目	计算方法	计算工况	稳定安全系数
填筑体稳定性	简化 Bishop 法、数值分析法	正常条件下	1.30~1.35
		暴雨或连续降雨条件下	1.10~1.20
		地震条件下	1.02~1.05
填筑体与地基整体稳定性	简化 Bishop 法、数值分析法	正常条件下，地基土固结度为 1	1.35~1.40
		正常条件下，地基土按实际固结度	1.30~1.35
		暴雨或连续降雨条件下	1.10~1.20
		地震条件下	1.02~1.05
填筑体与地基整体稳定性（若沿已知层面滑动）	不平衡推力法、数值分析法	正常条件下	1.25~1.30
		暴雨或连续降雨条件下	1.10~1.20
		地震条件下	1.02~1.05

注：1. 表中"正常条件"指不考虑地震、暴雨或连续降雨。
　　2. 粗粒料填筑时，采用线性抗剪强度指标计算按表中取值，采用非线性抗剪强度指标计算应适当提高。
　　3. 边坡高度较大或边坡失稳危害较大时，稳定安全系数取大值。

2. 压实指标

填方边坡稳定影响区压实指标按表 1.6-7 执行。

《高填方地基技术规范》GB 51254—2017 规定边坡稳定影响区按表 4.3-3 确定。

边坡稳定影响区划分表

表 4.3-3

坡高 H（m）	部位	影响区范围	备注
≥20	填筑地基	整个边坡区	B 为边坡坡顶至坡脚的水平距离；B_1 为原场地地基处理范围坡脚外需外延的距离。根据计算分析所得，且 B_1 不得小于 5m
	原场地地基	$2B/3 + B_1$	
<20	填筑地基	整个边坡区	
	原场地地基	$B/2 + B_1$	

具体边坡稳定影响区（图 4.3-1）还应根据稳定性计算中滑弧范围综合确定。

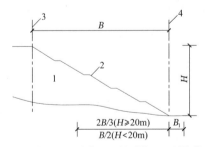

1—边坡区；2—马道；3—坡顶线；4—坡脚线

图 4.3-1　边坡稳定影响区划分示意

4.3.3　稳定性计算

对于机场工程所涉及的边坡，应在岩土工程勘察的基础上，分析判断边坡破坏模式、滑动类型与潜在滑裂面位置，合理选择稳定性分析方法和计算参数，采用定性分析与定量计算相结合的方法，综合判断边坡稳定性。

1. 软土地基极限填筑高度

在天然的软土地基上，当填方高度比较小时，用快速施工方法（不控制填土速率）填筑的最大高度，称为极限高度。当填筑的设计高度超过此极限高度时，地基必须采取加固或处理措施，以保证安全填筑和正常使用。

极限高度的大小取决于地基土的工程特性及填料的性质，可按稳定性分析结果确定。在施工条件允许时，也可在工地进行填筑试验确定，这是解决填方极限高度的最可靠方法。

由于极限高度仅为设计施工时的参考数据，通常都近似地假设内摩擦角 $\varphi = 0$ 并按以下方法进行估算。

1）均质薄层软土地基的路堤极限高度

软土层较薄时，滑动圆弧与软土层底面相切，极限高度可按下式估算：

$$H_e = N_s \frac{c_k}{\gamma} \tag{4.3-1}$$

式中：H_e——极限高度（m）；

　　　c_k——软土的快剪黏聚力（kPa）；

　　　γ——填土的重度（kN/m³）；

　　　N_s——稳定因数，与边坡角 β 和深度因数 n_d（$n_d = \frac{H+d}{H}$，其中 H 为填土高度，d 为软土厚度）有关，可由图 4.3-2 得到。

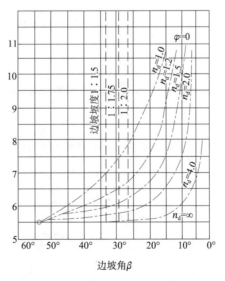

图 4.3-2　填筑体极限高度计算图式

由于 n_d 与 H 有关，所以需要用试算法。计算时要先假设 H 值，计算 n_d 值，由此从图 4.3-2 中得 N_s，再按式(4.3-1)算得 H_e。若算得的 H_e 与假定的 H 相符即可，否则需重新假设 H 值再行计算。

2）均质厚层软土地基的填筑极限高度

软土层很厚时，滑动面不一定通过软土层基底，则按式(4.3-2)估算极限高度：

$$H_e = 5.52 \frac{c_k}{\gamma} \tag{4.3-2}$$

由于填土的重度一般为 17.5～19.5kN/m³，所以可近似取 $H_e = 0.3c_k$。

3）非均质软土地基的填筑极限高度

非均质软土地基，土层比较复杂，各层的性质不同，其填筑极限高度一般采用条分法进行稳定性计算，通过试算找出极限填土高度。地基强度指标采用快剪法测定或采用原位测试强度指标。在施工条件允许时，也可根据工地试验确定。

4）有硬壳层的软土地基的填筑极限高度

覆盖在软土层上强度稍高的表层土称为硬壳层。当硬壳层厚度大于 1.5m 时可考虑其应力扩散、提高承载力、减少地基沉降的效应。此时，填筑极限高度可按式(4.3-3)估算：

$$H_e = N_s \frac{c_k}{\gamma} + 0.5H \tag{4.3-3}$$

式中：H——硬壳层厚度（m）。

2. 土质边坡或破碎岩质边坡稳定性计算（圆弧滑动）

采用简化 Bishop 法验算填方边坡稳定性时，可按下列公式计算对应潜在滑动面的边坡稳定安全系数 F_s，计算简图见图 4.3-3。

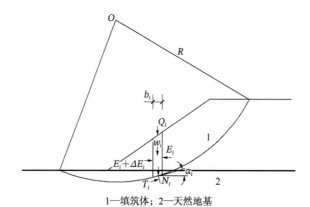

1—填筑体；2—天然地基

图 4.3-3 简化 Bishop 法计算简图

$$F_s = \frac{\sum \dfrac{K_i}{m_{ai}}}{\sum (W_i + Q_i) \sin \alpha_i} \tag{4.3-4}$$

$$m_{ai} = \cos \alpha_i + \frac{\tan \varphi_i \sin \alpha_i}{F_s} \tag{4.3-5}$$

式中：W_i——第 i 土条岩土体的重力（kN/m），当部分土条在地下水位以下时，采用浮重度计算；

Q_i——第 i 土条上作用的竖向荷载（kN/m）；

K_i——根据第 i 土条底面滑弧所处位置按式(4.3-6)或式(4.3-7)计算；

φ_i——第 i 土条底面滑弧处的内摩擦角（°）；

α_i——第 i 土条底面滑弧中点切线与水平面的夹角（°）。

当第 i 土条底面滑弧位于天然地基中时，

$$K_i = c_{di}b_i + W_{di}\tan\varphi_{di} + U(W_{ti} + Q_i)\tan\varphi_{di} \tag{4.3-6}$$

式中：c_{di}、φ_{di}——第 i 土条底面滑弧处天然地基土的黏聚力（kPa）和内摩擦角（°）；

b_i——第 i 土条宽度（m）；

W_{di}、W_{ti}——第 i 土条内天然地基和填筑体的重力（kN/m），地下水位以下部分采用浮重度计算；

U——天然地基的固结度。

当第 i 土条底面滑弧位于填筑体中时，

$$K_i = c_{ti}b_i + (W_{ti} + Q_i)\tan\varphi_{ti} \tag{4.3-7}$$

式中：c_{ti}、φ_{ti}——第 i 土条底面滑弧处填筑体的黏聚力（kPa）和内摩擦角（°）。

3. 边坡沿斜坡地基或岩体结构面滑动稳定性计算（平面滑动）

采用平面滑动法验算边坡稳定性时，边坡稳定安全系数 F_S 可按式(4.3-8)计算。

$$F_S = \frac{Ac + \gamma V\cos\alpha\tan\varphi}{\gamma V\sin\alpha} \tag{4.3-8}$$

式中：γ——边坡坡体岩土的重度（kN/m³）；

V——边坡岩土体的体积（m³）；

A——潜在平面滑动面的面积（m²）；

α——潜在平面滑动面与水平面的夹角（°）；

c、φ——潜在滑动面的黏聚力（kPa）和内摩擦角（°）。

4. 边坡沿斜坡地基或岩体结构面滑动稳定性计算（折线滑动）

采用不平衡推力法验算边坡稳定性时，应按各滑动面物质组成和含水状态合理确定各条滑动面的强度参数，并按下列公式逐条计算剩余推力，直到第 n 条最后一个条块的剩余推力等于零，以此确定边坡稳定安全系数 F_S。计算简图见图 4.3-4。

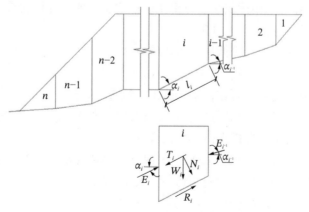

图 4.3-4　不平衡推力法计算简图

$$E_i = W_i\sin\alpha_i - \frac{1}{F_s}(c_il_i + W_i\cos\alpha_i\tan\varphi_i) + E_{i-1}\psi_{i-1} \tag{4.3-9}$$

$$\psi_{i-1} = \cos(\alpha_{i-1} - \alpha_i) - \frac{\tan\varphi_i}{F_s}\sin(\alpha_{i-1} - \alpha_i) \qquad (4.3\text{-}10)$$

式中：E_i——第i土条的剩余推力（kN/m）；

$\quad\quad W_i$——第i土条滑动面之上岩土自重与外部竖向荷载之和（kN/m）；

$\quad\quad \alpha_i$——第i土条滑动面与水平面的夹角（°）；

$\quad\quad l_i$——第i土条滑动面的长度（m）；

c_i、φ_i——第i土条滑动面的黏聚力（kPa）和内摩角（°）；

$\quad\psi_{i-1}$——第$i-1$土条对第i土条的推力传递系数。

对岩质边坡，可配合采用极射赤平投影法和实体比例投影法，当边坡破坏机制复杂时，宜辅以数值分析法评价边坡的稳定性。

4.4 排水设计

4.4.1 基本要求

1）地基排水工程应包括地表排水和地下排水。地表排水包括场内排水和场外排水，地下排水包括原场地地基排水和填筑地基内排水。

2）排水工程应充分利用场地地形和天然排水系统，结合地基范围进行总平面规划设计，形成场内排水与场外排水完整的排水系统。

3）排水工程设计应根据场地地形地貌、气候条件、工程地质和水文地质条件、地下水类型和补给来源、地下水的活动规律、工程排水范围、汇水面积和流量等资料确定。

4）排水工程应与坡面防护工程综合考虑，并应符合环境保护和水土保持要求，防止坡面岩土遭受冲刷和失稳。

5）排水工程水力设计应对排水系统主、支排水沟控制段的汇水面积分段计算，并应根据设计降雨强度和校核标准分别计算主、支沟排水段汇流量和输水量，确定排水沟断面或校核已有排水沟的过水能力。

6）汇水面积计算可采用积仪法、方格法、称重法、梯形计算法或经验公式法。

7）排水系统设计应符合下列规定：

（1）应包括排除地表水、降低地下水和减少地表水下渗等措施并应相互结合形成完整的排水体系；

（2）排水工程结构应安全可靠，便于施工、检查及维修。

8）地面临时排水设施，应满足地表水（含临时暴雨）、地下水和施工用水等的排放要求，并宜与地面工程的永久性排水措施相结合。

9）纵向排水沟间距宜为100～300m，其纵向坡降不应小于0.2%。排水沟宜预留0.2m超高值，在转弯半径较小的坡段凹向侧超高宜大于0.2m。

10）地下排水系统设计应符合下列规定：

（1）综合考虑地形地貌、水文地质条件、地下水类型、地下水补给、活动及排泄规律等因素；

（2）防止排水设施堵塞，水位壅高溢流、渗漏、淤积、冲刷和冻结等影响；

（3）根据地形、含水层与隔水层结构及地下水特征，选用管涵、隧洞、钻孔、盲沟等排水方案。

11）施工中宜对地下水变化情况进行观测并及时反馈。

4.4.2　水文水力计算

1. 计算内容

水文水力计算的主要内容包括：

1）排水系统各断面设计流量；

2）流速及水位的计算；

3）各段沟的底坡、断面尺寸的确定。

2. 设计暴雨

飞行场地排水系统的设计流量采用当地的设计暴雨推求。设计暴雨的重现期应根据机场等级、当地气象、水文地质条件等按表4.4-1确定。

设计暴雨重现期　　表 4.4-1

类别	适用条件	重现期（年）
一	特级机场；年降雨大于800mm的潮湿地区；土壤水文地质条件较差的Ⅰ、Ⅱ级机场	2.0
二	年降雨量在400～800mm的半干旱区；土壤水文地质条件较好的Ⅰ、Ⅱ级机场	1.0
三	干旱地区的Ⅰ、Ⅱ级机场；Ⅱ级机场	0.5

飞行场地使用的暴雨强度公式可由下列途径获得：

1）当地有10年以上自记雨量计资料时，用自记雨量计资料推求。

2）当地自记雨量计资料不足10年，但在连续5年以上，且无特丰、特枯年份时，可用短期自记雨量计资料推求，但应进行合理性检查。

3）当地市政等部门所制定的暴雨强度公式，若符合飞行场地流量计算的要求时，可直接采用。

4）当地缺乏自记雨量计资料时，可参考邻近气象条件相似地区的公式及参数，查用有关暴雨参数等值线图，或采用其他气象资料制定暴雨强度公式，但必须经过合理性检查。

暴雨强度公式一般采用：

$$q = \frac{s_p}{t^n} \tag{4.4-1}$$

或

$$q = \frac{s_p}{(t+b)^n} \tag{4.4-2}$$

其中：

$$s_p = 166.7 A_1 (1 + c \lg N) \tag{4.4-3}$$

式中：　　q——设计暴雨强度（L/s·ha）；

s_p——雨力（L/s·ha）；

t——降雨历时（min）；

N——重现期（年）；

n、A_1、c、b——地区性参数。

计算设计暴雨强度时，降雨历时一般应取设计点的汇流历时，其值应为坡面汇流历时和沟槽汇流历时之和。

坡面汇流历时可按下式计算：

$$l_1 = \left[\frac{2.41mL}{(\psi a)^{0.72} S^{0.5}} \right]^{\frac{1}{1.72}}$$（4.4-4）

式中：l_1——坡面汇流历时（min）；

  L——坡面流长度（m）；

  S——坡面流坡度；

  a——汇流历时内的平均雨强（mm/min），$a = q/166.7$；

  m——地表粗糙系数，按表 4.4-2 确定；

  ψ——径流系数。

地表粗糙系数 表 4.4-2

地表状况	m值
沥青混凝土道面	0.011～0.013
水泥混凝土道面	0.014～0.018
无草皮的土地面	0.025～0.035
中等密度的草皮地面	0.05～0.07
稠密草皮地面	0.08～0.12

计算沟槽汇流历时时，应在断面尺寸、坡度改变点或有支沟汇入处分段，并按下式计算：

$$\tau_2 = \sum_{i=1}^{n} \frac{L_i}{60\overline{v}_i}$$（4.4-5）

式中：τ_2——沟槽汇流历时（min）；

  L_i——第i段的长度（m）；

  $\overline{v}_i$——第i段内的平均流速（m/s）；

  n——沟段数；

  i——沟段序号。

3. 设计流量计算

雨水设计流量应按下列公式计算：

$$Q = \psi q F$$（4.4-6）

式中：Q——雨水设计流量（L/s）；

  q——设计暴雨强度（L/s·ha）；

  ψ——径流系数；

  F——汇水面积（ha）。

径流系数可按表 4.4-3 确定。当汇水面积内有多种类型地表时，应取面积加权平均值。

径流系数　　　　　　　　　　表 4.4-3

地表种类	ψ
沥青混凝土道面	0.95
水泥混凝土道面	0.90
浆砌块石或沥青表面处理的碎石地面	0.60
泥结碎石地面	0.40～0.50
黏性土地面	0.40～0.50
粉性土地面	0.30～0.45
砂性土地面	0.20～0.35
黏性土地面，有草皮	0.25～0.35
粉性土地面，有草皮	0.20～0.30
砂性土地面，有草皮	0.10～0.25

注：各种土质及泥结碎石地面的ψ值，在湿润地区可取高值，半干旱地区取中值，干旱地区取低值。

4.4.3　地表水排水设计

1. 排水设计总体要求

1）排（截）水沟的断面尺寸，坡度和长度应根据场内排水流量及毗邻地带的地表水流入量确定。排水沟与截洪沟的连接应根据线形、地形、地质条件等因素确定。当坡度大于30°或局部高差较大时，可按下列要求设置跌水或急流槽。

2）外围排（截）水沟应设在填筑地基外缘 5m 以外的稳定斜坡面上。根据外围坡体结构，截水沟迎水面应设置泄水孔，尺寸不宜小于 100mm × 100mm。

3）当排水沟通过填挖方交界时，应设置土工合成材料或钢筋混凝土预制板制成的沟槽。

4）开裂变形的坡体或填筑交界面处，应及时采用黏土或水泥浆填实裂缝，整平积水坑、洼地，迅速排除雨水。

5）对排水沟的弯曲段，防止水位壅高的安全超高不宜小于 0.3m。

6）排水沟的纵坡应根据排水沟的线形、地形、地质以及与排洪沟连接条件等确定，并应进行抗冲刷计算。当自然纵坡大于30°或局部高差较大时，可设置跌水；在排水沟纵坡变化处宜改变沟道宽度，避免上游产生壅水。

7）填筑边坡有马道时，纵向排水沟方向宜与马道一致，并设于马道内侧。横向排水沟的间距宜为 50～100m。

2. 排（截）水沟

1）排（截）水沟的水力计算

排水沟的流速应按下式计算：

$$v = \frac{1}{n} R^{\frac{1}{3}} I^{\frac{1}{2}} \qquad\qquad (4.4\text{-}7)$$

式中：v——流速（m/s）。

R——水力半径（m），$R = \dfrac{\omega}{\rho}$。

I——水力坡降。

有旁侧入流的明沟，水力坡降可采用计算沟段的平均水面坡降，或用计算点的水面坡降。无旁侧入流的沟管，水力坡降可采用底坡。

n——排水沟粗糙系数，按表 4.4-4 确定。

粗糙系数 表 4.4-4

管沟类别	n	管沟类别	n
石棉水泥管、钢管	0.012	浆砌砖沟槽	0.015～0.020
陶土管、铸铁管	0.013	浆砌块石沟槽	0.017～0.024
混凝土管、钢筋混凝土管	0.013～0.014	干砌块石沟槽	0.020～0.035
水泥砂浆抹面沟槽	0.013～0.014	土明沟（包括带草皮）	0.025～0.040

排水沟输水能力按下式计算：

$$Q_{输} = \omega V \qquad\qquad (4.4\text{-}8)$$

式中：$Q_{输}$——流量（m³/s）；

ω——水流断面的面积（m²）；

V——水流断面的平均流速（m/s）；

排水沟断面水力要素可根据断面形状按下式计算：

矩形断面（图 4.4-1）

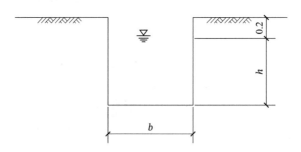

图 4.4-1 矩形断面排水沟示意图

水流断面面积： $$\omega = bh \qquad\qquad (4.4\text{-}9)$$

湿周： $$\rho = b + 2h = \frac{\omega}{h} + 2h \qquad\qquad (4.4\text{-}10)$$

水力半径： $$R = \frac{\omega}{\rho} = \frac{\omega}{b + 2h} \qquad\qquad (4.4\text{-}11)$$

对称梯形断面（图 4.4-2）

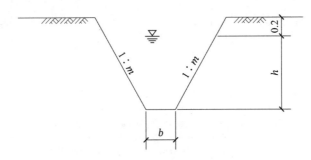

图 4.4-2　对称梯形断面排水沟示意图

水流断面面积：
$$\omega = bh + mh^2 \tag{4.4-12}$$

湿周：
$$\rho = b + 2h\sqrt{1 + m^2} = \frac{\omega}{h} + \left(2\sqrt{1 + m^2} - m\right)h \tag{4.4-13}$$

水力半径：
$$R = \frac{\omega}{\rho} = \frac{bh + mh^2}{b + \left(2\sqrt{1 + m^2}\right)h} \tag{4.4-14}$$

不对称梯形断面（图 4.4-3）

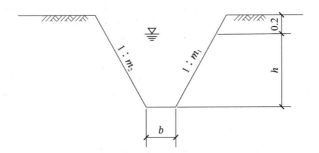

图 4.4-3　不对称梯形断面排水沟示意图

水流断面面积：
$$\omega = bh + m_3 h^2 \tag{4.4-15}$$

$$m_3 = \frac{m_{1+}m_2}{2} \tag{4.4-16}$$

湿周：
$$\rho = b + kh = \frac{\omega}{h} + (k - m_3)h \tag{4.4-17}$$

$$k = \sqrt{1 + m_1^2} + \sqrt{1 + m_2^2} \tag{4.4-18}$$

水力半径：
$$R = \frac{\omega}{\rho} = \frac{bh + \frac{1}{2}(m_{1+}m_2)h^2}{b + \left(\sqrt{1 + m_1^2} + \sqrt{1 + m_2^2}\right)h} \tag{4.4-19}$$

明沟容许（不冲刷）平均流速按表 4.4-5 确定。

明沟容许（不冲刷）平均流速表（单位：m/s） 表 4.4-5

编号	明沟类型	圬工材料	水流平均深度（m）	
			0.4	1.0
1	土质明沟	0.25～1.0mm 的中颗粒砂，细砂带黏土	0.35～0.50	0.45～0.60
		干密度 1660～2040kg/m³ 的黏土	1.0	1.2
		干密度 1660～2040kg/m³ 的重砂质黏土	1.0	1.2
		干密度 1661～2040kg/m³ 的贫瘠砂质黏土	0.95	1.2
		干密度 1661～2040kg/m³ 的新沉淀的黄土类土壤	0.8	1.0
2	砖砌体明沟	5 号水泥砂浆砌 5 号砖	1.6	2.0
3	干砌卵石或片石明沟（碎石垫层厚度不小于 10cm）	卵石或片石，其尺寸为 15cm	2.5	3.0
		卵石或片石，其尺寸为 20cm	3.0	3.5
		卵石或片石，其尺寸为 25cm	3.5	4.0
4	5 号水泥砂浆砌片石明沟	5 号水泥砂浆砌 10 号片石	3.0	3.5
		5 号水泥砂浆砌 20 号片石	5.8	7.0
		5 号水泥砂浆砌 30 号片石	7.1	8.5
5	混凝土明沟	10 号混凝土	5.0	6.0
		15 号混凝土	6.0	7.0
		20 号混凝土	7.0	8.0
		25 号混凝土	8.0	9.0

2）排（截）水沟的一般构造

（1）排（截）水沟宜沿工程场地周边设置，并应充分利用天然地形和水系，离填筑脚的距离不宜小于 5m，并应进行防渗和冲刷处理。

（2）排水沟宜采用浆砌片（块）石砌筑；对于松软地段，宜采用毛石混凝土或素混凝土修筑。对坚硬片块石砌筑的排水沟，可用比砌筑砂浆高一级的砂浆进行勾缝。

（3）排水沟进出口平面布置，宜采用喇叭口或八字形导流翼墙。导流翼墙长度宜为设计水深的 3～4 倍。

（4）当排水沟断面变化时，应采用渐变衔接，过渡长度宜为水面宽度之差的 5～20 倍。

（5）排（截）水沟断面宜采用梯形、矩形、复合形或 U 形（图 4.4-4）。

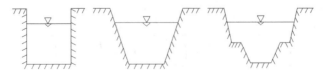

图 4.4-4　排水沟的断面形式

3. 跌水与急流槽

跌水是在陡坡或深沟地段设置的沟底为阶梯、水流呈瀑布式跌落的沟槽，其作用是在较短的距离内降低水流流速，消减水流能力，防止冲刷，一般用在坡度大于 10%、水头高差大于 1.0m 的陡坡地段。急流槽是在陡坡或深沟地段设置的坡度较陡、水流不离开槽底的沟槽，其作用是在较短的距离内以沟槽的方式引排、降低水头，防止冲刷，可用于比跌水更陡的坡度，可达 60°。

应结合地形设置跌水和急流槽，在满足排水需要和保证工程质量的前提下，力求构造简单，经济实用。确定跌水和急流槽的位置、类型和尺寸，要因地制宜，结合地形、地质、当地材料和施工条件综合考虑。必要时可考虑改移路线或涵洞位置，以简化或不设此类构造物。

1）跌水与急流槽的水力计算

路基排水的跌水和简易急流槽可以不必进行水力计算，按一般常用的构造形式设置。

2）跌水与急流槽的一般构造

跌水的一般构造

跌水的构造有单级和多级之分，沟底有等宽和变宽之别。单级跌水适用于排水沟渠连接处，水位落差较大，需要消能或改变水流方向。较长陡坡地段的沟渠为减缓水流速度，并予以消能，可采用多级跌水。多级跌水底宽和每级长度可采用各自相等的对称形，亦可根据实地需要，做成变宽或不等长度与高度。

（1）单级跌水按构造可分为进口连接段、消力池（跌坎）、出口连接段三部分如图 4.4-5 所示。

进口连接段是将上游渠道与跌水进口控制段渐变相接的过渡段，公路排水工程中通常在进口控制段不设置闸门而用缺口控制上游渠道的水位，常采用横断面为矩形、梯形，底部采用加台堰或多缺口（复合式缺口）等形式，如图 4.4-6 所示。消力池的横断面一般为矩形、梯形和复合式（上部为梯形，下部为矩形），复合式缺口优先选用复式断面，其他以矩形消力池为宜，消力池的尺寸由水力计算确定，底板衬砌厚度一般取 0.4~0.8m。

（2）当土质边沟的纵坡较大时，可设置多级跌水，以减缓沟底纵坡，降低流速，减小冲刷如图 4.4-7 所示。

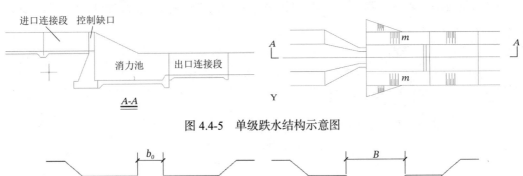

图 4.4-5 单级跌水结构示意图

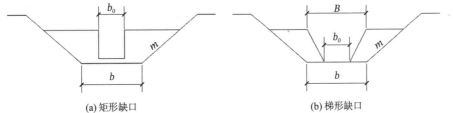

(a) 矩形缺口　　　　　　　　　(b) 梯形缺口

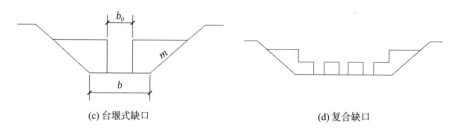

(c) 台堰式缺口   (d) 复合缺口

图 4.4-6　跌水缺口形式图示

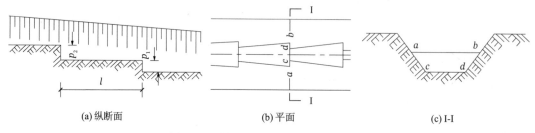

(a) 纵断面   (b) 平面   (c) I-I

图 4.4-7　梯形沟槽的多级跌水示意图

跌水台阶的高度，可根据地形、地质等条件而定，一般不应大于 0.5～0.6m，通常是 0.3～0.4m，多级台阶的各级高度可以相同，也可以不同。其高度与长度之比，应与原地面坡度相适应。

（3）跌水可用砖或片（块）石浆砌，必要时可用水泥混凝土浇筑。沟槽槽壁及消力池的边墙厚度：浆砌片石为 0.25～0.40m，混凝为 0.2m，高度应高出计算水位最少 0.2m。出口部分设置隔水墙。

（4）设有消力坎时，坎的顶宽不小于 0.4m，并设有尺寸为 5cm×5cm～10cm×10cm 的泄水孔，以便排除消力池内的积水。

（5）跌水槽身一般砌成矩形。如跌水高度不大，槽底纵坡较缓亦可采用梯形。梯形跌水槽身，应在台阶前 0.5～10m 和台阶后 1.0～1.5m 范围内进行加固。

急流槽一般构造

（1）急流槽由进口、槽身、末端消能措施及出口四部分组成，如图 4.4-8 所示。

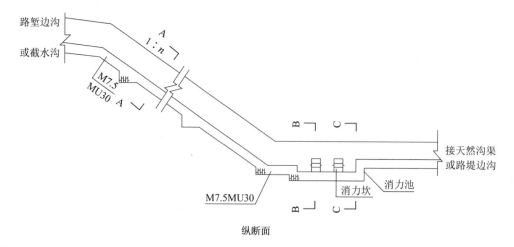

路堑边沟

或截水沟

M7.5
MU30 A

A
1 : n

B

C

接天然沟渠
或路堤边沟

M7.5MU30

消力坎

消力池

B

C

纵断面

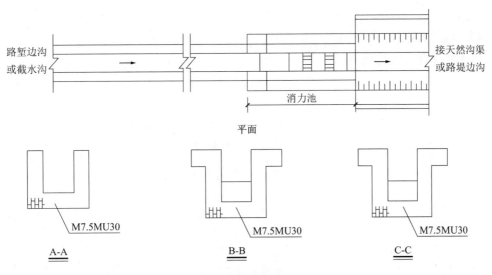

图 4.4-8　急流槽构造图示

（2）急流槽主体部分的纵坡依据地形而定，一般为 1∶1.5，如果地质条件良好，需要时还可更陡，但结构要求更严格，造价相应提高，设计时应通过比较而定，一般不宜超过 1∶2。急流槽可用片（块）石浆砌或水泥混凝土浇筑，亦可利用岩石坡面挖槽。临时工程急需，可就近取材，采用竹木槽。

（3）急流槽槽壁厚度，石砌时一般为 0.4m，水泥混凝土为 0.3m。槽壁应高出计算水深至少 0.2m。

（4）急流槽的基础必须稳固，其底可每隔 1.5～2.5m 设一平台（图 4.4-8），以防滑动。

（5）进水槽和出水槽底部须用片石铺砌，长度一般不短于 10m，个别情况下，还应在下游设厚 0.2～0.5m、长 2.5m 的防冲铺砌。

（6）急流槽很长时，应分段砌筑，每段长度一般为 5～10m，接头处用防水材料填缝。

（7）急流槽底宜砌成粗糙面，或嵌入约 10cm×10cm 大小的坚硬小石块，用以消能和降低流速。

4.4.4　地下水排水设计

1. 排水设计总体要求

1）场地平整时，对地下水应做好原地基排水，以疏为主，确保排水畅通；可设盲沟、截水沟或涵洞将地下水引至场外。

2）排水盲沟线路宜根据场地原有地形和水系流向设置。场内填筑区应根据场地原始地形和天然水系，按地表汇水面积和流量设置主、次盲沟。汇水面积和流量大的冲沟、低洼沟渠可沿主要冲沟设置主盲沟，可在小冲沟或低洼沟渠设置次盲沟，并应根据场地地形对泉水和渗流设置支盲沟。当地表层有积水湿地和泉水露头时，宜将排水沟上端做成伸进湿地内的渗水盲沟。

3）对采用均质和弱透水材料的填筑地基，其底部宜采用水平排水体将渗水引出填筑地基外。水平排水体可采用级配块石、碎石排水垫层。排水垫层与周边的纵向集水沟和排水管等组成基层排水系统。填料透水性较好时，可不设填筑体内部排水系统。

2. 盲沟

1) 盲沟的水力计算

盲沟泄水能力 Q_c 应按下式计算。

$$Q_c = wk_m\sqrt{i_z} \tag{4.4-20}$$

式中：w——渗透面积（m^2）；

k_m——紊流状态时的渗流系数（m/s），当已知填料粒径 d（cm）和孔隙率 n（%）时，按式(4.4-21)计算，也可参考表 4.4-6 确定。

$$k_m = \left(20 - \frac{14}{d}\right)n \cdot \sqrt{d} \tag{4.4-21}$$

设每颗填料均为球体（体积 $= \frac{1}{6}\pi d^3$），则 N 颗填料的平均粒径 d（cm）可按式(4.4-22)计算。

$$d = \sqrt[3]{\frac{6G}{\pi N\gamma_s}} \tag{4.4-22}$$

式中：γ_s——填料固体粒径的重度（kN/m^3）；

G——N 颗填料的重力（kN）。

排水层填料渗透系数　　　　　　　　　　　　　　表 4.4-6

换算成球形的颗粒直径 d（cm）	排水层填料孔隙率（%）		
	0.40	0.45	0.50
	渗透系数 k（m/s）		
5	0.15	0.17	0.19
10	0.23	0.26	0.29
15	0.30	0.33	0.37
20	0.35	0.39	0.43
25	0.39	0.44	0.49
30	0.43	0.48	0.53

2) 盲沟的一般构造

（1）有管盲沟的盲管直径不小于 150mm，管壁应留渗水孔。管的外围设可靠的反滤层。无管沟在沟底设 4~6cm 直径的大石子流水层，层高不小于 0.25m，其上设可靠的反滤层，如图 4.4-9 所示。

（2）盲沟用的砂石必须洁净、无杂质，含泥量不大于 2%。盲沟排水断面的下部采用大粒径的块、卵石铺砌，以保证孔隙水过水面积；在盲沟的中上部，采用碎石或卵石进行填筑；在盲沟的顶部铺砂砾石或粗砂，以保证发挥反滤功能，并与上部填筑体的材料过渡。盲沟材料级配应保证盲沟孔隙率≥35%。

（3）次盲沟应与主盲沟相连接；支盲沟应与主盲沟或次盲沟相连接。盲沟的每段长度一般不大于 150m，排水支盲沟间距宜小于 40m。主盲沟、次盲沟和支盲沟的纵向坡度应大于 0.5%，泉眼和渗流点宜增设支盲沟。盲沟的平面布置及断面尺寸应根据冲沟汇水面积和流量确定。

（4）场内主盲沟出水口应引入场外排水系统，无管盲沟出水口处应设滤水子，以防碎石或石流失。

（5）排水盲沟的施工宜在地基处理施工后完成，分段施工，当下游盲沟尚未建成时，不宜与上游盲沟接通；应设临时排水系统，防止淤阻。

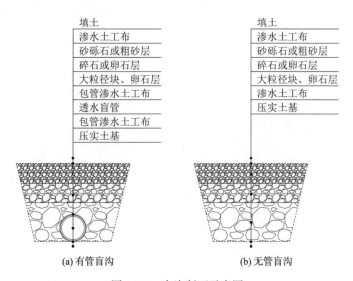

图 4.4-9　盲沟断面示意图

3. 涵洞

1）涵洞的孔径应根据洪水流量、上下游水位、涵洞底纵坡等经水力计算确定。盖板涵的净跨和净深不应小于 1m，净跨不大于 3.5m，否则应做成多孔式。圆管涵的内径不小于1.25m。

2）排洪涵一般应按无压力流设计，设计水面与涵洞内最高点的最小净距应符合表 4.4-7 的要求。

涵洞设计水面以上的留幅　　　　　　　　　　　　　　　　表 4.4-7

涵洞类型	矩形涵（m）	圆管涵（m）	拱涵（m）
$H \leqslant 3m$	$H/6$	$H/4$	$H/4$
$H > 3m$	0.5	0.75	0.75

注：H 为涵洞净高。

3）排洪涵洞一般宜采用矩形盖板涵，当设计流量较小时可采用圆管涵。穿越道面的涵段，宜采用整体式混凝土或钢筋混凝土盖板涵或箱涵。穿越土质地区的涵段，也可采用分离式盖板涵或拱涵。

4）涵洞进出口段应保证水流顺畅，防止壅水过大和冲刷，根据涵洞与排洪沟的连接情况，设置必要的跌水、挡墙、翼墙、锥坡、垂裙等构筑物。并应根据流速情况采取增糙、消能、防冲、加固措施。

5）排除泥石流的排洪涵洞，一般应采用矩形断面，设计安全超高不小于设计水深的1/4，涵墙和底板宜采用混凝土或钢筋混凝土结构，截面厚度应增加 3～5cm 的磨耗层。涵洞进出口应作加固处理。

第 5 章

机场场道施工

机场场道施工主要涉及土方施工、道面施工及工程监测三部分，在此基础上，简要介绍了聚丙烯长丝针刺土工布和硅渗剂两种新材料在场道工程中的应用。结合数字化技术在机场飞行区施工中的应用，对机场飞行区施工智慧控制管理进行了总结。

5.1　基本要求

1）机场项目施工面积大、标段多，因此测量工作必须在正式开工前编制测量方案。根据建设单位移交的坐标高程控制点，按照测量方案在现场布设固定的坐标控制点。控制点要布设在不影响施工、不容易破坏的位置，并定期与相邻标段校核，如无相邻标段要定期与建设单位移交的控制点校核，以防最后出现偏差，之前在机场施工中已多次出现，必须引起重视，特别是扩建机场。

2）机场施工道面混凝土全部为半干硬性混凝土，因此施工期间基本为现场自建拌合站。为保证各种材料配合比配制周期，项目前期要尽快确定自检实验室和第三方见证实验室，水泥稳定碎石配合比要在施工前 30d 进行试配，道面水泥混凝土抗折强度配合比要在施工前 60d 开始试配，以保证配合比试配的试错周期。

3）扩建工程在开工前必须与建设单位索要机场管线图纸。扩建机场好多都是多年前施工完成的老机场，场区内管线复杂，即使机场自己相关部门都不能准确说出管线具体走向，因此一定要让机场出具现有管线图纸，以维护自身责任。同时在施工前要根据管线图在现场挖探沟，探沟深度要大于等于 80cm，条件允许情况下探沟深度要不低于现场实际开挖深度。

5.2　机场土方工程施工

机场土方工程施工相对于其他建设工程具有密实性和平整性要求高、施工场区宽阔、土方量挖、填平衡、受自然因素影响大等特点。其中高填方机场具有典型性，本节主要介绍高填方土方工程施工。

5.2.1　土的分类

土按粒径分，可分为碎石土、砂土和细粒土。其中碎石土可细分为漂石（块石）、卵石（碎石）、圆砾（角砾），砂土可分为砾砂、粗砂、中砂、细砂、粉砂，细粒土可分为粉土、粉质黏土和黏土，划分标准见《岩土工程勘察规范》GB 50021—2001。

在机场工程建设过程中，为进行有效的工程设计和施工组织，更好地选择施工方法和施工机械，提高施工效率，确定施工成本，对土、石按开挖难易程度进行分级（表3.3-2）。

机场土石方开挖难易程度划分按《民航专业工程工程量清单计价规范》MH 5028—2014确定。

在机场高填方施工过程中，通过对填料进行分类可以选择适当的填料类型和填筑方法，确保填筑体的稳定性和承载能力，防止因填料不当而引起的工程事故，保证机场运行的安全性和稳定性，同时在控制工程造价、提高施工效率以及节约资源、保护环境等方面都具有重要意义。民用机场高填方工程填料分类详见表5.2-1。

民用机场高填方工程填料分类 表5.2-1

填料类别	分类粒组	填料亚类	亚类分类粒组	级配	岩石强度 f_r（MPa）	填料名称	填料代号
石料	粒径大于60mm的颗粒质量超过总质量的50%	块石料	块石粒含量大于碎石粒含量	—	> 30	硬岩块石料	A1
				—	5～30	软岩块石料	A2
				—	≤ 5	极软岩块石料	C1
		碎石料	块石粒含量不大于碎石粒含量	—	> 30	硬岩碎石料	A3
				—	5～30	软岩碎石料	A4
				—	≤ 5	极软岩碎石料	C2
土石混合料	粒径大于60mm的颗粒质量不超过总质量的50%且粒径小于2mm的颗粒质量不超过总质量的50%	石质混合料	粒径大于5mm的颗粒质量超过总质量的70%	—	> 30	硬岩石质混合料	A5
				—	5～30	软岩石质混合料	A6
				—	≤ 5	极软岩石质混合料	C3
		砾质混合料	粒径大于5mm的颗粒质量超过总质量的30%且不超过70%	良好	> 30	硬岩良好级配砾质混合料	A7
				不良		硬岩不良级配砾质混合料	BI
				良好	5～30	软岩良好级配砾质混合料	A8
				不良		软岩不良级配砾质混合料	B2
				—	≤ 5	极软岩砾质混合料	C4
		土质混合料	粒径大于5mm的颗粒质量不超过总质量的30%	—	—	砂土混合料	A9
				—	—	粉土混合料	B3
				—	—	黏性土混合料	C5
土料	粒径小于2mm的颗粒质量超过总质量的50%	砂土料	砂粒含量大于细粒含量	—	—	砂土料	A10
		粉土料	砂粒含量不大于细粒含量	—	—	粉土料	B4
		黏性土料		—	—	黏性土料	C6
特殊土料	—	特殊土料	—	—	—	特殊土料	D

注：1. 块石粒为粒径大于200mm，碎石粒为粒径大于60mm且不大于200mm，砂粒为粒径大于0.075mm且不大于2mm，细粒为粒径不大于0.075mm；
2. 级配良好应同时满足 $C_u \geqslant 5$，$C_c = 1\sim3$ 两个条件，不能同时满足时为级配不良；
3. f_r 为饱和单轴抗压强度，当无法取得 f_r 时，可用点荷载试验强度换算，换算方法按《工程岩体分级标准》GB/T 50218—2014执行；
4. 粉土料和黏性土料以 I_P 划分，$I_P \leqslant 10$ 时命名为粉土料，$I_P > 10$ 时命名为黏性土；
5. 当土质混合料中的土料分别以砂土、粉土或黏性土为主时，土质混合料相应命名为砂土混合料、粉土混合料或黏性土混合料；
6. 特殊土料包括膨胀土、红黏土、软土、冻土、盐渍土、污染土、有机质土、液限大于50%且塑性指数大于26的黏性土等；
7. 代号A1～A10为A类填料，代号B1～B4为B类填料，代号C1～C6为C类填料，代号D为D类填料。

5.2.2　施工顺序及基本原则

高填方土石方施工包含原地基处理和土石方填筑两部分内容。

1. 施工顺序

机场土方施工包含挖方区和填方区两部分，土方工程的基本施工顺序见图 5.2-1。

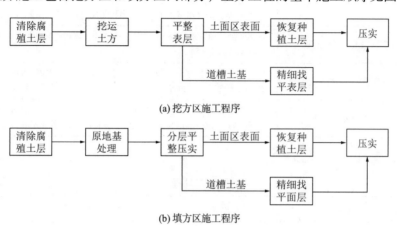

(a) 挖方区施工程序

(b) 填方区施工程序

图 5.2-1　土方工程的基本施工顺序

2. 原地基处理方法

地基处理的主要方法见表 5.2-2。

各种地基处理方法及其适用性　　　　　　　　　　表 5.2-2

地基处理方法		适用性
换填垫层		适用于浅层软弱土层或不均匀土层地基
预压地基		适用于淤泥质土、淤泥、充填土等饱和黏性土地基
压实地基		适用于大面积填土地基
夯实地基	强夯	适用于碎石土、砂土、低饱和度的粉土与黏性土、湿陷性黄土、素填土和杂填土等地基
	强夯置换	适用于高饱和度的粉土与软塑—流塑的黏性土地基对变形要求不严格的工程
复合地基	振冲碎石桩、沉管砂石桩复合地基	1. 适用于挤密处理松散砂土、粉土、粉质黏土、素填土、杂填土等地基，以及用于处理可液化地基。 2. 饱和黏性土地基，如对变形控制不严格，可采用砂石桩置换处理。 3. 对大型的、重要的或场地地层复杂的工程，以及对于处理不排水抗剪强度不小于 20kPa 的饱和黏性土和饱和黄土地基，应在施工前通过现场试验确定其适用性
	水泥土搅拌桩复合地基	1. 适用于处理正常固结的淤泥、淤泥质土、素填土、黏性土（软塑、可塑）、粉土（稍密、中密）、粉细砂（松散、中密）、中粗砂（松散、稍密）、饱和黄土等土层。 2. 不适用于含大孤石或障碍物较多且不易清除的杂填土、欠固结的淤泥和淤泥质土、硬塑及坚硬的黏性土、密实的砂类土，以及地下水渗流影响成桩质量的土层
	旋喷桩复合地基	1. 适用于处理淤泥、淤泥质土、黏性土（流塑、软塑和可塑）、粉土、砂土、黄土、素填土和碎石土等地基。 2. 对土中含有较多的大直径石块、大量植物根茎和高含量的有机质，以及地下水流速较大的工程，应根据现场试验结果确定其适用性

续表

地基处理方法		适用性
复合地基	灰土挤密桩和土挤密桩复合地基	1. 适用于处理地下水位以上的粉土、黏性土、素填土、杂填土和湿陷性黄土等地基，可处理地基的厚度宜为3～15m。 2. 当以消除地基土的湿陷性为主要目的时，可选用土挤密桩；当以提高地基土的承载力或增强其水稳性为主要目的时，宜选用灰土挤密桩。 3. 当地基土的含水率大于24%、饱和度大于65%时，应通过试验确定其适用性
	夯实水泥土桩复合地基	适用于处理地下水位以上的粉土、黏性土、素填土和杂填土等地基，处理地基的深度不宜大于15m
	水泥粉煤灰碎石桩复合地基	1. 适用于处理黏性土、粉土、砂土和自重固结已完成的素填土地基。 2. 对淤泥质土应按地基经验或通过现场试验确定其适用性
	柱锤冲扩桩复合地基	1. 适用于处理地下水位以上的杂填土、粉土、黏性土、素填土和黄土等地基。 2. 对地下水位以下饱和土层处理，应通过现场试验确定其适用性

原地基处理的方法见表5.2-3。

原地基处理 表 5.2-3

区域	考虑因素	方法选择
填方区地基	道面影响区：重点控制沉降，加快施工期沉降，减小工后沉降，提高地基的均匀性	软弱土：厚度较小时，宜采用换填处理法，厚度较大时宜优先采用复合地基处理或利用填筑体荷载进行堆载预压处理； 岩溶地基：宜采用强夯、冲击碾压等方法消除不明隐伏岩溶的影响
	填方边坡稳定影响区：重点增加地基土的抗剪强度，提高地基的抗滑移性能	—
挖方区地基	道面影响区：控制与填方区的变形协调，并满足地基强度的要求	土洞应进行处理；溶洞应根据开挖后的埋深进行稳定性判别，判别为不稳定时应进行处理； 道基顶面开挖出露岩石宜超挖并铺设厚度不小于500mm的褥垫层，垫层材料可采用级配良好，粒径不大于150mm的碎石料、石质混合料或砾质混合料
	—	飞行区土面区顶面开挖出露岩石宜超挖并回填满足植物生长的填料，超挖厚度宜小于200mm
滑坡防治	—	1. 防治措施应优先结合土石方工程予以挖除或填筑反压； 2. 采用削坡减载、坡脚反压措施时，应避免引起坡顶、坡脚等部位产生新的滑坡； 3. 对碎散岩土构成的滑坡体应慎用抗滑桩，对较大厚度的岩质滑坡体在采取抗滑桩的同时宜设置锚索； 4. 滑坡防治工程应根据场地地质条件及区域水文气象条件，设置地表水及地下水排水系统； 5. 顺坡填筑时，应对原地基坡面的软弱覆盖层予以清除或加固处理，且宜将坡面做成台阶状，并应采取措施防止填筑体与原地基斜坡界面积水

注：挖填交界处、土岩交界处、处理方法不同的地基交界处、土石方填筑与结构物结合处等应进行过渡段处理。

3. 填筑压实方法

飞行区场区宽阔、填筑量大，在填筑施工时，采用振动碾压、冲击碾压和强夯的工艺方法进行压实填筑。

5.2.3 施工准备工作

1. 一般准备工作

1）了解使用现场及施工区域的工程地质、水文地质、气象条件，以及建设工程相关的能源、交通、通信等基础设施现状，熟悉设计文件，参加图纸会审及设计交底。

2）施工单位应收集并复核施工现场的各种建（构）筑物、地下管网及相关设施的相关情况。对拟保留的相关建（构）筑物、地下管网设置醒目标志，编制保护方案并取得相关权属单位同意。

3）编制施工组织设计，并报监理单位和建设单位批准。

2. 施工测量

开工前，建设单位委托测绘单位布设施工平面及高程控制点（网）并组织移交。施工单位应对建设单位移交的控制点（网）进行复测，形成书面复测资料，复测结果超出规定允许偏差时，应提请建设单位组织复核。

施工平面及高程控制网点的测量精度要求见表 5.2-4。

施工平面及高程控制网点精度要求一览表　　　　　　　　　表 5.2-4

项目	精度要求
施工平面控制点（网）	符合《工程测量标准》GB 50026—2020 中一级导线测量或同精度规定
施工加密平面控制点（网）	符合《工程测量标准》GB 50026—2020 中二级导线测量或同精度规定
施工放样定位	符合《工程测量标准》GB 50026—2020 中三级导线测量或同精度规定
施工高程控制点（网）	符合《工程测量标准》GB 50026—2020 中二等水准测量或同精度规定
施工加密高程控制点（网）	符合《工程测量标准》GB 50026—2020 中三等水准测量或同精度规定

施工控制点及施工加密控制点的埋设及保护应符合《工程测量标准》GB 50026—2020 的规定。

3. 临时排水

开工前，根据工程规模、工程地质、水文地质、气象资料、施工工期和现场环境，制定临时排水方案，临时排水系应与飞行区其他排水系统相协调。

4. 场地清理

1）按设计要求对场区的垃圾、有机物残渣及表土进行清理。拟利用的表土应存放在指定地点，外弃土应在场区外有序堆填，并满足压实及水保和环保要求。

2）清表前，应对场区内的乔木、灌木等进行处理，对道面影响区、边坡稳定影响区范围内的树根进行挖除。

3）按设计要求对原地面的沟、塘、井、窖等进行处理。按设计要求对清理范围内的建（构）筑物、管线及其他设施进行拆除、搬迁或保护。

5.2.4　试验段施工

1. 原地基处理试验

存在复杂地基问题的高填方工程应通过原地基处理试验确定技术经济合理的地基处理方法、工艺和参数。

机场高填方工程遇到的复杂地基问题主要有两类：一类是软弱土问题，另一类是空洞问题，包括岩溶地区的溶洞及土洞问题、矿区的采空区问题、架空结构问题、潜蚀洞穴问题等。

2. 土石方填筑试验

土石方正式施工前，应在工程试验段进行试验性施工。工程试验段不宜选在关键部分，其规模应根据实际情况确定。通过土石方填筑试验确定技术经济合理的填筑方法、工艺和参数。

根据填料类别选用强夯、冲击碾压、振动碾压等适宜性工法进行土石方填筑试验。石料填筑压实宜优先采用强夯法，土石混合料压实可优先选用冲击压实或振动压实，土料填筑压实宜优先选用振动碾压法或静压方法。

各工法试验应确定的内容详见表 5.2-5。

土石方填筑工法试验确定内容 表 5.2-5

工法	试验面积	试验确定的内容
振动碾压试验	不小于 5000m²	压路机的型号及激振力、行进速度、碾压遍数、松铺系数
冲击碾压试验	不小于 10000m²	冲击式压路机的型号、行进速度、碾压遍数、松铺系数
强夯试验	不同夯击能级分为不同试验段，每个试验段面积不宜小于 20m×20m	夯击能量、夯点布置、夯击次数、收锤标准、夯击遍数、间歇时间

注：松铺系数是填筑材料的松铺厚度与达到规定压实度的压实厚度之比值。

1）压实参数试验

对于黏性土料压实含水率可取 $\omega_1 = \omega_P + 2\%$，$\omega_1 = \omega_P$，$\omega_1 = \omega_P - 2\%$ 三种进行试验。ω_P 为土料塑限。选取试验铺土厚度和碾压遍数，并测定相应的含水率和干密度，作出对应的关系曲线（图 5.2-2）。再按铺土厚度、压实遍数和最优含水率、最大干密度进行整理并绘制相应的曲线（图 5.2-3），根据设计干密度 ρ_d，从曲线上分别查出不同铺土厚度所对应的压实遍数和对应的最优含水率。最后再分别计算单位压实遍数的压实厚度进行比较，以单位压实遍数的压实厚度最大者为最经济、合理。

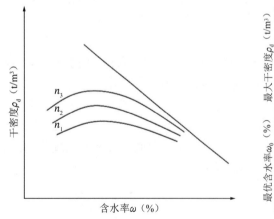

图 5.2-2 不同铺土厚度、不同压实遍数土料　图 5.2-3 铺土厚度、压实遍数、最优含水率、
含水率和干密度关系曲线　　　　　　　最大干密度的关系曲线

对非黏性土料的试验，只需作铺土厚度、压实遍数和干密度 ρ_d 的关系曲线，据此便可得到与不同铺土厚度对应的压实遍数，根据试验结果选择现场施工的压实参数。

2）单点夯击试验

巨粒土、粗粒土及土夹石混合料采用强夯法处理时，其分层厚度、施工参数及夯实指标等应根据现场强夯单点夯击试验确定。

（1）适用范围

适用于块石、碎石填筑地基，强夯单点夯击能为 1000～6000kN·m 的单点夯击试验。

（2）主要仪器和设备要求

①夯机应为配有自动脱钩装置的履带式起重机或其他专用设备；

②夯锤质量 15～25t，锤底静接地压力值 25～40kPa；

③其他仪器包括水准仪、水准尺、直径为 50mm 的铸铁钢球。

（3）观测点布置要求

①夯坑底面土体变形可通过夯锤顶和底面高程及直径测量得出，夯锤顶面观测点应均匀对称设置，不应少于 3 点。

②夯坑周围地表变形观测点以夯锤中心为原点，在相互垂直的两方向上设置。以夯锤边缘为起点，每方向上设置观测点不应少于 4 点，观测点间距宜为 0.5 倍夯锤直径。

③用于后视基准点的基准桩应设置在夯击振力影响区域外。

（4）试验要求

①每夯击一击后应立即测量夯锤顶面及夯坑周围地表观测点的变形量；

②每夯两击应观测一次后视测量；

③单点夯击完成后，需对夯坑体积进行现场实测（即坑底标高、坑口和坑底直径等），并对夯坑形态进行描述；

④夯击次数视夯沉量而定，宜为 20～25 击。

（5）试验资料整理

①夯坑下沉量应按下式计算：

$$\Delta S_i = S_{i-1} - S_i \tag{5.2-1}$$

式中：ΔS_i——每夯一击的夯坑下沉量（mm）；

$\quad\quad S_i$——第 i 击后锤顶水准尺读数（mm）；

$\quad\quad S_{i-1}$——第 $i-1$ 击后锤顶水准尺读数（mm）。

②夯坑周围地表的变形量应按下式计算：

$$\Delta L_i = L_{i-1} - L_i \tag{5.2-2}$$

式中：ΔL_i——每夯一击的夯坑周围变形量（mm）；

$\quad\quad L_i$——第 i 击后地面水准尺读数（mm）；

$\quad\quad L_{i-1}$——第 $i-1$ 击后地面水准尺读数（mm）。

③绘制夯击次数与夯坑及夯坑周围地表变形图。

④绘制单点夯击次数与夯坑下沉量的关系曲线。

⑤绘制夯击次数与累计夯坑下沉量百分数的关系曲线。

工程施工试验段施工结束后，施工单位应编写工程施工试验段总结报告，经批准后方可进行大面积施工。

5.2.5　土方开挖

1. 施工测量

施工方格网控制桩建立了飞行区结构物设计图纸与现场间的根本联系，是土方工程施

机场场道岩土工程

工进行平面位置和高程控制的依据。

在施工过程中通常采用方格网法对土方工程平面位置和高程进行控制，方格的边长根据施工精度要求确定。

挖方区上部土层的开挖和填方区中间各层的填筑只需粗略控制，方格网的长度一般为20～40m；道槽土基和土面区的表层，平整度和高程的允许偏差要求较严，方格网边长不宜太大，一般为10～20m。

2. 挖方的一般要求

土石方的开挖应按设计要求进行，土石方开挖方式宜根据土石方开挖的难易程度按表5.2-1确定。

土石方的开挖应从上到下分层分段依次进行，使开挖形成的边坡稳定，严禁掏挖。同时开挖完成面应有一定坡度，以便排水。

开挖至接近设计高程时，应加强高程测量并根据土质情况预留压实或地基处理下沉量，避免超挖；开挖至道床顶面时，宜尽快进行后续施工，不能及时进行后续施工时，宜在设计道床标高以上预留厚度不小于300mm的保护层。

开挖遇流砂、淤泥、泥炭等劣质土，或含水率较大土层，或暗坑、暗穴、暗沟、暗井等不良地质时，应按设计要求进行处理。

在挖填结合部应采取适当的补强措施。原地面自然坡度陡于 1：5 时，应将原地面按图 5.2-4 所示开挖成台阶，台阶顶面应向内倾斜。有设计要求时，应符合设计要求。

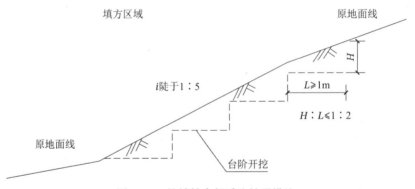

图 5.2-4　挖填结合部采取补强措施

3. 常用的挖土机械作业方法

常用的挖土机械主要有推土机、铲运机、装载机、单斗挖掘机。

推土机作业由切土、运土、卸土、倒退（或折返）、回空等过程组成一个循环；铲运机的作业由铲装、运送、卸铺、回程四个过程组成一个循环，可独立完成土方的铲装、运输、铺填、整平和预压等作业；装载机是一种效率较高的铲土运输机械，兼有推土机和挖掘机两者的工作能力，适用于装卸土方和散料，也可用于较软土体的表层剥离、地面平整、场地清理和土方运送等工作，在土方工程中作业有铲装、转运、卸料和返回四个过程；单斗挖掘机主要有正铲挖掘机、反铲挖掘机和抓铲挖掘机 3 种。

对于次坚石—特坚石多采用爆破法进行开挖，爆破方法主要有浅孔爆破法和深孔爆破法。

104

5.2.6　土方填筑

1. 填料要求

当填料为石方时，最大粒径不宜大于 800mm 且不超过填筑层厚的 2/3。应采用水稳定性好，不易膨胀崩解的石料用于道基的浸水部分。

不同填料不宜混填。当地下水位较高时，宜填筑透水性和水稳定性较好的填料；当采用石料或土石混合料时，应级配良好，最大粒径不超过设计要求。

道面影响区、边坡稳定影响区不得采用淤泥、沼泽土、白垩土、冻土、有机土、草皮土、生活垃圾、树根和含有腐朽物质的土，液限大于 50、塑性指数大于 26 的土，以及含水率超过规定的土，未经处治的泥炭土、膨胀土、有机质土及易溶盐超过允许含量的土。

2. 一般要求

土石方填筑施工应在原地基处理合格后进行，本层填筑合格后方可进行上层填筑。

填方区相邻区段施工进度不一致时，先填区段应按不陡于 1∶2 的坡度分层预留台阶；施工进度一致时，不同区段间应分层相互搭接，搭接段宽度按不得小于 2m。

为保证填方边坡的压实质量以及便于边坡防护工程整修时进行刷坡处理，填方边坡应分层填筑并预留一定的刷坡宽度，严禁贴坡填筑。

3. 填筑作业方法

填筑作业的施工程序包括铺料、整平和压实。铺料厚度应均匀，超径不合格的料块应打碎，杂物应剔除。按设计厚度铺料整平是保证压实质量的关键。

各类压路机适用碾压的土类见表 5.2-6。

压路机的选用参考　　　　　表 5.2-6

压路机种类	碾压材料类型					
	黏土	砂土	砂砾土	混合土	碎石	块石
静光轮	—	|	+	+	|	—
轮胎轮	|	|	+	+	—	—
振动轮	|	+	+	+	+	—
羊足轮（凸块轮）	+	—	|	|	—	—

注：压实效果理想（＋）；压实效果一般（｜）；压实效果不理想（—）。

1）碾压施工

填料在最优含水率时，易于压实，施工时填料的含水率宜控制在最优含水率±2%范围内。在碾压施工中，通常通过洒水或晾晒的措施控制填料含水率。在自然含水率合适的条件下，尽量做到随挖、随运、随填、随平和随压，可以避免风吹日晒过干成块或遇雨过湿，给压实作业带来困难。

压实机械应根据场地大小、填料类别及含水率、压实机械效率、压实度要求、填筑厚度等因素综合确定；分层填筑厚度应根据选用的压实机械、填料种类和压实度要求等因素综合确定。

碾压应按从低到高、从边到中、先轻后重的作业顺序进行，碾压主轮重叠 1/3～1/2 轮宽，无漏压、无死角，确保碾压均匀。

填筑体中间层可采用推土机或平地机进行粗平；填筑体顶层应进行精平，顶面高程及顶面平整度应符合设计要求及规范规定。

填筑中断时，应对已填土方的表面土层及时压实，或采取保护措施。道面影响区填筑接近道床底面高程时，应加强对高程的测量；土面区石方填筑接近设计高程时，应设置一定厚度的绿化土层。

碾压时应避免出现翻浆或弹簧土现象，出现翻浆应立即停止碾压，找出原因，按不同情况分别处理：

（1）因土体含水率过大而造成的翻浆，应将翻浆土挖松，晾晒至最佳含水率范围，再整平碾压。如工期紧迫，也可将湿土全部挖出，换填好土或在原土中掺入少量生石灰（一般为质量比的 5%~8%），拌匀回填、压实。

（2）因土质不好且含水率过大而造成较大面积的翻浆，应予换土，并针对含水率过大的原因，采取相应措施。

（3）因降雨使作业区积水过多而造成的翻浆，应增设纵、横向排水沟、排泄积水、疏干土体，并根据工期要求及天气情况，采取晾晒或换土等处理措施。

（4）因地下水位高而造成较大面积的翻浆时，应根据勘察资料提供的地下水补给来源、水量和设计方案采取挖深沟、设砂井、做隔离层等措施，截断地下水，降低地下水位；或避开丰水期，抓紧枯水期施工并采取"薄填土、轻碾压"（松铺厚度不大于 15cm，不上重型压路机）等措施处理。

2）冲击碾压

冲击碾压施工应先四周、后中间，覆盖整个场地表面为一遍；施工场地宽度小于冲击压路机转弯直径时，应在施工场地两端设置必要的转弯场地；顶层冲击碾压完成后应进行整平，并用振动压路机压实。

3）强夯

强夯前应测量场地高程，进行夯点放线定位，夯点位置偏差不得大于 50mm。

施工中应监测和记录每一夯实点的夯击能量、夯击次数和夯沉量。每一遍强夯完成后，应推平夯坑或按设计要求整平，测量夯后场地高程，按确定的间歇时间进行下一遍强夯，直至完成要求的强夯遍数。

5.2.7 加筋土

加筋土是在填土中铺设土工格栅等筋材，以提高抗拉、抗剪强度和整体稳定性的复合土体。

1. 原材料质量要求

加筋土的填料严禁有尖锐凸出物。

土工格栅等筋材应有产品合格证和出厂检验报告等质量证明文件，标志牌应注明商标、产品名称、代号、等级、规格、执行标准、生产厂名、生产日期、毛重、净重等。

筋材进场应检查其外观和标志，并根据设计要求按筋材型号、规格及进场批次进行性能检验，检验频率为 1 次/10000m²，单批次不足 10000m² 时按 1 批次计。

筋材运输过程中不得抛摔，应避免与尖锐物品混装，并采取遮篷等防雨、防晒措施，存放料仓（库）应无腐蚀气体、无粉尘、通风良好且干燥，不得露天存放。

2. 筋材铺设施工

1）填土层表面应平整、密实；

2）铺设筋材时，将强度高的方向置于填筑体主要受力方向；

3）筋材的连接应牢固，受力方向连接强度不低于设计要求；

4）筋材应与填土表面紧密贴合，拉紧展平，插钉固定，不得有褶皱；

5）横向相邻两幅筋材搭接时，搭接宽度宜不小于 150mm；多层铺设时，上下层接缝应交替错开。

3. 加筋土施工

1）宜采用进占法填筑填料，并应通过试验确定碾压施工参数，不得采用羊足碾。进占法填筑填料，车辆卸载后，在刚铺好的填料上行走，可避免车辆碾压已铺好的筋材。

2）严禁施工机械直接在筋材上行走作业；

3）加筋土边坡施工应与边坡防护同步进行；

4）施工期间的稳定性监测发现变形（或速率）过大时，应采取控制填筑速率、变更设计方案等有效措施，确保填筑体稳定。

填筑施工工艺见图 5.2-5。

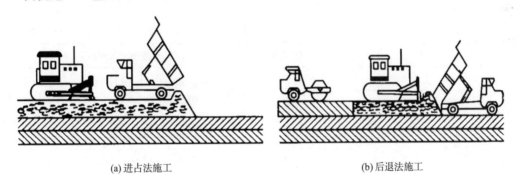

(a) 进占法施工　　　　　　　　　　　(b) 后退法施工

图 5.2-5　填筑施工工艺

5.2.8　飞行区排水工程施工

飞行区排水工程施工应与整个飞行区的施工组织设计相互配合。飞行区排水工程按构造形式可分为：土明沟、砌石明沟、砌石盖板沟、钢筋混凝土盖板沟、钢筋混凝土管涵、钢筋混凝土检查井和雨水口等集水、排水设施。本节简要介绍各类排水工程的施工工序。

土明沟施工工序见图 5.2-6。

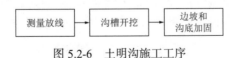

图 5.2-6　土明沟施工工序

砌石排水结构物施工工序见图 5.2-7。

图 5.2-7　砌石排水结构物施工工序

钢筋混凝土排水结构物施工工序见图 5.2-8。

图 5.2-8　钢筋混凝土排水结构物施工工序

排水圆管施工工序见图 5.2-9。

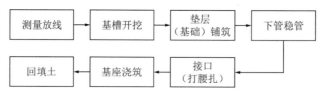

图 5.2-9　排水圆管施工工序

5.2.9　施工质量检验标准

填土施工质量应符合表 5.2-7 的要求。

填土施工质量要求　　　　　　　　表 5.2-7

检查项目		规定值或允许偏差	检查方法和频率
压实度	道面影响区	设计要求	按《民用机场飞行区场道工程质量检验评定标准》MH 5007—2017 的规定执行：每层每 1000m² 测 1 处
	跑道端安全区、升降带平整区		
	其他土面区		按《民用机场飞行区场道工程质量检验评定标准》MH 5007—2017 的规定执行：每层每 2000m² 测 1 处
地面高程（mm）	道面影响区	+10，−20	水准仪：按 10m×10m 方格网频率检查
	跑道端安全区、升降带平整区	±30	水准仪：按 20m×20m 方格网频率检查
	其他土面区	±50	
顶面平整度（mm）	道面影响区	≤20	3m 直尺，连续 5 尺取最大值：每 1000m² 测 1 处
	跑道端安全区、升降带平整区	≤50	3m 直尺，连续 5 尺取最大值：每 2000m² 测 1 处
	其他土面区		3m 直尺，连续 5 尺取最大值：每 5000m² 测 1 处

注：沟、浜塘区域道基压实度的检测频率应加密为表中频率的 2 倍。

填石及土石混填施工质量应符合表 5.2-8 的要求。填石及土石混填有上覆土层的，上覆土层的压实度、平整度及高程的质量要求应符合表 5.2-7 的要求。

填土及土石方混填施工质量要求　　　　　　　　表 5.2-8

检查项目		规定值或允许偏差	检查方法和频率
固体体积率	道面影响区	设计要求	灌砂法或水袋法：每层每 4000m² 测一处
	跑道端安全区、升降带平整区		
	其他土面区		灌砂法或水袋法：每层每 6000m² 测一处

续表

检查项目	规定值或允许偏差	检查方法和频率
顶面高程 （mm）	道面影响区	+20，−30	水准仪：按 10m×10m 方格网频率检查
顶面平整度 （mm）	道面影响区	≤20	3m 直尺，连续 5 尺取最大值：每 1000m² 测 1 处

加筋土施工质量应符合表 5.2-9 的规定。

加筋土施工质量要求　　　　　表 5.2-9

检查项目	规定值或允许偏差	检查方法和频率
锚固长度	设计要求	尺量：抽查 2%
下承层平整度	设计要求	3m 直尺，连续 5 尺取最大值：每 1000m² 测 1 处
搭接宽度（mm）	+50，0	尺量：抽查 2%
搭接缝错开距离	设计要求	尺量：抽查 2%

5.3　机场道面施工

5.3.1　水泥稳定碎石基层施工

1. 原材料质量要求

1）水泥

宜采用 32.5 级的普通硅酸盐水泥、矿渣硅酸盐水泥或火山灰质硅酸盐水泥。宜选用初凝时间 3h 以上、终凝时间 6h 以上 10h 以下的水泥。如达不到要求可掺缓凝剂。

2）集料

集料分粗集料和细集料，其中粗集料宜采用硬质岩石或砾石加工成的碎石，也可采用天然砾石，集料最大粒径做底基层时不应超过 37.5mm（方孔筛）、做基层时不应超过 31.5mm。集料的级配及技术要求应符合表 5.3-1～表 5.3-3 的规定。

粗集料技术要求　　　　　表 5.3-1

检查项目	技术要求
压碎值（%）	≤30
针片状颗粒含量（%）	≤20

细集料技术要求　　　　　表 5.3-2

检查项目	技术要求	
	水泥稳定碎石基层	石灰粉煤灰稳定碎石基层
塑性指数*	≤17	12～20
有机质含量（%）	<2	≤10
硫酸盐含量（%）	≤0.25	—

注：*表示测定 0.075mm 以下材料的塑性指数。

集料级配要求　　　　　　　　　　　　　　　　　　　表 5.3-3

应用层位	通过下列筛孔（mm）的质量百分率（%）								
	37.5	31.5	26.5	19	9.5	4.75	2.36	0.6	0.075
基层	—	100	90～100	72～84	47～67	29～49	17～35	8～22	0～7
底基层	100	90～100	—	67～90	45～68	29～50	18～38	8～22	0～7

3）水

各种饮用水均可用于水泥稳定碎石施工，如遇可疑水源应进行试验鉴定。

2. 施工准备工作

1）向驻施工现场监理单位报送"水泥稳定碎石基层开工报告单"，经同意后方可进行基层施工。

2）土基、基层及其中埋设的各种沟、管等隐蔽构造物，必须经过自检合格，报监理工程师检验，签字认可后，方可铺筑其上面的基层。

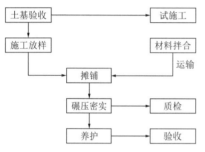

图 5.3-1　施工工艺流程图

3）各种材料进场前，应按规定项目对其抽样检查，抽样检查结果报驻场监理单位。

3. 施工方法

1）施工工艺流程

施工工艺流程图见图 5.3-1。

2）试验段施工

（1）在底基层与基层正式开工之前，根据设计配合比计算调整为施工配合比，经甲方和监理工程师同意后，根据现场情况，选择 100～200m 一段作为试验段进行试施工，试施工必须是监理工程师在场的情况下进行。

（2）通过试施工，为正式铺筑水泥稳定碎石基层施工提供适宜的操作程序与参数。确定以下主要项目：

①确定符合设计要求的施工配合比及虚铺系数。

②优化施工方案。

③定出每一作业段的合适长度，确定一次铺筑的合适厚度。

（3）铺筑水泥稳定碎石基层试验段，通过严密组织拌合、洒水、整型、碾压等工序，缩短延迟时间，规定允许的拌合时间。

（4）试施工经监理工程师签字认可后，做好详细记录，指导具体施工。

4. 施工工艺

1）施工测量

水泥稳定碎石基层施工前，首先进行道槽土基（或垫层）的平面复测和标高复测。自检完成后报监理工程师进行土基验收，如属于地基验收按程序确定是否需报民航地区质检站参与。

测量控制点设置如下：道面部分沿边线和中线每隔 100m 采用全站仪布设平面与高程控制点，道肩部分沿边线每隔 100m 设置平面控制点。

试验段施工过程中反复跟踪测量，确定出虚铺系数，指导以后施工。正式施工采用摊铺机连续施工。施工时设置导轨，根据基层的设计标高及虚铺系数准确测定导轨高程，严格控制标高，避免出现薄层贴补。

摊铺中随时检测碾压后基层顶面，根据检测结果及时调整导轨高程。

2）混合料拌合

混合料的拌合采用厂拌法。厂拌的设备及布置位置图提交监理工程师审批后，进行设备安装、检修与调试工作。

拌合时应符合下列要求：

配料准确；拌合均匀；每天开拌前（或遇雨日）应对碎石进行一次含水率测定，以校核配合比，并根据气温变化情况适当增减水量，以保证混合料碾压时最大限度地接近最佳含水率。

拌合时间应根据机械设备性能确定，以混合料拌合均匀、色泽一致为准。操作程序是先将原材料按配合比（重量比）输入拌合机内，先干拌后加水（喷水法）直到拌合均匀，卸至储料场待运或直接卸入汽车运到现场。

3）混合料运输

混合料采用自卸车运输进入现场，料车在道槽施工现场行驶时，应以低速直线行驶，禁止转弯、掉头和急刹车，防止下层表面遭到破坏。运距较远时运料车应加篷布覆盖，以防拌合料水分过快增发。

4）混合料摊铺

混合料的摊铺应先确定松铺厚度，松铺厚度为压实厚度乘以压实系数，压实系数应事先通过试验确定。

混合料每层摊铺厚度应根据碾压机具类型、性能确定，并报监理工程师批准。当压实厚度超过机械性能允许厚度时，应分层摊铺，先摊铺的一层应经过整型和压实，在监理工程师验收合格后，再继续摊铺上层。

摊铺长度根据搅拌站的拌合能力和现场实际情况，摊铺作业段长度一般为 100~150m，每幅摊铺宽度 6~9m，分段施工，各层接槎位置要错开。

摊铺混合料过程中，如发现粗骨料有离析现象，应将粗集料窝或粗集料带铲除，并用新混合料进行填补。

基础分两层施工时，在铺筑上层前应在下层顶面先洒水湿润。

用摊铺机摊铺混合料时，不宜中断，如因故中断时间超过 2h，应设置横向接缝。设置横向接缝时，摊铺机应驶离混合料末端，人工将末端含水率适宜的混合料修整整齐，紧靠混合料处放置与压实厚度相同的方木，整平紧靠方木处的混合料，方木的另一侧应支撑牢固以防碾压时将方木移动，用压路机将混合料碾压密实。在重新摊铺混合料之前，将固定物及方木移去，并将四周清理干净。摊铺机返回到已压实层的末端，重新开始摊铺下一段的混合料。

摊铺过程中，尽量使用两台摊铺机前后相距 5~8m 并排同步向前推进摊铺混合料，以减少纵向接缝数量。在纵向接缝处，必须垂直相连，严禁斜面搭接。纵缝的设置，在前一幅摊铺时，靠中央的一侧用方木或钢模板做支撑，支撑高度与稳定土层的压实厚度相同。养护结束后，在摊铺另一幅之前，拆除支撑。

5）整型碾压

摊铺后碾压时，应控制混合料的含水率接近最佳含水率±1%。碾压时依据先轻后重、先慢后快，自两边向中间逐渐碾压。应先用轻型压路机稳压 1~2 遍后，严格控制高程与平整度，如发现高低不平，应及时铲高补低。在填补低洼处时，应翻松洒水再加混合料，禁止薄层贴补。最后，用重型压路机或振动压路机碾压至达到要求的压实度。

在碾压过程中，应使基层表面始终保持湿润，若表面过干应及时补洒少量的水；若局部过湿有"弹簧""松散"等现象，应及时挖掉换填新的混合料。碾压时，接槎长度应大于压实机械的长度，一般第一个作业段碾压完成后，使用方木做成垂直的施工缝。在第二个作业段施工时，应将施工缝处的方木取走后进行碾压。禁止压路机在已完成的或正在碾压的基层上掉头或急刹车，以免表层受损坏。

6）验收及养护

（1）基层碾压密实后，应及时报现场监理工程师验收。

（2）碾压成型后应及时养护，养护应采取湿法养护，采用无纺布覆盖，在整个养护期内必须保持潮湿状态，不应忽干忽湿。养护期间应有专人负责洒水，每天洒水次数视天气状况而定，以保持基层表面经常湿润为准。养护结束后，立即将无纺布去除，叠码整齐，堆放在指定地点。

养护时间：一般当昼夜平均气温高于 15℃时，应不少于 7d；当平均气温低于 15℃而高于 5℃时，应不少于 10d。基层上任何时候均应封闭交通，禁止机动车辆通行。

7）基础质量标准及检验方法

（1）水泥稳定碎石基层和底基层施工质量要求（表 5.3-4）

水泥稳定碎石基层和底基层施工质量要求 表 5.3-4

序号	检查项目		规定值或允许偏差		检查方法与频度
			底基层	基层	
1	密实度（%）		≥97	≥98	灌砂法或水袋法：每 2000m² 取样 3 次
2	平整度（mm）		≤12	≤8	3m 直尺，连续 5 尺取最大值；每 2000m² 测 1 处
3	纵断高程（mm）		+5，−15	+5，−10	水准仪：10m×10m 方格网控制
4	宽度（mm）		±1/1000		尺量：每 100 米 1 处
5	厚度（mm）	均值	−10	−8	挖坑或钻孔取芯：底基层每 4000m² 取 6 个点
		单个值	−15	−10	
6	横坡度（%）		±0.3		水准仪：每 100 延米 3 处
7	抗压强度		符合设计要求		每 2000m² 不小于 6 个试件
8	整体性		龄期 7～10d 时应能取出完成的钻件		每个作业段或 5000m²
9	水泥剂量		不少于设计值−1%		每 5000m² 或每台班一次，至少检查 6 个样品
10	碎石含量		±3%		每 1000m² 至少检查 1 处
11	拌合均匀性		无灰条、灰团，色泽均匀无粗细集料离析现象		现场观察，随时试验

（2）原材料试验检测频率及要求

①水泥、石灰、粉煤灰等无机结合料按同一厂家、同一品种、同一强度等级、同一出厂编号、连续进场 1500t 为一检验批次，不足 1500t 按 1 批次计；

②粗集料、细集料按同产地、同规格、连续进场数量 2000m³ 为一检验批次,不足 2000m³ 按 1 批次计。

5.3.2　水泥混凝土面层施工

1. 原材料质量要求

1)水泥

(1)水泥混凝土面层应选用旋窑生产的道路硅酸盐水泥、硅酸盐水泥或普通硅酸盐水泥,不宜选用早强型水泥,所选水泥的各项技术指标应符合国家现行标准。

(2)水泥混凝土设计强度不少于 5.0MPa,所选水泥实测 28d 抗折强度宜大于 8.0MPa。

(3)水泥混凝土面层所用水泥的化学成分和物理指标应符合表 5.3-5 的规定。

水泥技术指标　　　　　　　　　　　　　　　　　　表 5.3-5

类别	项次	活血成分或物理指标		技术指标		试验方法
				水泥混凝土设计强度 ≥5.0MPa	水泥混凝土设计强度 ≤4.5MPa	
化学成分	1	铝酸三钙(%)		≤9.0,宜≤7.0	≤9.0	《水泥化学分析方法》 GB/T 176—2017
	2	铁铝酸四钙(%)		≥10.0,宜≥12.0	≥10.0	
	3	游离氧化钙(%)		≤1.0	≤1.8	
	4	氧化镁(%)		≤5.0	≤5.0	
	5	三氧化硫(%)		≤3.5	≤3.5	
	6	含碱量 $(Na_2O + 0.658K_2O)$ (%)		≤0.6	集料有潜在碱活性时,不大于 0.6;集料无潜在碱活性时,不大于 1.0	
	7	氯离子含量(%)		≤0.06	≤0.06	《水泥化学分析方法》 GB/T 176—2017
	8	混合材种类及掺量		不应掺窑灰、煤矸石、火山灰、烧黏土、煤渣、有抗盐冻要求不应掺石灰岩石粉		水泥厂提供
物理指标	9	安定性		雷氏夹和蒸煮法检验合格	蒸煮法检验合格	
	10	凝结时间	初凝时间(h)	≥1.5	≥1.5	《公路工程水泥及水泥混凝土试验规程》JTG E30—2005 T0505
			终凝时间(h)	≤10	≤10	
	11	标准稠度需水量(%)		≤28.0	≤30.0	
	12	比表面积(m²/kg)		300~400	300~400	《公路工程水泥及水泥混凝土试验规程》JTG E30—2005 T0504
	13	细度(80μm 筛余)(%)		1.0~10.0	1.0~10.0	《公路工程水泥及水泥混凝土试验规程》JTG E30—2005 T0502
	14	28d 干缩率(%)		≤0.09	≤0.10	《公路工程水泥及水泥混凝土试验规程》JTG E30—2005 T0511
	15	耐磨性(kg/m²)		≤2.5	≤3.0	《公路工程水泥及水泥混凝土试验规程》JTG E30—2005 T0510

注:三氧化硫含量在有硫酸盐腐蚀场合为必测项目,无腐蚀场合为选测项目。

2）粉煤灰

（1）水泥混凝土中可掺用适量Ⅰ、Ⅱ级干排或磨细低钙粉煤灰。

（2）粉煤灰分级和技术指标应符合表5.3-6的规定。

粉煤灰分级和技术指标 表5.3-6

粉煤灰等级	烧失量（%）	游离氧化钙（%）	三氧化硫（%）	细度（45μm气流晒，筛余量）（%）	需水量（%）	含水率（%）	混合砂浆强度活性指数	
							7d	28d
Ⅰ	≤3.0	<1.0	≤3.0	≤12.0	≤95.0	≤1.0	≥75	≥85（75）
Ⅱ	≤6.0	<1.0	≤3.0	≤25.0	≤105.0	≤1.0	≥70	≥80（62）
试验方法	《水泥化学分析方法》GB/T 176—2017			《用于水泥和混凝土中的粉煤灰》GB/T 1596—2017					

注：1. 45μm气流筛的筛余量与80μm水泥筛的筛余量换算系数约2.4。
2. 混合砂浆的强度活性指数为掺粉煤灰的砂浆与水泥砂浆的抗压强度比的百分数，适用于所配制混凝土设计强度不小于5MPa时；当所配制的混凝土设计强度小于5MPa时，混合砂浆的强度活性指数要求满足28d括号中的数值。

（3）在水泥混凝土中掺用粉煤灰时，宜使用硅酸盐水泥、道路硅酸盐水泥，并应了解所用水泥中掺混合料的种类和掺量，通过混凝土配合比设计试验，确定合适的掺量、相应的混凝土配合比和施工工艺。

3）细集料

（1）细集料应耐久、洁净、质地坚硬，宜采用天然砂，在设计文件许可的部位也可采用机制砂。细集料应符合表5.3-7～表5.3-9规定的技术指标。

细集料的技术指标 表5.3-7

项次	项目	技术指标	试验方法
1	机制砂母岩抗压强度（MPa）	≥60.0	《公路工程岩石试验规程》JTG E41—2005 T0221
2	机制砂母岩磨光值（%）	≥35.0	《公路工程集料试验规程》JTG E42—2005 T0321
3	机制砂单粒级最大压碎值	≤25.0	《公路工程集料试验规程》JTG E42—2005 T0350
4	机制砂石粉含量（%）	≤7.0	《公路工程集料试验规程》JTG E42—2005 T0333
5	机制砂MB值	≤1.4	《公路工程集料试验规程》JTG E42—2005 T0349
6	机制砂吸水率（%）	≤2.0	《公路工程集料试验规程》JTG E42—2005 T0330
7	氯离子含量（按质量计）（%）	≤0.02	《建设用砂》GB/T 14684—2022
8	坚固性（按质量损失计）（%）	≤8.0	《公路工程集料试验规程》JTG E42—2005 T0340
9	云母与轻物质含量（按质量计）（%）	≤1.0	《公路工程集料试验规程》JTG E42—2005 T0337
10	含泥量（按质量计）（%）	≤2.0	《公路工程集料试验规程》JTG E42—2005 T0333
11	泥块含量（按质量计）（%）	≤0.5	《公路工程集料试验规程》JTG E42—2005 T0335
12	硫化物及硫酸盐（按SO_3质量计）（%）	≤0.5	《公路工程集料试验规程》JTG E42—2005 T0341

续表

项次	项目	技术指标	试验方法
13	有机物含量（比色法）	合格	《公路工程集料试验规程》JTG E42—2005 T0336
14	其他物质	不应混有石灰、煤渣、草根、贝壳等杂物	
15	表观密度（kg/m³）	≥2500	《公路工程集料试验规程》JTG E42—2005 T0328
16	松散堆积密度（kg/m³）	≥1400	《公路工程集料试验规程》JTG E42—2005 T0331
17	孔隙率（%）	≤45	《公路工程集料试验规程》JTG E42—2005 T0331
18	碱活性	不应有碱活性反应，当岩相法判断疑似碱活性时，以砂浆棒法为准	《公路工程集料试验规程》JTG E42—2005 T0324/T0325

注：1. 机制砂母岩抗压强度、氯离子含量、硫化物及硫酸盐、碱活性在细集料使用前应至少检验一次。
　　2. 表中注明机制砂的指标仅为机制砂检验指标，未标明机制砂的指标为天然砂与机制砂通用指标。

天然砂的级配范围　　　　　　表 5.3-8

砂分级	细度模数	方孔筛尺寸（mm）							
		9.5	4.75	2.36	1.18	0.60	0.30	0.15	0.075
		累计筛余（以质量计）（%）							
粗砂	3.1～3.7	0	0～10	5～35	35～65	70～85	80～95	90～100	95～100
中砂	2.3～3.0	0	0～10	0～25	10～50	40～70	70～92	90～100	95～100
试验方法		《公路工程集料试验规程》JTG E42—2005 T0327							

注：民用机场水泥混凝土面层采用机制砂的实例较少，但考虑在部分地区难以找到符合要求的天然砂，允许使用符合要求的机制砂。机制砂只能用于设计文件许可的部位，采用机制砂需考虑对水泥混凝土工作性、耐磨性、耐久性等的影响，并采取相应措施。

机制砂的级配范围　　　　　　表 5.3-9

砂分级	细度模数	方孔筛尺寸（mm）						
		9.5	4.75	2.36	1.18	0.60	0.30	0.15
		累计筛余（以质量计）（%）						
粗砂	2.8～3.9	0	0～10	5～20	35～70	70～85	80～95	90～100
中砂	2.3～3.1	0	0～10	5～20	15～50	40～70	80～90	90～100
试验方法		《公路工程集料试验规程》JTG E42—2005 T0327						

（2）宜采用细度模数为 2.6～3.2 的细集料，同一配合比用砂的细度模数变化范围不应超过 0.3。

4）粗集料

（1）粗集料应采用碎石或破碎卵石，应质地坚硬、耐久、耐磨、洁净，并符合规定的级配。碎石和破碎卵石均应符合表 5.3-10 和表 5.3-11 的要求。

碎石和破碎卵石技术指标 表 5.3-10

项次	项目		技术指标	试验方法
1	压碎值（%）		≤21.0	《公路工程集料试验规程》JTG E42—2005 T0316
2	坚固性（按质量损失计）（%）		≤5.0（年最低月平均气温不低于0℃时）	《公路工程集料试验规程》JTG E42—2005 T0314
			≤3.0（年最低月平均气温低于0℃时）	
3	针片状颗粒含量（按质量计）（%）		≤12.0	《公路工程集料试验规程》JTG E42—2005 T0311
4	含泥量（按质量计）（%）		≤0.5	《公路工程集料试验规程》JTG E42—2005 T0310
5	泥块含量（按质量计）（%）		≤0.2	《公路工程集料试验规程》JTG E42—2005 T0310
6	吸水率（按质量计）（%）		≤2.0	《公路工程集料试验规程》JTG E42—2005 T0307
7	硫化物计硫酸盐按（SO_3质量计）（%）		≤1.0	《建设用卵石、碎石》GB/T 14685—2022
8	有机物含量（比色法）		合格	《公路工程集料试验规程》JTG E42—2005 T0313
9	氯化物含量（按氯离子含量计）（%）		≤0.02	《建设用卵石、碎石》GB/T 14685—2022
10	碎石红白皮含量（%）		≤10.0	《公路工程集料试验规程》JTG E42—2005 T3011
11	岩石抗压强度（MPa）	岩浆岩	≥100	《公路工程岩石试验规程》JTG E41—2005 T0221
		变质岩	≥80	
		沉积岩	≥60	
12	表观密度（kg/m³）		≥2500	《公路工程集料试验规程》JTG E42—2005 T0308
13	松散堆积密度（kg/m³）		≥1350	《公路工程集料试验规程》JTG E42—2005 T0309
14	空隙率（%）		≤45	《公路工程集料试验规程》JTG E42—2005 T0309
15	洛杉矶磨耗损失（%）		≤30	《公路工程集料试验规程》JTG E42—2005 T0317
16	碱活性		不应有碱活性反应，当岩相法判断疑似碱活性反应时，以砂浆棒法为准	《公路工程集料试验规程》JTG E42—2005 T0324 T0325

注：1. 硫化物及硫酸盐含量、碱活性反应、岩石抗压强度在粗集料使用前应至少检查一次；
2. 红白皮是指颗粒中有一个以上有水锈的天然裂隙面。

粗集料的级配范围 表 5.3-11

类型	级配	粒径							
		方筛孔尺寸							
		2.36	4.75	9.50	16.0	19.0	26.5	31.5	37.5
		累计筛余（按质量计）（%）							
合成级配	4.75～16	95～100	85～100	40～60	0～10	—	—	—	—
	4.75～19	95～100	85～95	60～75	30～45	0～5	—	—	—

续表

类型	级配	粒径							
		方筛孔尺寸							
		2.36	4.75	9.50	16.0	19.0	26.5	31.5	37.5
		累计筛余（按质量计）（%）							
合成级配	4.75～26.5	95～100	90～100	70～90	50～70	25～40	0～5	0	—
	4.75～31.5	95～100	90～100	75～90	60～75	40～60	30～35	0～5	0
单粒级	4.75～9.5	95～100	80～100	0～15	0	—	—	—	—
	9.5～16	—	95～100	80～100	0～15	0	—	—	—
	9.5～19	—	95～100	85～100	40～60	0～15	0	—	—
	16～26.5	—	—	95～100	55～70	25～40	0～10	0	—
	16～31.5	—	—	95～100	85～100	55～70	25～40	0～10	0
《公路工程集料试验规程》JTG E42—2005 T0302									

注：破碎卵石应至少有两个破碎面。

（2）碎石或破碎卵石的合成级配应采用两个或三个单粒级的粗集料掺配，以最小松堆孔隙率为准确定各粒级的比例。

（3）碎石不应该含有可溶盐。

5）水

（1）符合现行《生活饮用水卫生标准》GB 5749 的饮用水可作为拌合水泥混凝土、冲洗集料及养护用水。使用其他水源作为拌合用水时，水质应符合表 5.3-12 的技术指标。

水泥混凝土拌合用水水质技术指标　　　　　　表 5.3-12

项次	项目	钢筋混凝土	素混凝土	试验方法
1	pH 值	≥5.0	≥4.5	《水质 pH 值的测定 玻璃电极法》GB/T 6920—1986
2	Cl^-含量（mg/L）	≤1000	≤3500	《水质 氯化物的测定 硝酸银滴定法》GB/T 11896—1989
3	SO_4^{2-}含量（mg/L）	≤2000	≤2700	《水质 氯化物的测定 硝酸银滴定法》GB/T 11896—1989
4	碱含量（mg/L）	≤1500	≤1500	《水泥化学分析方法》GB/T 176—2017 火焰光度计法
5	可溶物含量（mg/L）	≤5000	≤10000	《生活饮用水标准检验法》GB 5750—1985
6	不溶物含量（mg/L）	≤2000	≤5000	《水质 悬浮物的测定 重量法》GB 11901—1989
7	其他杂质（mg/L）	不应有漂浮的油脂和泡沫；不应有明显的颜色和异味		—

（2）水泥混凝土拌合用水采用非饮用水时，应与饮用水进行水泥凝结时间与水泥胶砂强度的对比试验，对比试验的水泥初凝时间差与终凝时间差均不应大于 30min；被校验水样配制的水泥胶砂 3d 和 28d 强度不应低于饮用水配制的水泥胶砂相应龄期强度的 90%。

（3）养护用水可不检验不溶物、可溶物、水泥凝结时间差和水泥胶砂强度，其他指标应符合表5.3-12的规定。

6）外加剂

（1）水泥混凝土外加剂的品种及含量应根据施工条件和使用要求，并通过水泥混凝土配合比试验选用。外加剂除应符合国家现行相关标准外，尚应符合表5.3-13的规定，其他检验方法应符合《混凝土外加剂》GB 8076—2008的规定。

掺外加剂产品的混凝土技术指标　　　　　　表5.3-13

项目		普通减水剂	高效减水剂	引气减水剂	引气高效减水剂	缓凝减水剂	缓凝高效减水剂	引气缓凝高效减水剂
减水率（%）		≥8	≥14	≥10	≥18	≥8	≥14	≥18
泌水率比（%）		≤100	≤90	≤70	≤70	≤100	≤100	≤70
含气量（%）		≤3.0	≤3.0	≥3.0	≥3.0	≤3.0	≤3.0	≥3.0
凝结时间差（min）	初凝	−90～+120	−90～+120	−90～+120	−60～+90	>+90	>+90	>+90
	终凝							
抗压强度比（%）	1d	—	≥140	—	—	—	—	—
	3d	≥115	≥130	≥115	≥120	—	—	—
	7d	≥115	≥125	≥110	≥115	≥115	≥125	≥120
	28d	≥110	≥120	≥100	≥105	≥110	≥120	≥115
弯拉强度比（%）	1d	—	—	—	—	—	—	—
	3d	—	≥125	—	≥120	—	—	—
	28d	≥105	≥115	≥110	≥115	≥105	≥115	≥110
收缩率比（%）	28d	≤125	≤125	≤120	≤120	≤125	≤125	≤120
磨耗量（kg/m³）		≤2.5	≤2.0	≤2.5	≤2.0	≤2.5	≤2.5	≤2.5

注：1. 表中抗压强度比、弯拉强度比、收缩率比为强制指标，其余为推荐性指标。
　　2. 除含气量和磨耗量外，表中所列数据为掺外加剂混凝土与基准混凝土的差值或比值。
　　3. 凝结时间差质量指标中的"−"号表示提前，"+"号表示延缓。

（2）外加剂产品出厂报告中应标明其主要化学成分和使用注意事项，面层水泥混凝土的各种外加剂应经具有相应资质的检测机构检验合格，并提供检验报告后方可使用。

（3）外加剂的现场适应性检验应采用工程实际使用的胶凝材料、集料和拌合用水进行试配，并确定合理掺量。

（4）不宜选用含钾、钠离子的外加剂。

（5）有抗冻要求时，混凝土中应使用引气剂。引气剂应选用表面张力值大、引入水泥浆体中气泡多而细微、泡沫稳定时间长的产品。

7）钢筋

（1）钢筋的品种、规格应符合设计要求，其质量应符合国家相关标准的规定。钢筋60t至少检测一次，检测项目见表5.3-14的规定。

钢筋检测项目   表 5.3-14

项次	项目	取样数量（根）	试验方法
1	拉拔试验	2	《金属材料 拉伸试验 第 1 部分：室温试验方法》GB/T 228.1—2021
2	冷弯试验	2	《金属材料 弯曲试验方法》GB/T 232—2010

（2）钢筋线密度不应有负偏差。钢筋应顺直，不应有裂纹、断伤、刻痕、表面油污和锈蚀。

8）纤维

（1）合成纤维质量指标及检测方法应符合现行《水泥混凝土和砂浆用合成纤维》GB/T 21120 的规定。聚丙烯腈（PANF）、聚酰胺（PPF）、聚乙烯醇（PVAF）三种合成纤维质量应符合表 5.3-15 的规定，在饱和 $Ca(OH)_2$ 溶液中煮沸 8h 后，其残余强度平均值不应小于 400MPa。

合成纤维的技术指标   表 5.3-15

性能	聚丙烯腈纤维	聚酰胺纤维	聚乙烯醇纤维
抗拉强度（MPa）	450～910	600～970	1000～1500
弹性模量（GPa）	10.0～21.0	5.0～6.0	28.0～45.0
断裂伸长率（%）	11～30	15～25	5～13
密度（g/cm³）	1.16～1.18	1.14～1.16	1.28～1.30
吸水率（%）	≤2.0	≤4.0	≤5.0

试验值的变异系数应大于 10%

（2）合成纤维的规格、加工精度及分散性应满足表 5.3-16 的要求。

合成纤维的规格、加工精度及分散性要求   表 5.3-16

外形分类	长度（mm）	当量直径（μm）	长度合格率（%）	形状合格率（%）	混凝土中分散性（%）	试验方法
单丝纤维	20～40	4～65	>90	>90	±10	《水泥混凝土和砂浆用合成纤维》GB/T 21120—2018
粗纤维	20～80	100～500				

（3）水泥混凝土中掺加钢纤维时，其品种、规格和质量应符合设计文件的要求，并且不应使用可能影响飞机或汽车安全行驶的钢纤维。

9）隔离层材料

（1）隔离层采用沥青混凝土、沥青封层时，其原材料及施工质量应符合《民用机场沥青道面施工技术规范》MH/T 5011—2019 的有关要求。

（2）隔离层采用复合土工膜时，应符合表 5.3-17 的要求；隔离层采用土工布时，宜符合表 5.3-18 的要求。

复合土工膜技术指标   表 5.3-17

类别	项目	技术指标	试验方法
复合土工膜（两布一膜）	厚度（mm） 成品	≥0.5	《公路工程土工合成材料试验规程》JTG E50—2006 T1112

类别	项目		技术指标	试验方法
复合土工膜（两布一膜）	厚度（mm）	膜材	≥0.06	《公路工程土工合成材料试验规程》 JTG E50—2006 T1112
	纵、横向标称拉伸强度（kN/m）		≥10	《公路工程土工合成材料试验规程》 JTG E50—2006 T1121
	纵、横向最大负荷下的伸长率（%）		≥30	《公路工程土工合成材料试验规程》 JTG E50—2006 T1121
	CBR顶破强力（kN）		≥1.9	《公路工程土工合成材料试验规程》 JTG E50—2006 T1126

土工布技术指标　　　　　　　　　　　　表 5.3-18

检验项目	技术指标		试验方法
	基层与面层之间铺满的土工布	基层上局部铺设的土工布	
单位面积质量（g/m²）	100～160	100～200	《公路工程土工合成材料试验规程》 JTG E50—2006 T1111
厚度（mm）	≤0.6	≤1.0	《公路工程土工合成材料试验规程》 JTG E50—2006 T1112
拉伸强度（kN/m）	≥5.5	≥5.5	《公路工程土工合成材料试验规程》 JTG E50—2006 T1121
最大负荷下的伸长率（%）	≥30	≥30	《公路工程土工合成材料试验规程》 JTG E50—2006 T1121
CBR顶破强力（kN）	≥1.0	≥1.0	《公路工程土工合成材料试验规程》 JTG E50—2006 T1126
梯形撕破强力（kN）	≥0.27	≥0.15	《公路工程土工合成材料试验规程》 JTG E50—2006 T1125
伸长率为5%时的拉伸力（kN/m）	≥2.7	—	《公路工程土工合成材料试验规程》 JTG E50—2006 T1121
幅宽	不小于混凝土板宽	—	直尺量

（3）隔离层采用石屑时，所用石屑应坚硬、耐久、洁净，不应含有草根、树叶或其他有机物等杂质，并应符合表 5.3-19 和表 5.3-20 的技术指标。

石屑技术指标　　　　　　　　　　　　表 5.3-19

项次	项目	技术指标	试验方法
1	母岩抗压强度（MPa）	≥60	《公路工程岩石试验规程》 JTG E41—2005 T0221
2	含泥量（按质量计）（%）	≤5	《公路工程集料试验规程》 JTG E42—2005 T0310
3	泥块含量（按质量计）（%）	≤1	《公路工程集料试验规程》 JTG E42—2005 T0310
4	表观密度（kg/m³）	≥2450	《公路工程集料试验规程》 JTG E42—2005 T0328
5	坚固性（按质量损失计）（%）	≤12.0	《公路工程集料试验规程》 JTG E42—2005 T0340

石屑级配范围　　　　　　　　　表 5.3-20

公称粒径（mm）	方孔筛尺寸（mm）					试验方法
	9.5	4.75	2.36	0.6	0.075	
	累计筛余量（按质量计）（%）					
0～5	0	0～15	35～65	70～90	90～100	《公路工程集料试验规程》JTG E42—2005 T0327

10）养护材料

（1）养护材料应采用对混凝土无腐蚀的材料，宜采用养护剂、节水保湿养护膜、养护复合土工膜或土工布。

（2）用于水泥混凝土面层养护的养护剂性能应符合表 5.3-21 的规定。养护剂为白色乳液，不应含有水玻璃成分。

养护技术指标　　　　　　　　　表 5.3-21

检验项目		一级品	合格品	试验方法
混凝土有效保水率（%）		≥90	≥75	《公路工程水泥混凝土养生剂（膜）》JT/T 522—2022
混凝土抗压或弯拉强度比（%）	7d	≥95	≥90	
	28d	≥95	≥90	
混凝土磨损量（kg/m²）		≤3.0	≤3.5	
干燥时间（h）		≥4		
成膜后浸水溶解性		养护期内应不溶		
成膜耐热性		合格		

（3）节水保湿养护膜宜符合表 5.3-22 的规定，养护复合土工膜宜符合表 5.3-23 的规定。

节水保湿养护膜检验项目　　　　　　　　　表 5.3-22

节水保湿养生膜的性能		节水保湿养护膜养护水泥混凝土面层的性能	
软化温度（℃）	≥70	3d 有效保水率（%）	≥95
0.006～0.02mm 厚面膜的水蒸气透过量［g/(m²d)］	≤47	一次性保水时间（d）	≥7
纵、横向直角撕裂强度（kN/m）	≥55	用养护膜养护混凝土 7d 抗压强度比（%）（与标养比）	≥95
芯膜厚度（mm）	0.08～0.10	用养护膜养护混凝土 7d 弯拉强度比（%）（与标养比）	≥95
面膜厚度（mm）	0.12～0.15		
长度允许偏差（mm）	±1.5	保湿性（膜内温度与外界环境温度之差）（℃）	≥4
芯膜宽度	不允许负偏差	养护膜养护混凝土磨耗量（kg/m²）	≤2.0
面膜、芯膜外观	干净整齐，无破损		

试验方法《混凝土节水保湿养护膜》JG/T 188—2010

养护复合土工膜（一布一膜）技术指标　　　　　　表 5.3-23

项目	技术指标		试验方法
	单位面积质量（g/m²）400±16	单位面积质量（g/m²）600±18	《公路工程土工合成材料试验规程》JTG E50—2006 T1111
拉伸强度（kN/m）	≥6.0	≥11.0	JTG E50—2006 T1121
最大负荷下的伸长率（%）	30～100		JTG E50—2006 T1121
梯形撕破强力（kN）	≥0.15	≥0.32	JTG E50—2006 T1125
CBR 顶破强力（kN）	≥1.1	≥1.9	JTG E50—2006 T1126
3d 有效保水率（%）	≥90		《混凝土节水保湿养护膜》JG/T 188—2010

2. 关于碱-集料反应

碱-集料反应是危及混凝土结构安全使用的一种严重病害。碱-集料反应是在水的参与下，混凝土中水泥或外加剂所含过量的碱与集料中的活性成分发生化学反应而导致混凝土膨胀开裂的一种破坏。

碱-集料反应一般可分为碱-硅酸盐反应和碱-碳酸盐反应。由于道面混凝土水泥用量大，含碱量高，又易处于潮湿环境，因此发生碱-集料反应的可能性较大。

为防止碱-集料反应引起的破坏，应严格控制水泥和外加剂中碱的含量以及集料的活性。

3. 配合比设计

1）水泥混凝土配合比

（1）配置的混凝土应保证混凝土的设计强度、耐磨性、耐久性及拌合物工作性的要求，在寒冷地区还应满足抗冻性要求。

（2）混凝土配合比设计应按设计强度控制，以饱和面为准计算粗细集料的含水率，可根据水灰比与强度关系曲线及经验数据进行计算，并通过适配确定。

（3）水泥混凝土单位水泥用量应不小于 310kg/m³；混凝土中掺粉煤灰时，单位水泥用量应不小于 280kg/m³。有抗冻要求的地区，采用的水泥强度等级为 42.5 时，单位水泥用量应不小于 330kg/m³；采用水泥强度等级为 52.5 时，单位水泥用量应不小于 320kg/m³。

（4）年最低月平均气温低于 0℃的地区，混凝土的抗冻等级应不低于表 5.3-24 的要求。

面层混凝土抗冻等级要求　　　　　　表 5.3-24

面层部位	跑道、滑行道、机坪及道肩		防吹坪、路面		试验方法
试件	基准配合比	摊铺现场留样	基准配合比	摊铺现场留样	
抗冻等级（F）	≥300	≥250	≥250	≥200	《公路工程水泥及水泥混凝土试验规程》JTG E30—2005 T0565

（5）除冰坪、在机位进行除冰作业的站坪，以及冬季需要喷洒除冰液的其他部位，其面层水泥混凝土应按《民用机场水泥混凝土面层施工技术规范》MH 5006—2015 附录 B 进行混凝土抗除冰液冻融破坏试验，3 块试件经受 30 次除冰液冻融循环后，平均剥落量宜小于 0.6kg/m²。

（6）混凝土的水灰（胶）比应符合表 5.3-25 的规定。混凝土有抗冻性要求时，应掺加引气剂，混凝土拌合物出机时的含气量宜符合表 5.3-26 的规定。

水泥混凝土最大水灰（胶）比　　　　表 5.3-25

部位	跑道、滑行道、机坪及道肩	防吹坪、路面
无抗冻要求最大水灰（胶）比	0.44	0.46
有抗冻要求最大水灰（胶）比	0.42	0.44

搅拌机出口拌合物含气量及允许偏差　　　　表 5.3-26

名称	基准配合比抗冻等级小于 F300	基准配合比抗冻等级为 F300 或以上	试验方法
含气量（%）	3.0±0.5	3.5±0.5	《公路工程水泥及水泥混凝土试验规程》JTG E30—2005 T0526

（7）混凝土拌合物的稠度试验采用的坍落度应小于 20mm；采用维勃稠度仪控制稠度时应大于 15s。基于民用机场水泥混凝土面层施工普遍采用的机械设备和配合比，对混凝土摊铺时的坍落度和稠度控制指标进行了调整修改。本要求不适用于滑膜摊铺机施工工艺。

（8）混凝土中需要掺加纤维时，其品种、掺量以及纤维混凝土的性能应符合设计要求。纤维混凝土水灰（胶）比可在表 5.3-25 要求的基础上适当调整。

（9）实验室配合比宜按水泥混凝土设计强度的 1.10～1.15 倍进行配置。确定胶凝材料的组成和用量、水灰（胶）比、砂率后，采用绝对体积计算细集料、粗集料用量，经适配，确定混凝土的配合比。

2）水泥混凝土施工配合比确定与调整

（1）实验室配合比应通过拌合站实际搅拌检验，合格后再经过试验段的验证，并应根据料场细集料和粗集料的含水率、拌合物实测密度、含气量、坍落度及其损失，调整拌合用水量、砂率或外加剂掺量。调整时，水灰（胶）比不应增大，单位水泥用量、纤维体积率不应减小。

（2）施工期间可根据气温、风速、运输条件等的变化，微调用水量和外加剂的掺量。现场同条件养护的混凝土性能应不低于设计要求。

4. 施工准备

1）施工组织

（1）开工前，建设单位应组织设计、施工、监理单位进行技术交底。

（2）施工单位应根据设计图纸、合同文件、摊铺方式、机械设备、施工条件等确定水泥混凝土面层施工工艺流程、施工方案，编制详细的施工组织设计。

（3）施工单位应对施工、试验、机械、管理、安全环保等岗位的有关人员进行培训。

（4）施工单位测量、校核并加密平面的高程控制桩。

（5）施工现场应建立具备相应资质的现场实验室，能够对原材料、配合比和施工质量进行检测和控制。现场实验室可由施工单位设置，也可由第三方检测机构设置。

（6）水泥混凝土原材料选择及配合比的试验应先于面层开工完成。

（7）施工前应妥善解决水电供应、交通道路、混凝土拌合站、材料堆放场地、仓库、钢筋加工厂地等。摊铺现场和拌合站之间应建立快速有效的通信联络。

（8）水泥混凝土面层应在对基层（含隔离层）及相关隐蔽工程的质量检查验收合格后施工。

2）拌合站设置

（1）拌合站宜设置在面层施工区附近，应满足施工能力、原材料储运、混凝土运输、供水、供电等要求，并尽量紧凑，减少占地。

（2）拌合站应保障拌合及清洗用水的供应，并保证水质。必要时可在拌合站设置蓄水池。

（3）拌合站应保证充足的电力供应。电力总容量应满足全部施工用电设备、夜间施工照明及生活用电的需要。

（4）不同品种的水泥应分罐存放。矿物掺合料不应与水泥混罐。

（5）施工前，至少应储备正常施工 10～15d 的集料。集料场应建立在排水通畅的位置，其底部应做硬化处理。不同规格的集料之间应有隔离设施，并设标识牌，严禁混杂。宜在集料上部架设顶篷或进行覆盖。

（6）拌合站内运输道路及拌合楼下应采用混凝土进行硬化。

（7）拌合站内应设置防扬尘设施，混凝土原材料不应受到二次污染。拌合站内应设置污水排放管沟、沉淀池。

3）材料及设备检查

（1）开工前工地实验室应对计划使用的原材料进行质量检验和混凝土配合比优选。

（2）原材料供应应满足面层施工进度要求。原材料检验合格后方可进场。原材料进出场应进行称量、登记保管或签发。

（3）原材料的检测项目、频率符合表 5.3-27 的规定。应将相同料源、规格、品种的原材料作为一批，分批次检测和储存。

混凝土原材料检测项目、频率及方法   表 5.3-27

材料	检测项目	检测频率	试验方法
水泥	抗折强度、抗压强度，安定性	1500t 一批	《公路工程水泥及水泥混凝土试验规程》JTG E30—2005 T0502 T0505/T0506 《水泥化学分析方法》GB/T 176—2017
	凝结时间，标准稠度需水量，细度	2000t 一批	
	游离氧化钙、氧化镁、三氧化硫含量，铝酸三钙、铁铝酸四钙含量、干缩率、耐磨性、含碱量、混合材料种类及掺量	同种水泥不少于三次，进场前必测	
	温度	水泥进场时检测	温度计
粉煤灰	烧失量	200t 一批	《水泥化学分析方法》GB/T 176—2017 《用于水泥和混凝土中的粉煤灰》GB/T 1596—2017
	活性指数、细度	1500t 一批	
	需水量比、三氧化硫含量	同种粉煤灰不少于三次，进场前必测	
粗集料	针片状、超径颗粒含量，级配，表观密度，堆积密度，空隙率	2500m³ 一批	《公路工程集料试验规程》JTG E42—2005 T0302 T0312 T0308 T0309
	红白皮含量	每标段不少于 3 次，进场前必测	参照针片状
	含泥量、泥块含量	2000m³ 一批	《公路工程集料试验规程》JTG E42—2005 T0310

续表

材料	检测项目	检测频率	试验方法
粗集料	压碎值、坚固性	每种粗集料每标段不少于 2 次	《公路工程集料试验规程》JTG E42—2005 T0316 T0314
	碱集料反应	集料进场前检测，每种不少于 1 次	《公路工程集料试验规程》JTG E42—2005 T0325
	含水率	降水或湿度变化随时测，且每日不少于 2 次	《公路工程集料试验规程》JTG E42—2005 T0307
细集料	细度模数，表观密度，堆积密度，空隙率，级配	2000m³ 一批	《公路工程集料试验规程》JTG E42—2005 T0327 T0328 T0331
	含泥量，泥块、石粉含量	1000m³ 一批	《公路工程集料试验规程》JTG E42—2005 T0333 T0335
	坚固性	每种、每标段不少于 2 次	《公路工程集料试验规程》JTG E42—2005 T0340
	云母含量，轻物质与有机物含量	目测有云母或杂质时测	《公路工程集料试验规程》JTG E42—2005 T0337
	硫化物及硫酸盐	进场前检测，每种不少于 1 次	《公路工程集料试验规程》JTG E42—2005 T0341
	含水率	降雨或湿度变化随时测，且每日不少于 3 次	《公路工程集料试验规程》JTG E42—2005 T0332
外加剂	减水剂的减水率，液体外加剂含固量和相对密度，粉状外加剂的不溶物含量	25t 一批	《混凝土外加剂》GB 8076—2008
钢筋	拉拔性能、弯曲性能	60t 一批	《金属材料 拉伸试验 第 1 部分：室温试验方法》GB/T 228.1—2021《金属材料 弯曲试验》GB/T 232—2010
纤维	抗拉强度、延伸率、长度、长径比、形状、弹性模量	开工前或有变化时测，且每日不少于 3 次	《公路工程 玄武岩纤维及其制品 第 1 部分：玄武岩短切纤维》JT/T 776.1—2010《水泥混凝土和砂浆用合成纤维》GB/T 21120—2018
	杂质、质量及其偏差	50t 一批	
隔离层材料	见第 3.9 节相关要求	开工前或有变化时，每种材料每标段不少于 3 次	—
水	pH 值、Cl⁻含量、碱含量及杂质含量	开工前及水源有变化时	《混凝土用水标准》JGJ 63—2006

注：1. 开工前或原材料规格、品种、生产厂家、来源变化时，所有原材料项目均应检验。
　　2. 数量不足一批时，按一批检验。

（4）施工前应对机械设备、测量仪器、模板、工具、机具及各种试验仪器等进行全面检查、调试、检定、校准、维修和保养。主要施工机械的易损零部件应有适量储备。

4）基层检查与维修

（1）基层应符合《民用机场飞行区土石方与道面基（垫）层施工技术规范》MH/T 5014—2022 的相关规定。

（2）面层铺筑前，应对基层进行全面的破损检查，对开裂、破损部位应进行修复。基层与面层之间为设置满铺的隔离层时，基层非扩展性温缩、干缩裂缝处以及预埋管切槽处，应铺设复合土工膜、土工布或其他有效的隔离材料，其覆盖宽度不应小于 1000mm；距裂缝最窄处不应小于 300mm。基层局部破损、松散部位，应挖除并修复。

（3）土工织物隔离层应平整、顺直，不应有破裂、起皱。

5. 施工方法

1）施工工艺流程

施工工艺流程见图 5.3-2。

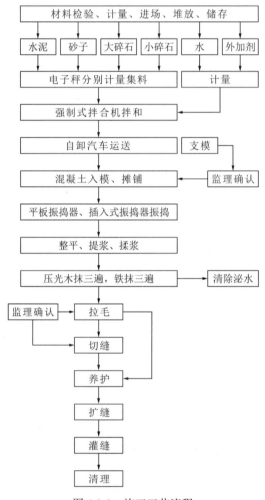

图 5.3-2　施工工艺流程

2）试验段施工

（1）水泥混凝土面层在施工前应铺筑试验段。

（2）试验段宜在次要部位铺筑。试验段铺筑面积大小根据试验目的确定，每个标段不宜超过 5000m²。

（3）通过试验段应确定如下内容：

①混凝土拌合工艺：检验集料、水泥及用水量的计量控制情况，每盘拌合时间，拌合物均匀性等。

②混凝土运输：检验在现有运输条件下，拌合物有无离析，运到铺筑现场所需时间，工作性变化情况等。

③混凝土铺筑：确定预留振实的沉落高差，检验振捣器功率、行走速度及振实所需时间，有效振实范围，检查整平及做面工艺，确定拉毛、养护、拆模及切缝最佳时间等。

④通过试验段测定混凝土强度增长情况，检验强度是否符合设计要求及施工配合比是否合理。

⑤检验施工组织方式、机具和人员配备以及管理体系。

（4）在试验段铺筑过程中，应作好各项记录，检查试验段的施工工艺、技术指标是否达到设计要求，如某项指标未达到设计要求，应分析原因进行必要的调整，直至各项指标均符合设计要求为止。

（5）施工单位应对试验段情况写出总结报告，经批准后方可进行正式施工。

3）施工测量

混凝土施工 3d 前完成对道面下基层的轴线穿线及边线定位工作。定位结果上报监理工程师，经验收合格后方可进行混凝土施工。

模板支立过程中，平面位置及高程必须直接后视测量控制点，不得二次转引。在自检合格后，报请监理检查验收。

每天对前一天的成品道面进行高程、平整度、粗糙度等检测。检测结果及时通知相关人员。日常检测结果应作为对作业队伍进行奖罚的重要依据之一。

在整个混凝土施工过程中进行 3 次控制测量大检查，包括平面控制网、高程控制网、道面已浇筑部分的平面位置和高程等。

4）支模

（1）模板应选用钢材制作。在弯道部位、异形板部位可采用木模。

（2）钢模板应有足够的刚度，不易变形，钢板厚度应不小于 5mm。钢板应做到标准化、系列化，装拆方便，便于运输，其各部分尺寸应符合要求。

（3）木模板宜采用烘干的松木或杉木，厚度应为 20～40mm，不应有扭曲、折裂或其他损伤现象。木模板的内壁、顶面与底面应刨光，拼接牢固，角隅平整无缺。

（4）模板企口应制成阴企口，企口形状、尺寸按设计图纸要求制作。设置拉纤的企口模板，应根据拉杆的设计位置放样钻孔，孔洞宜与钢筋直径匹配。

（5）模板在使用过程中应注意维护，及时检查校正其外形尺寸并保证企口的完整性。安装立模前应对模板进行仔细检查，不应使用弯曲、变形、企口损坏的模板。

（6）每块模板应有高度、厚度、长度和编号的标识。

（7）模板应支立准确、稳固，接头紧密平顺，不应有前后错茬和高低不平等。模板接头、模板与基层接触处，均不应有漏浆现象。模板与混凝土接触面应涂隔离剂。

（8）混凝土铺筑前，应对模板的平面位置、高程等进行复测；检查模板支撑稳固情况、模板企口是否对齐。在混凝土铺筑过程中，应设专人跟班检查，如发现模板变形或有垂直和水平位移等情况应及时纠正。

（9）立模时，企口缝的企口朝向应一致。

（10）在水泥稳定碎石基础上按分块高程图划出纵横方向线，以确保平面位置和高程的精确度。模板固定应在适当的位置用冲击电钻在基层上钻孔，以角钢三角支撑架由螺杆与模板连接，用直径 25mm 钢钎形成固定点。钢模纵向连接时，采用螺栓对接。这样既便于安装与拆除，也可调整温度变化和制作上带来的误差，同时增加模板的整体刚度，利于机械作业。

（11）模板制作质量标准应符合表 5.3-28 的规定。

钢、木模质量指标　　　　　　　　　　　　表 5.3-28

检查项目	钢模	木模
高度偏差（mm）	+0，−5	+0，−5
长度偏差（mm）	±3	±3
企口位置及其各部尺寸偏差（mm）	±2	±2
两垂直边所夹角与直角的偏差（°）	±0.5	—
各种预留孔及其孔径的偏差（mm）	预留孔位置：5；孔径±2	—

（12）立模精度应符合表 5.3-29 的规定。

立模精度指标　　　　　　　　　　　　表 5.3-29

检查项目	精度要求
平面位置偏差（mm）	≤5
高程偏差（mm）	≤2
20mm 拉线检查直线性偏差（mm）	≤5

5）混凝土的拌合

（1）混凝土混合料应采用双卧轴强制式搅拌机进行拌合，容量不宜小于 1.5m³。

（2）拌合站计量设备在标定有效期满或拌合楼（机）搬迁安装后，应由具有相应资质的单位重新计量标定。施工中应每台班检查一次，15d 校验一次拌合楼（机）称量精度。

（3）混凝土拌合时，散装水泥温度应不超过 50℃。

（4）投入搅拌机每盘原材料的数量应按混凝土施工配合比和搅拌机容量计算确定，并应符合下列要求：

①投入搅拌机中的各种材料应准确称量，每台班前检测一次称量的准确度。应采用有计算机控制重量、有独立控制操作室、可逐盘记录的设施。混凝土拌合物应按重量比计算配比，各种材料计量允许误差应符合表 5.3-30 的规定。

搅拌机原材料计量允许误差　　　　　　　　表 5.3-30

材料	允许误差（%）
水泥	±1
粉煤灰	±1
水	±1
集料	±2
纤维	±1
外加剂	±1

②拌合用水量应严格控制。施工单位工地实验室应根据天气变化情况及时测定集料中含水率变化情况，及时调整拌合用水量。

③每台班拌合首盘拌合物时，应增加适量水泥及相应的水与砂，并适当延长搅拌时间。

（5）混凝土拌合，应符合下列规定：

①搅拌机装料顺序宜为细集料、水泥、粗集料。进料后边搅拌边均匀加水，水应在拌合开始后 15s 内全部进入搅拌机鼓筒。

②混凝土应拌合均匀，根据搅拌机的性能和容量通过试拌确定每盘的搅拌时间。拌合时间从除水之外所有材料都已进入鼓筒时起算至拌合物开始卸料为止。双卧轴强制式搅拌机拌合最短时间宜不小于 60s，加纤维时应延长 20～30s，加粉煤灰时应延长 15～25s。

③外加剂溶液应在 1/3 用水量投入后开始投料，并于搅拌结束 30s 之前应全部投入搅拌机。

④引气混凝土的每盘搅拌量应不大于搅拌机额定容量的 90%。

（6）混凝土拌合物质量检测项目及其频率应符合表 5.3-31 中的规定。每座拌合楼试拌时或当原材料、混凝土种类、混凝土强度等有变化时，应检测该表中每种混凝土拌合物的全部项目，合格后方可拌合生产。拌合物出料温度宜控制在 15～30℃之间。

混凝土拌合物质量检测项目及其频率　　　　　　　表 5.3-31

检测项目	检测频率	试验方法
水灰（胶）比	每工班至少测 1 次，有变化随时测	《公路工程水泥及水泥混凝土试验规程》JTG E30—2005 T0529
坍落度及坍落度经时损失	每工班测 3 次，有变化随时测	《公路工程水泥及水泥混凝土试验规程》JTG E30—2005 T0522
纤维体积率	每标段抽测不少于 3 次，有变化随时测	《纤维混凝土试验方法标准》CECS 13—2009
含气量	每工班测 2 次，有抗冻要求不少于 3 次	《公路工程水泥及水泥混凝土试验规程》JTG E30—2005 T0526
泌水率	每工班测 2 次	《公路工程水泥及水泥混凝土试验规程》JTG E30—2005 T0528
表观密度	每工班测 1 次	《公路工程水泥及水泥混凝土试验规程》JTG E30—2005 T0525
温度	每工班至少测 2 次，包括当天气温最高和最低时	《公路工程水泥及水泥混凝土试验规程》JTG E30—2005 T0527
离析	随时观察	《公路工程水泥及水泥混凝土试验规程》JTG E30—2005 T0529

6）混凝土的运输

混凝土运输过程中应采取有效措施以防止混凝土发生离析。

（1）运输工具应清洗干净，不漏浆。运料前应洒水湿润车厢内壁，停运后应将车厢内壁冲洗干净。

（2）卸料应干净，不得在盛器内留有余料。

（3）在搅拌站发现过干过稀的料不得起运，随时注意坍落度的检查。

（4）运输混凝土必须与施工进度相适应，以确保从搅拌到成型的时间不超过混凝土初凝时间。因此，要求混凝土运输时间不宜超过 30min。

（5）炎热、干燥、大风或阴雨天气，运输混凝土的盛器要加以覆盖；存料槽卸料高度不得大于 1.5m。

（6）保持运输道路良好，以免汽车剧烈颠动致使混凝土产生离析现象，并妥善协调道路交通运行状况，防止堵塞。明显离析的混凝土拌合物不应用于面层铺筑。

（7）不应用额外加水或其他方法改变混凝土的工作性。

（8）汽车进入摊铺地段及卸料时，不得碰撞模板。

7）混凝土的铺筑

（1）混合料铺筑前应根据当地气候条件采取防雨、防晒和防风设施。

（2）混凝土拌合料从搅拌机出料后，运至铺筑地点进行摊铺、振捣、抹面允许的最长时间，应由工地实验室根据初凝时间及施工时的现场气温确定，并宜符合表 5.3-32 的规定。

混凝土拌合物从搅拌机出料至抹面的允许最长时间 　　　　表 5.3-32

施工现场气温（℃）	出料至抹面做面允许最长时间（min）
5～10（不含 10）	120
10～20（不含 20）	90
20～30（不含 30）	75

（3）混合料的摊铺，应符合下列规定：

①混凝土摊铺厚度应按所采用的振捣机具的有效影响深度确定。采用平板振捣器时，当混凝土板厚度小于 220mm 时，可一层摊铺；当板厚大于 220mm 时，应上下分层湿接摊铺，在下层混凝土经振实、整平后铺筑上层混凝土。当采用自行排式高频振实机时，可按混凝土板厚一次摊铺。

②混凝土摊铺厚度应预留振实的沉落高差，该值应根据所用振捣机具通过现场试验确定，一般可按混凝土板厚的 10%～15%预留。

③混凝土摊铺应与振捣配合进行。在摊铺过程中，因机械故障、突然断电等原因造成临时停工时，对已铺筑的混凝土应加以覆盖，防止失水；未经振实已经初凝的混凝土应予以清除。

④摊铺时所用机具和操作方法应防止混凝土产生离析。

（4）混凝土的振捣宜采用自行排式高频振捣器，但下列部位可采用平板振捣器或手持振捣器：

①异形板；

②钢筋混凝土板和板的局部加强处。

（5）混凝土采用自行排式高频振捣器时，应符合下列规定：

①自行排式高频振捣器应由机架、行走动力系统、高频振动器及操作平台组成。高频振捣棒应选用直联式高频振捣器，振动频率应不小于 200Hz、单个振捣棒功率应不小于 1.1kW。振捣棒间距应不大于 0.5m。

②当混凝土摊铺整平出 4～5m 的工作面后，便可开动振捣器准备施振。振捣棒端头距基层表面的垂直距离为 60～100mm。

③振捣器起步前，应在混凝土端部先振捣 2～3m，再缓慢起步，开始正常振捣作业。振捣器正常行进速度不宜超过 0.8m/min。

④振捣器作业时应观察振捣效果和气泡溢出情况，并监视各条振捣棒在运行中有无不正常声音或停振、漏振现象，发现异常应立即停机。

⑤振捣过程中，应辅以人工和平板振捣器找平，并应随时检查模板有无下沉、变形、

移位或松动，若有，应及时修正。

⑥边部设有拉杆、传力杆时，应采用手持插入式振捣器对自行排式振捣器无法振捣的部位进行辅助振捣。插入式振捣器功率不应小于 1.1kW，振动频率不应小于 50Hz。

（6）混凝土采用平板式振捣器振捣时，应符合下列规定：

①平板振捣器底盘尺寸应与其功率相匹配。混凝土板的边角、企口接缝部位及埋设有补强钢筋的部位，宜采用插入式振捣器进行辅助振捣。

②平板振捣器的功率应不小于 2.2kW，振动频率应不小于 50Hz；辅助插入式振捣器功率应不小于 1.1kW，振动频率应不小于 50Hz。

③振捣器在每一位置的振捣时间，可根据振捣器的功率、频率及拌合物的工作性确定，以混凝土停止下沉、不再有气泡逸出并表面呈现泛浆为宜，并且不宜过振。

④分层摊铺混凝土时，应分层振捣，其上下两层振捣的间隔时间应越短越好，上层振捣应在下层的混凝土初凝前完成。下层混凝土经振实并基本平整后方能在其上摊铺上层混凝土混合。

⑤平板振捣器的振捣应逐板逐行循序进行，每次移位其纵横向各应重叠 50～100mm；不能拖振、斜振；平板振捣器应距模板 50～100mm。

⑥采用插入式振捣器进行辅助振捣时，振捣棒应快速插入慢慢提起，每棒移动距离应小于其作用半径的 1.5 倍，其与模板距离应小于振捣器作用半径的 0.5 倍，并应避免接触或扰动模板、传力杆、拉杆、补强钢筋等。分两层摊铺的混凝土混合料，当振捣上层混凝土时，振捣棒应插入下层混合料 50mm 左右的深度。

⑦振捣过程中，应辅以人工找平，并随时检查模板有无下沉、变形、移位或松动，若有，应及时纠正。

（7）混凝土填仓浇筑的时间自两侧混凝土面层最晚铺筑的时间算起，应不早于表 5.3-33 规定的时间。铺筑填仓混凝土时，对两侧已浇筑的混凝土面层的边部及表面应采取保护措施，防止边部损坏及粘浆。两侧已浇筑的面层假缝侧面开裂处应全厚度粘贴隔离材，宽度不小于 200mm，可采用两层油毡或其他适宜材料。做面时宜在新老混凝土接合处用抹刀划一整齐的直线，并应将板边的砂浆清除干净。

混凝土填仓浇筑的最早时间　　　　　　　　　　表 5.3-33

现场气温（℃）	混凝土填仓浇筑的最早时间（d）
5～10（不含 10）	6
10～15（不含 15）	5
15～20（不含 20）	4
≥20	3

（8）混合料的整平、做面应符合下列规定：

①整平、揉浆：宜采用三辊轴对进过振捣器振实的混凝土表面进行振平、揉浆；条件不允许也可采用振动夯进行振平，再用特制钢滚筒来回滚动揉浆。提浆厚度宜为 3～5mm，检测方法见《民用机场水泥混凝土面层施工技术规范》MH 5006—2015 附录 A。

②找平：混凝土表面经整平、揉浆后，在混凝土仍处于塑性状态时，应用长度不小于 3m 的直尺检测表面的平整度。表面上多余的水和浮浆应予以清除，表面低洼处应立即用混

凝土填平、振实并重新修整，高出的部位应去掉并重新加以修整，不应深挖。

③做面：混凝土表面抹面的遍数宜不少于四遍，第一、二遍采用塑料抹子或木抹子，第三、四遍采用铁抹子，抹面作用是将表面泌水赶走，将小石、砂压入板面，消除砂眼及板面残留的各种不平整痕迹。做面时，不应在混凝土表面上洒水或洒干水泥。

（9）做面工序完成后，应按照设计对平均纹理深度的要求，适时将混凝土表面拉毛，拉毛纹理应垂直于纵向施工缝，必要时可采用槽毛结合法等以达到要求的平均纹理深度。平均纹理深度用填砂法测定。

（10）混凝土板中设有钢筋网或局部钢筋补强时，其施工应符合下列规定：

①钢筋的规格、间距、加工的形状、尺寸应符合设计要求。

②钢筋绑扎与焊接应符合国家现行标准的有关规定。

③单层钢筋网应在底部混凝土摊铺、振捣、找平后直接安设。钢筋网片就位稳定后，方可在其上铺筑上部混凝土。

④双层钢筋网，对于厚度小于220mm的混凝土板，上下两层钢筋网可事先以架立钢筋扎成骨架后一次安放就位；厚度大于220mm的混凝土板，上下两层钢筋网宜分两次安放，下层钢筋网片可用预制水泥砂浆小块垫起，将钢筋网安放其上并用绑丝将钢筋网与砂浆块固定，上层钢筋网待混凝土摊铺找平振实至钢筋网设计高度后安装，再继续其他工序作业。钢筋网片及边、角钢筋的安装质量应符合表5.3-34的规定。

钢筋网片及边、角钢筋的安装技术指标   表 5.3-34

项目	最大允许偏差（mm）	检查方法	检查数量
网的长度与宽度	±10	用尺量	按加筋板总数 1/5 抽查
网的方格间距	±10	用尺量	
保护层厚度	±5	用尺量	
边缘、角隅钢筋位移	±5	用尺量	

（11）混凝土面层中设有灯坑、排水明沟、雨水口以及各类井体时，其施工应符合下列规定：

灯坑、排水明沟、雨水口以及各类井体的位置应符合设计文件的规定，高程应按道面分块高程图确定或推算。

8）养护

（1）水泥混凝土面层应选择合理养护方式，保证强度增长及其他性能，防止混凝土产生微裂纹与裂缝，可选用养护剂、节水保湿养护膜、复合土工膜、土工布等材料。采用土工布时，应及时洒水保持混凝土表面湿润。

（2）在蒸发量大时，宜采用喷洒养护剂与覆盖保湿的组合养护方式。在干旱缺水地区，宜采用养护剂、节水保湿养护膜或复合土工膜进行养护。在不停航施工时，宜采用养护剂进行养护。

（3）当采用养护剂进行养护时，应在做面拉毛后及时喷洒养护剂。养护剂应喷洒均匀，喷洒后表面不应有颜色差异。养护剂的现场平均喷洒剂量宜在实验室测试剂量的基础上适当增加。

（4）当混凝土表面有一定硬度（用手指轻压表面不显痕迹）时，应及时均匀洒水并覆盖养护材料，保证混凝土表面处于湿润状态。混凝土拆模后，其侧面也应及时覆盖并洒水养护。养护用水和新浇筑的面层混凝土温度差不宜超过15℃。

（5）养护时间应根据混凝土强度增长情况确定，宜不少于水泥混凝土达到90%设计强度的时间，且应不少于14d。养护期满后方可清除覆盖物。

（6）混凝土在养护期间，不应有车辆在其上通行。

9）拆模

（1）拆模时不应损坏混凝土板的边角、企口。拆模后如发现混凝土板侧壁出现蜂窝、麻面、企口榫舌缺损等缺陷，应及时报告监理工程师或建设单位，并研究确定处理措施。最早拆模时间应符合表5.3-35的规定。

混凝土板成型后最早拆模时间　　　　　　　　　　表5.3-35

日平均气温（℃）	混凝土板成型后最早拆模时间（h）
5～10（不含10）	72
10～15（不含15）	54
15～20（不含20）	36
20～25（不含25）	24
≥25	18

（2）设置拉杆的模板，拆模前应先调直拉杆，并将模板孔眼里的水泥灰浆清除干净。

（3）拆模后，侧面应及时均匀涂刷沥青，设计缝槽以下不应露白，并及时覆盖养护。

10）接缝构造施工

（1）企口缝应先铺筑混凝土板凸榫的一边。企口部位的混凝土应振捣密实，不应出现蜂窝、麻面现象。拆模时，应注意保护企口的完整性。

（2）拉杆施工应符合下列规定：

①拉杆应垂直于混凝土板的纵向施工缝、平行于混凝土板表面并位于板厚的中间。

②在立模浇筑混凝土的振捣过程中，将拉杆穿入模板孔眼并放置在设计位置处。在铺筑、振捣混凝土过程中，应随时注意校正拉杆位置。

③拉杆应按设计位置准确安放，拉杆设置精度应满足表5.3-36的规定。

拉杆设置精度　　　　　　　　　　表5.3-36

项目	允许偏差（mm）	检查方法	检测频率
拉杆加工长度	5	量取长度	拉杆总数的20%
拉杆端上下、左右偏斜	10	在拉杆两端测量	
拉杆中间上下、前后、左右偏拉	10	以板面和接缝中线为基准测量	

（3）传力杆缝的施工应符合下列规定：

①传力杆加工宜锯断，断口应垂直、光圆并用砂轮打磨毛刺，加工成2～3mm的圆倒角。涂层材料为沥青时，传力杆一端应按设计要求长度均匀涂刷一层沥青，沥青厚度为1mm，不宜过厚。为防止传力杆沥青间相互粘结，可在沥青表面撒一层滑石粉。不应使用

沥青脱落的传力杆。设计要求采用其他涂层时（如涂漆、喷塑、浸塑、镀锌等），应按设计要求对传力杆进行加工。

②传力杆应按设计位置准确安放，假缝宜采用传力杆支架方法埋设，施工缝传力杆应采用模板加支撑架方式安放。传力杆及其套帽设置精度应满足表 5.3-37 的规定。

传力杆及其套帽设置精度　　　　表 5.3-37

项目	允许偏差（mm）	检查方法	检测频率
传力杆加工长度	5	量取长度	传力杆总数的 20%
传力杆端上下、左右偏斜	10	在传力杆两端测量	
传力杆中间上下、前后、左右偏斜	10	以板面和接缝中线为基准测量	

（4）每天施工结束时，或因机械故障、停电及天气等原因中断混凝土铺筑时，应在设计的接缝位置设置施工缝。相邻板的横向施工缝应错开。施工缝中应按设计要求设置传力杆。

（5）平缝应以不带企口的模板铺筑成型。拆模后缝壁应平直，并在缝壁垂直面上涂刷一层沥青。

（6）当混凝土达到一定强度、产生收缩裂缝前，应按设计要求及时切缝。在切缝条件受到限制的异形板缝或日温差大的地区进行连续铺筑混凝土时，可采用预埋钢板的方法形成假缝。钢板抽出后形成的缝槽中应放入嵌缝条，嵌缝条应在混凝土终凝前抽出。

切缝应符合下列规定：

①切缝的时间应根据施工时的气温和混凝土的强度通过试验确定，切缝时的混凝土抗压强度宜为 6～8MPa。应避免切缝过早导致接缝边缘损伤、石子松动，也应避免切缝过晚导致混凝土板产生不规则的收缩裂缝。

②混凝土的纵、横向缩缝应采用切缝机切割，切缝深度和宽度应符合设计要求。

③切割纵、横缝时，应准确确定缝位。纵向施工缝应按已形成的接缝切割，不应形成双缝；切割横缝时应注意相邻板缝位置的连接，不应错缝。

④设计要求设置接缝倒角时，可采用特制锯片在扩缝时同步形成倒角。

⑤切缝后应立即将板面浆液冲洗干净。

（7）胀缝应按平缝方式施工，缝宽应符合设计要求，道肩处的胀缝可采用切缝机按设计要求的深度和宽度切割形成，但在与道面板相接处宜埋设三角形木板并在切缝后凿除。

（8）接缝板的施工应符合下列规定：

①接缝板的材质和尺寸应符合设计要求。接缝板不宜两块以上板块拼接，个别需要拼接时，可用胶带粘结牢固，搭接处应紧密无空隙。

②胀缝两侧的混凝土非连续浇筑时，接缝板应粘结在预先浇好的板面接缝一侧，粘结应牢固、严密。接缝板的底面应与混凝土板底面齐平，接缝板底面不应脱空。经验收合格后，方能浇筑另一侧水泥混凝土。接缝板在缝中应处于直立、挤压状态。道肩面层采用切缝形成胀缝间隙时，切缝后应将接缝间隙清理干净，并按设计要求在接缝中放置接缝板。

③接缝板施工质量应符合表 5.3-38 中的规定。

接缝板施工技术指标   表 5.3-38

项目	允许偏差（mm）	检查方法	检测频率
厚度（mm）	±5	用钢尺量	
长度（mm）	±5	用钢尺量	
高度（mm）	±2	用钢尺量	
平整度（mm）	≤1	用 1m 直尺量尺底与板面最大空隙	接缝总长的 20%
垂直度（°）	±0.5	用框架水平尺测量	
粘结强度（MPa）	>0.1	接缝板与混凝土剥离强度	
外观	无裂缝、破损、掉边缺角		

11）填缝施工

（1）填缝施工应在切缝完成、混凝土养护期结束后进行。气温低于 5℃时，不宜进行填缝施工。

（2）填缝施工应将缝内的填塞物如砂、泥土、浮浆、养护化合物及其他杂物清理干净。清缝可采用钢丝轮刷、高压水冲洗等方法。清扫完成后应采用压缩空气将缝吹净。填缝施工时，缝槽应处于清洁干燥状态。下雨或缝中有潮气时，不应进行填缝施工。

（3）灌缝施工应符合下列规定：

①灌缝应采用压力设备进行灌注，以保证填缝料灌注饱满、密实并与缝壁粘结牢固。

②灌缝深度应达到设计要求并应一次成型，不应分次填灌。缩缝下部应填入背衬材料。

③采用双组分填缝料时，应将各组分材料严格按规定比例进行配比并搅拌均匀，拌好的料应尽快灌入缝中。

④填缝料不应掺加挥发性溶剂。

⑤施工过程中，应及时清除洒溢在板面上的填缝料。

⑥在填缝料表干前，应封闭交通。

⑦有倒角的接缝及刻槽道面与槽相垂直的接缝，其填缝料表面低于面层表面的下凹值宜为 6～8mm，其余接缝的填缝料表面的下凹值宜为 2～5mm。上述下凹值夏季灌缝时宜取较小值，其余季节宜取较大值。

（4）灌缝施工质量应符合表 5.3-39 中的规定。

灌缝施工技术指标   表 5.3-39

检查项目	技术指标	检查方法
下凹值（mm）	符合灌缝施工规定	每 2000m 抽查不少于一处，每处量一块板的三点，取平均值，尺量
有效深度（mm）	聚氨酯类：12～15	每 5000m 抽查不少于一处，每处取样不小于 100mm，每处量一块板的三点，取平均值，尺量
	改性聚硫类、硅酮类：6～10	
粘结度	与混凝土缝壁粘结良好，不应有脱开、开裂现象	用眼睛观察，用手剥离，尺量
外观	不起泡、不溢油，颜色均匀，填缝料饱满、密实、缝面整齐、手感软硬均匀一致；接缝两侧板面干净，无填缝料沾污	

（5）预塑嵌缝条的施工应符合下列规定：

①预塑嵌缝条应采用专用设备压入缝槽。

②预塑嵌缝条安装时，嵌缝条两侧及缝槽侧面应涂以粘结润滑剂。接缝端头及接缝交叉处，应适当增加粘结润滑剂的用量。粘结润滑剂应采用聚氯丁烯化合物，其固体含量应为22%～28%，在−15～50℃应能保持液态，并应在保质期内使用。

③洒到面层上的粘结润滑剂应立即清除，以避免其在面层上固化。

④安装后的预塑嵌缝条应均匀、平直，不应有扭曲、变形、断裂或超过3%的纵向拉伸或者压缩。安装后，不符合要求的预塑嵌缝条应采用新的预塑嵌缝条重新安装。

⑤设有倒角的接缝及刻槽面层与槽相垂直的接缝，预塑嵌缝条表面宜低于面层表面6～10mm；对于其余接缝，预塑嵌缝条表面宜低于面层表面2～6mm（夏季取较小值，其他季节取较大值）。

12）道面刻槽

（1）水泥混凝土强度达到设计要求后，方可在道面表面上刻槽。槽形应完整，不应出现毛边现象。

（2）跑道刻槽的方向应垂直于跑道中线;快速出口滑行道处刻槽的方向应利于道面排水。

（3）年最低月平均气温不低于0℃的地区，槽的深度、宽度均应为6mm；年最低月平均气温低于0℃的地区，槽的形状应采用上宽6mm、下宽4mm、深6mm的梯形槽。相邻槽中线间距应为32mm。

（4）槽可以连续通过道面的纵缝，距横缝应不小于75mm，不大于120mm。嵌入式灯具附近300mm范围内不应进行刻槽。

（5）刻槽质量应符合表5.3-40的规定。

刻槽技术指标　　　　　　表5.3-40

检查项目	技术指标或最大允许偏差	检查方法
槽深（mm）	−1～+2	用游标卡尺及尺量
槽宽（mm）	−1～+2	
相邻槽的中线间距（mm）	−1～+2	
槽直线性（mm）	≤10	用20m长直线拉直检查

（6）在刻槽过程中应及时将废料冲洗并清理干净，水泥灰浆宜收集处理并且不应将废料直接排入土面区或机场雨水排水系统。

6. 面层保护

1）水泥混凝土面层达到设计强度之前，车辆不应在其上通行。水泥混凝土面层达到设计强度后，需要在其上设置临时通道时，应在该处混凝土面层加覆盖物予以保护。

2）水泥混凝土面层在未验收交工前，施工单位应指定专门的看守人员，设立各种警示标志，保护混凝土道面面层及其附属设施完整性。

3）混凝土面层宜在行业验收后，正式开放使用。在开放交通之前，应将道面清理干净。

7. 水泥混凝土道面加铺层施工

1）加铺前应对旧水泥混凝土道面进行调查和检测。

2）水泥混凝土加铺层材料及各项作业要求,应符合《民用机场水泥混凝土面层施工技术规范》MH 5006—2015中的有关规定。

3）加铺施工前应对旧水泥混凝土道面的表面进行清理,清除表面上的油污、油漆标志、轮迹及板边角剥落碎块。接缝内失效的填缝料及杂物应清除干净后重新灌缝。原混凝土板损坏严重的应将其清除，用新混凝土修补。当发现基础有沉陷、面层有脱空时，应按设计要求处理。必要时应按设计要求对原混凝土表面凿毛、打毛或铣刨。

4）部分结合式加铺层浇筑前，应洒水湿润旧水泥混凝土板，洒水应适量，表面不应有积水。夏天施工应对原道面表面洒水降温后，方可铺筑混凝土。

5）部分结合式混凝土加铺层的所有接缝应与旧水泥混凝土道面接缝对齐、位置一致并施工顺直。胀缝中，应设置贯通且与旧道面等厚度的接缝板。

6）分离式加铺层中的胀缝应与旧道面上下对齐，其他接缝宜对缝。

7）分离式加铺层夹层在旧道面修复后，应先洒粘层油，再铺设沥青混凝土夹层，粘层油及沥青混凝土夹层的施工应符合《民用机场沥青道面施工技术规范》MH/T 5011—2019的有关规定。

8.特殊气候条件施工

1）一般规定

（1）应避免在雨天、风天、高温、低温等条件下进行水泥混凝土面层施工，特殊天气条件下施工应采取必要的质量保证措施，制定专项施工方案，并取得许可。

（2）水泥混凝土面层施工现场如遇下列条件之一应停工：

①降雨或下雪。

②风力达 5 级及以上。

③现场气温高于 35℃。

④摊铺现场连续 5d 平均气温低于 0℃或夜间最低气温低于−3℃。

2）雨天施工

（1）雨季施工应配备足够数量的防雨篷、塑料布等设施，并应根据天气信息安排施工。

（2）运送混凝土的车辆，应有防雨遮盖物。各种电气设备应配有防雨设施。

（3）雨天施工开工前应清除拌合站、集料堆场、摊铺现场、运输便道内的积水及淤泥。铺筑时，应清理基槽中的积水。

（4）雨天施工应增加集料含水率的测定频率，并调整混凝土的拌合用水量。

（5）混凝土面层不应在降雨时施工。施工过程中如遇降雨，铺筑作业应停止。对已铺筑的混凝土，应及时遮盖并防止雨水流入。

（6）雨停后，在混凝土初凝前，对表面被雨水冲走的部分砂浆应及时利用原浆填补，不应另调砂浆或在其上撒干水泥。如冲刷面积较大，应予挖除部分混凝土，用新混凝土重铺。如混凝土已终凝，而振捣、做面作业尚未完成，对已终凝的混凝土应予全部清除，重新铺筑新混凝土。

3）风天施工

（1）宜用风速计在摊铺现场测风速。混凝土面层宜避免在 4 级以上风力时及干热风天中施工。

（2）铺筑混凝土时，在迎风面应采取挡风措施，防止水分过快散失。应尽量缩短各工序作业的时间间隔。

（3）风力为 4 级时，宜采用喷洒养护剂并加盖养护材料的方法养护。

（4）应加强混凝土拌合站集料覆盖及其含水率检测，自卸车上的混凝土拌合物应加覆盖。

4）高温期施工

（1）当摊铺现场连续 4h 平均气温高于 30℃或日最高气温高于 35℃时，应按高温期施工规定进行施工。

（2）高温期施工时，宜安排在早晨、傍晚或夜间施工。

（3）高温期施工时，集料应设遮阳棚。模板、基层表面及补强钢筋在铺筑混凝土前应洒水湿润、降温。

（4）高温期施工时，混凝土入模（仓）温度应不超过 28℃。

（5）高温期施工时，混凝土拌合可微调加水量，运输混凝土的车辆应予以覆盖，做面作业宜在遮阳棚内进行。

（6）高温期施工时，应随时检测气温及水泥、搅拌用水和拌合物温度，监测水泥混凝土面层内部温度。

（7）高温期施工时，应尽量缩短各道工序的间隔时间。作业完毕应及时喷洒养护剂，并覆盖、洒水养护，养护用水与混凝土表面温差不宜超过 15℃。

5）低温期施工

（1）当施工现场连续 5d 日平均气温低于 5℃或最低气温低于 0℃时，应按低温期施工规定进行施工。水泥混凝土面层除少量收尾工程或修补工程等特殊情况外，不应在低温期施工。

（2）低温期施工时，应事先准备足够的防寒材料及用具，混凝土拌合站应搭设暖棚或其他挡风设施，必要时将集料用保暖材料加以覆盖。摊铺地点可搭建围挡，围挡范围内可设无明火的加热设施。

（3）混凝土拌合时间应较常温施工延长 50%。

（4）混凝土出搅拌机的温度不应低于 10℃。

（5）不应在有冻害或有冰雪的基层上铺筑混凝土，也不应将沾冰雪的集料用于混凝土中。

（6）为减少热量损失，混凝土作业的各种工序应紧密衔接，尽量缩短间隔时间。运料过程中，对混凝土予以覆盖保温。

（7）混凝土铺筑后应尽快振实、做面。表面有泌水现象时，应及时清除，完成做面工序时的混凝土内部温度不低于 10℃。

（8）混凝土做面完毕应尽早采用养护材料保温、保湿、覆盖养护。覆盖厚度应根据气温和混凝土温度而定，保证混凝土内部在早期硬化期的温度不低于 10℃。同时应保证混凝土强度未达到设计强度的 50%之前，混凝土面层不受冻害。

（9）混凝土保温养护应不少于 28d。养护期间内，如遇天气骤热降温，应视情况及时增加覆盖层的厚度。

（10）企口缝的拆模时间不早于 96h，平缝的拆模时间应不早于 72h。拆模后，应立即将混凝土侧壁覆盖。

（11）低温施工时，应按下列规定进行测温：

①水和集料投入搅拌机前与拌合物出料时的温度测定，每台班不少于 5 次。

②混凝土板养护过程中，最初 48h 应每隔 6h 测温 1 次，以后每 24h 不少于 2 次。

③面层测温每 5 块板应不少于 1 处，测点交错布置于模板附近和板中部，测点深度应不少于 100mm。

（12）各项测温和保温情况资料、试件代表地段及其强度等均应详细记录。

6）施工质量控制

（1）水泥混凝土面层施工应建立有效的施工质量保证体系，对施工全过程进行全面的质量控制。

（2）应对各施工工序的质量及时进行检测，并根据检测结果对施工质量进行动态控制，确保施工质量的稳定性。

（3）水泥混凝土面层施工过程中出现质量缺陷时，应加大检测频率，查找原因并提出处置对策，必要时应停工整顿。

（4）与施工有关的原始记录、试验检测、计算数据及汇总表格等，应如实记录和保存。施工关键工序宜拍摄照片或录像，作为现场记录保存。

（5）工程结束后，施工单位应按有关规定编制并提交施工总结报告。

（6）跑道、滑行道和机坪水泥混凝土面层施工质量指标、检验频率与检验方法，应符合表 5.3-41 的规定。

道面水泥混凝土面层施工质量控制指标和检验方法　　　　　　表 5.3-41

编号	检测项目	质量指标或允许偏差	检测频率	检验方法
1	弯拉强度	不小于混凝土设计强度	每 500m³ 成型 1 组 28d 试件；每 3000m³ 增做不少于 1 组试件，供竣工验收时进行试验；每 20000m³ 钻芯一处进行劈裂强度试验，每一标段不少于 3 个芯样	现场成型室内标养小梁弯拉强度试验，试验方法：《公路工程水泥及水泥混凝土试验规程》JTG E30—2005 T0551/T0558；钻芯劈裂强度试验方法：《公路工程水泥及水泥混凝土试验规程》JTG E30—2005 T0551/T0561，劈裂强度折算为弯拉强度方法见《民用机场水泥混凝土面层施工技术规范》MH 5006—2015
2	混凝土抗冻等级	有抗冻要求时：≥250	在摊铺现场未振捣前留样制件，每 20000m² 留一组，每标段不少于 3 组	《公路工程水泥及水泥混凝土试验规程》JGT E30—2005 T0565
3	板厚度	与设计厚度偏差不超过：−5mm	抽查分块总数的 10%	拆模后用尺量
			每一个钻芯试件	对钻芯试件用尺量
4	平整度	≤3mm（合格率≥90%）≤5mm（极值）	分块总数的 20%	用 3m 长直尺和塞尺测定，一块板量 3 次，纵、横、斜各测一次，取其中最大值
		跑道|R|≤2.2m/km	跑道主要轮迹带	车载平整度检测仪检测
5	表面平均纹理深度	符合设计要求（合格率≥90%）与设计值偏差不超过：−0.1mm（极值）	用铺砂法、检查分块总数的 10%	每块抽查 3 点，布置在板的任一对角线的两端附近和中间，检测方法：《公路路基路面现场测试规程》JTG E60—2008 T0962
6	跑道摩擦系数	≥0.55	跑道主要轮迹带	摩擦系数测试车检测
7	刻槽质量	符合表 5.3-40 的规定	每 5000m² 抽测一处	用游标卡尺及尺量
8	高程	±5mm（合格率≥85%）±8mm（极值）	不大于 10m 间距测一横断面，相邻测点间距不大于两块板宽	用水准仪测量板角表面高程
9	相邻板高差	≤2mm（合格率≥85%）≤4mm（极值）	分块总数的 20%	纵、横缝，用塞尺量
10	纵、横缝直线性	≤10mm（合格率≥85%）	抽查接缝总长度 10%	用 20m 长直线拉直检查

编号	检测项目	质量指标或允许偏差	检测频率	检验方法
11	长度偏差	跑道、平行滑行道：≤1/7000	验收时沿中线测量全长	按一级导线测量规定精度检查
12	宽度偏差	跑道、滑行道、机坪：≤1/2000	每100m测量一处	用钢尺自中线向两侧测量
13	预埋件预留孔位置中心偏差	≤10mm（合格率≥85%）	抽查总数的20%	纵、横两个方向用钢尺量
14	外观	1. 不应有以下严重缺陷：断板，严重裂缝，错台，边角断裂，大面积不均与沉陷、起皮、剥落、露石等。 2. 不宜有以下一般缺陷：局部较小面积的剥落、起皮、露石、粘浆、印痕、积瘤、发丝裂纹、蜂窝、麻面、灌缝不良等。 3. 面层表面纹理应均匀一致。 4. 填缝料饱满，粘结牢固，无开裂、脱落、气泡，缝源清洁整齐		

（7）道肩、防吹坪、围场路、服务车道水泥混凝土面层施工质量控制指标、检验频率与检验方法，应符合表5.3-42的规定。

道肩、防吹坪、道面水泥混凝土面层施工质量控制指标和检验方法　　表5.3-42

编号	检测项目	质量指标或允许偏差	检测频率	检验方法
1	弯拉强度	不小于混凝土设计强度	每500m³成型1组28d试件；每3000m³增做不少于1组试件，供竣工验收时进行试验；每20000m³钻芯一处进行劈裂强度试验，每标段不少于3个芯样	现场成型室内标养小梁弯拉强度试验，试验方法：《公路工程水泥及水泥混凝土试验规程》JTG E30—2005 T0551/T0558；钻芯劈裂强度试验方法：《公路工程水泥及水泥混凝土试验规程》JTG E30—2005 T0551/T0561，劈裂强度折算为弯拉强度方法见《民用机场水泥混凝土面层施工技术规范》MH 5006—2015
2	混凝土抗冻等级	有抗冻要求时：≥250	在摊铺现场未振捣前留样制件，每20000m²留一组，每标段不少于3组	《公路工程水泥及水泥混凝土试验规程》JTG E30—2005 T0565
3	板厚度	与设计厚度偏差不超过：−5mm	抽查分块总数的10%	拆模后用尺量
			每一个钻芯试件	对钻芯试件用尺量
4	平整度	≤3mm（合格率≥90%）≤5mm（极值）	分块总数的20%	用3m长直尺和塞尺测定，一块板量3次，纵、横、斜各测一次，取其中最大值
		跑道|R|≤2.2m/km	跑道主要轮迹带	车载平整度检测仪检测
5	表面平均纹理深度	符合设计要求（合格率≥90%）与设计值偏差不超过：−0.1mm（极值）	用铺砂法，检查分块总数的10%	每块抽查3点，布置在板的任一对角线的两端附近和中间，检测方法：《公路路基路面现场测试规程》JTG E60—2008 T0962
6	高程	±5mm（合格率≥85%）±8mm（极值）	不大于10m间距测一横断面，相邻测点间距不大于两块板宽	用水准仪测量板角表面高程
7	相邻板高差	≤2mm（合格率≥85%）≤4mm（极值）	分块总数的20%	纵、横缝，用塞尺量
8	纵、横缝直线性	≤10mm（合格率≥85%）	抽查接缝总长度10%	用20m长直线拉直检查
9	宽度偏差	跑道、滑行道、机坪：≤1/2000	每100m测量一处	用钢尺自中线向两侧测量

编号	检测项目	质量指标或允许偏差	检测频率	检验方法
10	预埋件预留孔位置中心偏差	≤10mm（合格率≥85%）	抽查总数的20%	纵、横两个方向用钢尺量
11	外观	1. 不应有以下严重缺陷：断板，严重裂缝，错台，边角断裂，大面积不均与沉陷、起皮、剥落、露石等。 2. 不宜有以下一般缺陷：局部较小面积的剥落、起皮、露石、粘浆、印痕、积瘤、发丝裂纹、蜂窝、麻面、灌缝不良等。 3. 面层表面纹理应均匀一致。 4. 填缝料饱满，粘结牢固，无开裂、脱落、气泡，缝源清洁整齐		

（8）采用小梁标准试件和混凝土板钻芯取样圆柱体劈裂强度折算的弯拉强度，均应小于混凝土设计强度。当局部水泥混凝土面层小梁弯拉强度不足而圆柱体劈裂强度折算的弯拉强度不低于混凝土设计强度时，应增加钻芯取样至每 2000m² 不少于 3 个芯样，实测劈裂强度折算为小梁弯拉强度均不低于混凝土设计强度时，代表区域内混凝土面层弯拉强度判断为合格；芯样弯拉强度低于混凝土设计强度时，则代表区域内混凝土面层弯拉强度判断为不合格。

（9）水泥混凝土板钻芯取样测得的圆柱体劈裂强度与标准小梁弯拉强度折算应符合下列规定：

①跑道、滑行道、机坪道面总面积不小于 50000m² 的工程，建设单位应委托第三方试验单位通过试验得到该工程的统计折算公式。制定上述统计折算公式时，试验组数应不少于 15 组，试验应保持坍落度基本不变，以施工配合比水泥用量为中值，改变水泥用量至一定范围（±50kg/m³），并得出混凝土劈裂强度与标准小梁弯拉强度统计曲线和折算公式。

②道面扩建工程采用的原材料与前期工程基本一致，若前期工程已制定统计折算公式，则可采用前期工程制定的折算公式。

③跑道、滑行道、机坪道面总面积小于 50000m² 的工程，混凝土钻芯圆柱体劈裂强度与标准小梁弯拉强度的折算，可根据粗集料品种按式(5.3-1)～式(5.3-3)计算。

石灰岩、花岗岩碎石混凝土：

$$F_c = 1.868 f_{ap}^{0.871} \tag{5.3-1}$$

式中：F_c——混凝土标准小梁弯拉强度（MPa）；

$\quad f_{ap}$——混凝土直径 150mm 圆柱体的劈裂抗拉强度（MPa）。

玄武岩碎石混凝土：

$$F_c = 3.035 f_{ap}^{0.423} \tag{5.3-2}$$

破碎卵石混凝土：

$$F_c = 1.607 + 1.035 f_{ap} \tag{5.3-3}$$

5.4　机场岩土施工新材料

5.4.1　聚丙烯长丝针刺土工布

聚丙烯长丝针刺土工布是以优质聚丙烯为主要原材料，经纺丝、狭缝牵伸、铺网、喷淋、针刺、拉伸等工艺流程制成土工布。

1. 材料特点

聚丙烯长丝针刺土工布是一种高强度土工合成材料，由长丝土工布与针刺网布复合而成，具有耐酸碱、耐腐蚀、抗老化、耐磨损、抗拉伸等优良特性。

聚丙烯长丝针刺土工布主要优点为：

1）抗拉强度高：聚丙烯长丝针刺土工布具有较高的抗拉强度和弹性模量，可以有效增强土体的稳定性和承载能力。

2）良好的过滤性能：聚丙烯长丝针刺土工布的纤维之间存在一定的间隙，可以过滤掉土体中的颗粒，保持土体的稳定性。

3）良好的抗渗透性能：聚丙烯长丝针刺土工布本身具有一定的抗渗透性能，可以在防止水流和土体的混合中起到良好的隔离作用。

4）良好的防护作用：聚丙烯长丝针刺土工布可以有效防止土体表面受到外部环境的破坏，保护土体的完整性。

5）轻质、柔软：聚丙烯长丝针刺土工布的质量轻、柔软，施工方便，可以有效地减少人力和物力的消耗。

2. 主要用途

聚丙烯长丝针刺土工布具有高密度和优异的抗拉强度、延伸率及抗撕裂性，同时具有良好的耐久性和耐磨性，可用于地基加固、坡面防护及道面提升。

3. 材料要求

聚丙烯长丝针刺土工布用途不同，性能指标要求也不同。具体要求如下：

1）用作高密度聚乙烯土工膜保护层的聚丙烯长丝针刺土工布单位面积质量不应小于 $600g/m^2$。

2）用作盲沟和渗沥液收集导排层反滤的聚丙烯长丝针刺土工布单位面积质量不应小于 $200g/m^2$，拉伸强度应能承受施工应力，其最低强度应符合表 5.4-1 的要求。

用作反滤排水的聚丙烯长丝针刺土工布最低强度要求　　　　　　表 5.4-1

强度	单位	$\varepsilon^+ < 50\%$	$\varepsilon \geqslant 50\%$
握持强度	N	1100	700
接缝强度	N	990	630
撕裂强度	N	400	250
穿刺强度	N	2200	1375

3）应根据工程设计、施工和使用的要求，对聚丙烯长丝针刺土工布的物理性能、力学性能、水力学性能和耐久性等性能指标进行检验，检验方法应符合国家现行有关标准的规定。

（1）物理性能：单位面积质量、等效孔径、厚度等；

（2）力学性能：拉伸强度、拉伸伸长率、握持强度、握持伸长率、撕裂强度、顶破强度、刺破强度等；

（3）水力学性能：垂直渗透系数等；

（4）耐久性能：耐酸碱性能、抗磨损性能、化学稳定性和生物稳定性、蠕变性等。

4）聚丙烯长丝针刺土工布不宜用于长期直接暴露于阳光的环境中，确需长久暴露时，应充分考虑其抗老化性能。

5）聚丙烯长丝针刺土工布的耐久性应与工程设计工作年限相适应。

6）聚丙烯长丝针刺土工布的性能指标应符合表 5.4-2 的规定。

聚丙烯长丝针刺土工布的性能指标 表 5.4-2

序号	项目名称	单位	技术指标				
1	单位面积质量	g/m²	200	300	400	600	800
2	纵横向抗拉强度	kN/m	16	22	28	42	56
3	纵横向最大负荷下伸长率	%	≥60	≥60	≥60	≥60	≥60
4	CBR 顶破强力	kN	2.3	3.3	4.5	6.8	9.0
5	纵横向撕破强力	kN	0.50	0.70	0.85	1.2	1.5
6	等效孔径	mm	0.05-0.2				
7	纵横向握持强度	kN	1.0	1.5	2.0	3.0	4.0
8	垂直渗透系数	cm/s	$(1.0\sim9.9)\times(10^{-1}\sim10^{-3})$				
9	幅宽偏差率	%	±0.5				
10	单位面积质量偏差率	%	−5				
11	厚度偏差率	%	≥−10				
12	厚度变异系数	%	≤10				
13	人工气候老化断裂强度保留率	%	≥80				
14	人工气候老化断裂伸长率保留率	%	≥80				
15	抗酸碱性能（强力保持率）	%	≥90				

5.4.2 硅渗剂

硅渗剂是以硅酸锂为主，复合由多种功能助剂改性而成的水泥基补强材料（图 5.4-1、图 5.4-2）。外观呈无色液体并具有高渗透固化特性，能有效渗透混凝土毛细孔及微裂缝，和混凝土中的钙、镁离子起化学反应，使混凝土表面层增强同时形成耐磨、防尘防水抗冻的密实结构，使道面具有良好的抗渗透性与防腐性等。

图 5.4-1 硅渗剂   图 5.4-2 喷涂硅渗剂

1. 材料特点

硅渗剂使用后可在水泥混凝土表层下形成一定厚度的（约 3cm）耐磨、防尘防水抗冻自密实体。该致密体与水泥混凝土形成整体结构，可与水泥混凝土同寿命，且不受水泥混凝土荷载变化的影响。

硅渗剂的主要特性如下：

1）单组份，可直接喷洒在混凝土表面进行密封补强；

2）高耐磨性，经使用熟化后，硬度提高至 H9 以上；

3）对混凝土面层具有良好的补强效果并提高抗冻性，能承受和混凝土一样的高低温环境；

4）良好的抗渗性，渗入到混凝土表面层内，密实填充混凝土中的孔隙和微裂缝，阻止外界水的渗入，防止混凝土表面风化及冻融引起的麻面；

5）耐溶剂性，在混凝土表层形成一个致密的保护层，阻止外界溶剂的渗透和侵蚀；

6）耐腐蚀性，抵抗不同外部环境中侵蚀性介质对混凝土的腐蚀。

2. 主要用途

硅渗剂主要用于水泥混凝土机场跑道、高速公路、桥梁等表面微裂缝、起砂、露石、麻面等病害的修复。

道面缺陷渗透再生预防性养护能减少水分进入道面结构内部破坏道基，保证道面结构的整体性，减缓道面的破坏速度，纠正道面诸如平整度和非荷载性破坏，从而延长道面的使用寿命，推迟昂贵的大修和重建。应用预防性养护措施可以改善路况，提高运行质量，延长道面寿命，降低全生命周期费用，同时对安全运行也有着重要的作用。

3. 材料要求

硅渗剂主要性能主要指标详见表 5.4-3 及表 5.4-4。

固化剂材料基本指标　　　　　　　　　　　　表 5.4-3

基本性能项目	性能指标
外观	无色或微黄透明液体
密度（g/cm³）	1.05±0.05
黏度（cP，20℃）	≤20
固含量	≥20
贮存环境温度	5℃
固化时间（h）	24
正常贮存环境保存期	36 个月

固化处理后混凝土性能指标　　　　　　　　　表 5.4-4

性能项目	性能指标	方法
渗水深度/mm	<3.0	《普通混凝土长期性能和耐久性能试验方法标准》GB/T 50082—2009
抗渗等级	P12	《普通混凝土长期性能和耐久性能试验方法标准》GB/T 50082—2009
氯离子电通量/C	1000～1500	低渗透性《普通混凝土长期性能和耐久性能试验方法标准》GB/T 50082—2009

性能项目		性能指标	方法
非稳态氯离子迁移系数（×10⁻¹²m²/s）降低率（%）		> 30	《普通混凝土长期性能和耐久性能试验方法标准》GB/T 50082—2009（RCM 法）
抗冻性能	快冻法	> F175	《普通混凝土长期性能和耐久性能试验方法标准》GB/T 50082—2009
	单面冻融法	> 28 次循环	《普通混凝土长期性能和耐久性能试验方法标准》GB/T 50082—2009
90 次硫酸盐干湿循环后混凝土抗压强度耐蚀系数		> 80%	《普通混凝土长期性能和耐久性能试验方法标准》GB/T 50082—2009
表层硬度		≥H8.5	
耐磨性能（kg·m²）		2.5	《公路工程水泥及水泥混凝土试验规程》JTG E30—2005
抗碳化性能（mm）		≤ 4	《普通混凝土长期性能和耐久性能试验方法标准》GB/T 50082—2009
高温耐老化 300℃/200 次循环		无明显变化	电炉模拟
道面抗滑摆值（BPN）施工后无色差，摩擦系数无影响，施工用量 ≤ 1.5kg/m²		≥ 55	T0964—2008

5.5 机场飞行区施工智慧控制管理

"十四五"期间，我国民航业将以四型机场（即平安机场、绿色机场、智慧机场、人文机场）建设推动机场高质量发展，"民用机场飞行区施工及质量安全数字化监控技术"被中国民用航空局列入工程建设与管理类新技术，机场飞行区施工智能控制管理作为新时期民航建设的新技术，能够精准掌控飞行区施工质量，提高飞行区施工效率，近些年国内机构进行了大量研究，并在多个项目中进行了应用。

机场飞行区施工智慧控制管理系统是充分运用电子信息技术、现代测绘技术、网络传输技术、空间信息技术（GIS、RS、GPS）、监测监控技术、工程文档管理技术等将机场各类资源有效整合起来，结合传统施工方法，建设的一套数字化、智能化、可视化和网络化的飞行区施工信息管理系统。机场飞行区施工智慧控制管理系统由机场飞行区施工智能监控系统、管理平台、管理平台用户界面三部分组成。

5.5.1 机场飞行区施工智能监控系统

机场飞行区施工智能监控系统由系统监控平台、前端智能监控设备、后端硬件设备和定位基准站组成。

1. 系统监控平台

1）一般要求

系统监控平台宜基于云架构设计，应具备兼容性，统一数据格式和接口，具备接入各类型智能监控信息和其他相关信息的功能。平台应具备安全性并提供权限管理，接收存储数据介质的容量应满足项目需要，智能监控信息应分类存档。

2）主要功能和性能参数

（1）系统监控平台应具备接收前端数据、存储、统计、分析和展示的功能。

（2）系统监控平台宜具备基于 GIS（地理信息系统）的机场建设电子化地图管理功能。

（3）系统监控平台应具有土石方工程施工监控管理、道面工程施工监控管理和其他监控管理的基本功能。

（4）系统监控平台应具备将采集到的数据进行实时解算、分析、处理、转换成相关施工质量、安全信息，并具备实时可视化显示、查询、分析、统计和预警的功能。

（5）系统监控平台应能够生成监控报告，全面提供监控区域的名称、时间、位置、监控参数等工程信息。

（6）系统监控平台宜具备分析、推理和决策等功能。

（7）系统监控平台应具备相关设备信息、施工过程数据的统一管理功能。

（8）系统监控平台生成的智能监控报告应满足以下要求：

①应以图形和数字方式反映整个区域的施工信息；

②应采用易于读取和存储的数据格式；

③可按照日报、周报、月报、归档报告、总结报告等多种形式自动生成；

④除应进行常规存档外，还应进行电子数据存档。

（9）系统监控平台宜具备回放现场施工过程的功能，视频回放时长不小于 90d，其他数字化资料永久保存。

（10）系统监控平台的性能参数应符合以下要求：

①数据接收频率应不小于 0.5Hz；

②图形显示的刷新时间应不大于 3s。

2. 前端智能监控设备

前端智能监控设备主要由 GNSS（全球导航卫星系统）高精度定位设备、各类型传感器、数据采集与分析处理元件、设备控制软件和显示装置等组成。设备在使用前应标定和校准，不确定度在相关规范的允许范围内。

1）一般要求

施工现场应根据机场建设施工工法要求选用前端智能监控设备，设备应符合国家有关仪器标准，各组成部分应能相互匹配，满足精度的要求。设备应满足通用性、适配性、可靠性和稳定性的要求，并应具有数据实时采集、存储、统计、分析和显示等基本功能，具有数据缓存功能，支持断点续传。

2）技术要求

前端智能监控设备应能满足以下技术要求：

（1）应支持国家 CORS〔利用多基站网络 RTK 技术建立的连续运行（卫星定位服务）参考站〕网络的 NTRIP（通过互联网进行 RTCM 网络传输的协议）加密差分协议；

（2）位置坐标应包含国家 2000 大地坐标和机场所使用独立坐标；

（3）设备控制软件应能将采集到的定位数据、传感器数据等进行实时解算、分析、处理和转换成相应的施工过程信息，并能实现信息反馈；

（4）显示装置应能实时以数字、图形和声光等方式展示施工过程中的相关信息；

（5）采集的涉及施工材料运输、材料用量、施工工艺等现场数据应符合相关施工规范和实际工况要求。

前端智能监控设备的耐久性应符合以下要求：

（1）应具备正常使用条件下两年以上的寿命期；

（2）宜具备组件式安装，实现便捷的零部件替换；

（3）应具备连续工作、不宕机的基本功能；

（4）当发生故障后，应能通过维修排除故障。

前端智能监控设备的工作环境应符合以下要求：

（1）工作温度范围：-40~85℃；

（2）防水防尘等级：IP67；

（3）相对湿度：100%，无冷凝；

（4）抗震：10g，10~400Hz。

同时前端智能监控设备应符合国家相关的防雷技术要求，满足测量精度的要求。

3. 后端硬件设备

后端硬件设备由服务器、磁盘阵列、交换机、显示屏和不间断电源等组成。

1）一般要求

后端硬件设备宜根据建设规模、系统并发用户数和系统运行预期数据量等指标进行选择，并应满足通用性、可扩展性和可维护性要求。

2）技术要求

（1）服务器应满足数据库、定位基准站、系统监控平台等数据的存储、访问和处理要求，并满足一主一备要求。

（2）应配备具有检测、预警、修复和数据备份等功能的视频专用服务器和存储设备，数据存储时间不小于90d并具有可扩展性。

（3）交换机应具备不低于20个千兆以太网端口和不低于4个万兆以太网端口。

（4）服务器和存储设备的不间断工作时长应不小于2h。

（5）后端硬件设备应符合以下要求：

①正常使用条件下，具有5年以上的寿命期；

②宜具备组件式安装，实现便捷的零部件替换；

③应能连续工作、不宕机；

④发生故障后，应能通过维修排除故障。

4. 数据通信与定位基准站

1）数据通信

（1）一般要求

应根据现场实际网络条件，选择采用运营商通信网络、工地无线局域网或数传电台等方式实现数据通信。对于现场运营商通信网络信号无法有效覆盖的区域，应采用具有合法频段的数传电台或工地无线局域网，实现现场数据通信的有效覆盖。数据通信应具有加密功能。

（2）技术要求

运营商通信网络的上行速率宜不小于50Mbps、下行速率宜不小于100Mbps，工地无线局域网的最高速率宜不小于300Mbps，支持WPA2/WPA2-PSK等加密方式。数传电台应为收发一体电台，支持多种通信协议，且满足以下要求：

①工作温度：-40~85℃；

②防水防尘等级：IP67；

③相对湿度：100%，无冷凝；

④抗震性能：10g，10～400Hz。

2）定位基准站

（1）一般要求

定位基准站应采用国际通用且符合国家、行业相关规定的定位技术，满足安全性、通用性和可扩展性的要求，应采用 BDS（中国主导的全球卫星导航系统），并可同时兼容 GPS（美国主导的全球卫星导航系统）、GLONASS（俄罗斯主导的全球卫星导航系统）等。定位基准站应符合国家相关的防雷技术要求。

差分数据的通信方式分为运营商网络发送和电台发送两种，现场应根据实际需求进行类型选择。在条件允许的情况下，应采用运营商网络发送方式。

（2）定位基准站的设置要求

①基准站天线的站址应选择地势较高位置，周围通视无遮挡，高度截止角应不大于15°。

②基准站架设应考虑防水、稳定供电和电磁干扰等条件。

③基准站的卫星接收天线应采用观测墩架设。天线基座应保证稳固，无明显沉降。

④相关排线应充分考虑到现场的实际情况，消除安全隐患。

（3）定位基准站的坐标转换步骤如下：

①采集控制点大地坐标系坐标；

②获取控制点本地独立坐标；

③将相应坐标点的大地坐标和本地独立坐标一一对应进行坐标转换参数的解算；

④获得解算结果。

（4）定位基准站坐标转换要求

①在施工控制区域周边选择均匀分布的控制点应不少于 4 个，并且控制点的平面坐标和高程精度满足现场施工对测量精度的要求；

②坐标转换算法可分为七参数法和四参数法两种。在条件允许的情况下，应采用七参数坐标转换法。

（5）技术要求

①差分数据的定位指标

a. 静态定位：水平 2.5mm + 0.5ppm RMS、垂直 5mm + 0.5ppm RMS；

b. RTK 定位：水平 8mm + 1ppm RMS、垂直 15mm + 1ppm RMS；

c. 码差分 GNSS 定位：水平 0.25m + 1ppm RMS、垂直 0.5m + 1ppm RMS；

d. 初始化时间应小于 10s；

e. 初始化可靠性应大于 99.9%。

②工作环境指标

a. 防水防尘等级：IP68；

b. 相对湿度：100%，无冷凝。

5. 施工智能监控

机场飞行区施工的智能监控包括土石方施工智能监控及道面工程施工智能监控。智能监控采集数据仅做辅助参考，施工质量控制指标仍以现场试验检测数据为准，同时应做好智能监控结果与现场试验检测数据的对比分析工作。

施工智能监控参数和相关指标应根据不同项目、不同工况进行设置，在施工作业时，应具有精确测量、实时传输、本地缓存和断点续传等功能，应能向机械设备操作人员实时反馈信息和引导作业。应具备施工过程连续性、可追溯性和数据完整性等功能。

1）土石方施工智能监控

土石方施工智能监控主要包括地基处理监控和土石方填筑监控两部分。

（1）使用要求

①在使用前应进行检查，符合相关规定方可使用；

②在进行大面积施工作业前，应通过相应的现场试验进行相关设备的调试、校准和标定；

③应在机械作业过程中，根据实时检测的相关信息进行施工质量反馈；

④应能适应机械作业工况和环境条件，且不对施工机械造成安装损伤；

⑤应定期进行全面的检查和校准，技术指标应符合相关标准的要求。

（2）地基处理智能监控

地基处理智能监控的内容见表 5.5-1。

地基处理智能监控内容　　　　　　　　　　　　　　表 5.5-1

地基处理方式	智能监控参数
碎石桩	桩点位置、桩深、反插次数、反插深度
CFG 桩	桩点位置、桩深、垂直度、桩管速度
灰土挤密桩	桩点位置、桩深、垂直度、夯击次数
水泥搅拌桩	桩点位置、桩深、复搅次数、喷浆次数、垂直度、桩管速度
旋挖桩	桩点位置、桩深、垂直度
贯入桩	桩点位置、桩深
DDC 桩	桩点位置、桩深、夯击次数
排水板	桩点位置、桩深、排水板用量

注：1. 智能监控参数包含但不限于表中参数；
　　2. 表中未列地基处理方式的智能监控参数结合工法进行确定。

（3）土石方填筑智能监控

土石方填筑智能监控的内容见表 5.5-2。

土石方填筑智能监控内容　　　　　　　　　　　　　　表 5.5-2

地基处理方式	智能监控参数
振动碾压	运行轨迹、碾压遍数、层厚、高程、碾压速度、碾压振动频率、压实质量
冲击碾压	运行轨迹、碾压遍数、层厚、高程、碾压速度、冲击频率、压实质量
强夯	夯点位置、夯击次数、夯击能、夯沉量

注：1. 智能监控参数包含但不限于表中参数；
　　2. 表中未列工法的智能监控参数结合工法进行确定。

2）道面工程施工智能监控

道面工程施工智能监控主要包括拌合站监控、物料监控和摊铺碾压监控三部分。

（1）拌合站智能监控

拌合站智能监控包括但不限于对沥青混凝土拌合站、水泥混凝土拌合站、基层材料拌合站等进行监控。

拌合站智能监控应具备以下功能：

①应能实时传输数据，实时展示级配、用量等控制指标；

②应具备对集料和拌合周期的实时管控、日报、历史数据查询和分析、汇总分析等功能；

③应能够按设置要求自动发送报警信息，并在线查看具体发生异常的数据。

拌合站智能监控内容详见表5.5-3。

拌合站智能监控内容 表 5.5-3

拌合站内容	智能监控参数
沥青混凝土拌合站	各材料的用量、拌合时间、配比、料仓温度、沥青温度、拌合料出料温度
水泥混凝土拌合站	材料的用量、拌合时间、配比、水胶比
基层材料拌合站	各材料的用量、拌合时间、配比

注：智能监控参数包含但不限于表中参数。

（2）物料智能监控

物料智能监控应能够自动识别、记录拌合站成品料的出场时间和施工现场的卸料时间，应能实现成品料运输车的轨迹监控，应能实现运输过程中沥青和沥青混合料的温度监控。

（3）摊铺碾压智能监控

摊铺碾压智能监控包括但不限于对沥青混合料和基层材料的摊铺碾压进行智能监控。

摊铺碾压智能监控主要监控参数包括运行轨迹、高程、碾压厚度、碾压遍数、碾压速度、碾压温度、环境温度、混凝土温度、摊铺速度、摊铺平整度和碾压振动状态等参数。

摊铺碾压智能监控应能够对施工参数进行实时采集和分析，同时将结果及时反馈至操作手和现场管理人员，应能够实现多机协同联动的功能。

摊铺碾压智能监控应能够进行温度、速度和轨迹等相关参数分析。

6. 其他智能监控

其他智能监控主要包括试验检测智能监控和视频监控。试验检测智能监控内容根据相关规范要求及智能化检测手段确定。

5.5.2 管理平台后台

管理平台后台通过对智能监控系统采集的现场施工、检测信息进行统计、分析，同设计要求进行对比，及时提供施工质量预警和安全隐患报警信息，确保施工质量，及时处置安全隐患。同时管理平台后台也可通过对施工数据的分析、仿真和模拟，与设计模型、进度计划比对，三维立体直观显示施工现场的进度。

5.6 岩土工程监测

5.6.1 技术要求

机场岩土工程监测应包括以下任务：

1）监测施工与使用期间的安全。

2）把握变形规律，预测沉降量，为合理确定道面施工时间提供依据。

3）为信息化施工和优化设计提供依据。

4）为工程建设评价与使用状况评价提供依据。

监测工作应依据如下资料：

1）场道平面图、道面结构类型、土石方计算图与地势设计图；

2）地基处理、土石方工程与边坡工程设计文件；

3）有关岩土工程勘察资料、地形图；

4）总体工程建设安排、工程施工计划；

5）地基处理、土石方填筑施工资料；

6）监测技术要求。

监测工作开展前，应根据工程的具体情况进行监测方案设计。监测方案设计的内容应包括：总体监测方案、监测项目、仪器设备型号与精度、监测系统布置图、监测点设置方法、监测实施细则与监测工作量。工程监测使用的平面坐标系统及水准高程系统应与设计、施工和运行诸阶段的控制网坐标系统相一致。监测基准点应设在稳定区域内，并有可靠的保护装置。基准点埋设可参照相关规范的有关规定执行。传感器件应预先标定，应有足够的精度、稳定性和耐久性。观测仪器使用前，应进行全性能检查和校验。观测仪器的操作和保养应按照使用说明和保养制度进行，易出故障或测读数异常的仪器应及时更换或修理。监测点应根据工程的监测对象、规模、特点和具体情况，按照监测技术要求进行针对性的布设。监测点应设在观测数据容易反馈的部位，地基条件差、地形变化大的部位均应设置观测点，不同项目的监测点宜布置在同一监测横断面上。对有可能在监测中损耗或在施工过程中损坏的监测点，监测点布置时应考虑一定的损耗量和损坏量。监测时间间隔应按下列原则确定，并在工程施工和运行阶段严格按照设计或合同文件要求进行监测。

1）各项目的时间间隔应根据施工进度和建设计划确定。

2）监测时间间隔应保证数据的完整性。

3）时间间隔应先短后长，既要保证监测数据的有效性，也要考虑监测工作的合理性。

每次监测应按照规定格式记录、整理、汇总，对取得的监测数据应及时进行分析，建立完备的信息管理系统，保证监测信息的准确性和及时性，为工程提供信息化施工依据。监测数据显示，地基变形与稳定出现异常情况时，应准确作出判断并及时通报建设单位以便采取应对处理措施。

5.6.2 基坑工程监测

基坑工程监测的对象宜包括：

1）支护结构；

2）基坑及周围岩土体；

3）地下水；

4）周边环境中的被保护对象；

5）其他应监测的对象。

基坑工程监测的项目应与基坑工程设计、施工方案相匹配；应针对监测对象的关键部位进行重点观测；各监测项目的选择应利于形成相互补充、验证的监测体系。基坑工程现场监测应采用仪器监测与现场巡视检查相结合的方法。基坑工程监测的技术要求可参照《建筑基坑工程监测技术标准》GB 50497—2019 的有关规定执行。

5.6.3 软土地基工程监测

机场软土地基工程监测包括道面区软土地基变形、应力监测以及边坡区安全监测。监测项目宜按表 5.6-1 所列内容选择，若工程需要可适当增加其他监测项目。

软土地基工程监测项目 表 5.6-1

监测项目			监测方法	道面区软土地基		软土地基填方边坡	
				$S_1 = 20\sim50cm$	$S_1 > 50cm$	$H' = 2\sim8m$	$H' > 8m$
位移	表面位移	垂直位移	沉降标	△	△	△	△
		水平位移	位移观测标		□	△	△
	内部位移	垂直位移	分层沉降标		□		□
		水平位移	测斜管			□	△
压力（应力）	孔隙水压力		孔隙水压力计	□	△	□	□
	土压力		土压力计		□	□	□
其他	地下水位		水位监测孔	□	□	□	□

注：1. 表中 S_1 为计算的地基总沉降量，H' 为边坡高度。
　　2. △ 为应做项目，□ 为选做项目。
　　3. 需要进行水平位移监测时，位移观测标即为沉降标。

表面位移（沉降）监测点应沿跑道、平行滑行道中心线布置，间距一般为 50～100m，地基均匀性差、总沉降量大时取小值；计算沉降量最大处、地层分布异常处应设监测点，填挖交界处、地面坡度突变地段应酌情增设观测点；垂直跑道方向应在相应的道肩边线位置设置一定数量的监测点。联络道、其他滑行道可参考上述原则布置。机坪区域的监测点可按方格网布置，监测点间距一般为 50～100m。表面位移（沉降）监测点在道面施工完成后，应尽快转移到道面上相应的平面位置继续观测。

内部位移监测点，应根据工程的具体情况选 1～2 个典型断面布置，一般沿跑道中心线布置一个典型断面。每个典型断面宜布置 3～5 个（孔）监测点，测点（孔）应布置在有代表性钻孔附近。每个监测点（孔）的分层沉降标（环）沿垂直方向均匀布置，埋设间距不宜大于 5m，总数不宜少于 4 个，代表性地层和原地基表面应埋设沉降标（环）。

孔隙水压力和土压力监测点应根据工程需要和具体情况布置，在平面上应埋设在内部位移监测点附近。孔隙水压力测点沿深度布设应根据需要确定，一般每种土层均应有测点，土层较厚时一般每隔 3～5m 设一个测点，埋置深度宜至压缩层底。

应根据工程需要，设置水位监测孔进行地下水位监测。

边坡监测点布置应符合下列要求：

表面位移监测点，应沿边坡的典型位置布置监测断面。每个监测断面应分别在坡顶、坡脚、坡面上、坡顶内侧及坡脚外侧布置监测点。坡脚外侧监测点（边桩）应结合稳定分析在潜在滑裂面与地面的切面位置布设。

内部位移监测点（测斜管），应根据工程需要在表面位移监测断面上布置，埋设于地基土体水平位移最大的平面位置。每个监测断面宜分别在坡顶、坡面上和坡脚外侧布置监测点。

孔隙水压力和土压力监测点应根据工程需要和具体情况布置，在平面上应埋设在内部位移监测点附近。孔隙水压力监测点宜设置在潜在滑裂面附近。

地下水位监测点宜在坡顶和坡脚位置设置。

监测时间与监测周期应符合下列要求：

土石方施工期间，监测频次要求每填筑一层宜观测一次；如果两次填筑间隔时间较长时，每周至少观测一次。如遇降雨、变形异常等情况，应增加监测频次。

土石方施工完工至道面施工前，监测频次要求每周至少一次。

道面施工期间至竣工，监测频次要求每半月至少一次。

机场运行期间，监测频次要求运行初期半年内每月一次，以后每三个月一次。如变形趋于稳定则适当放宽，否则应适当加密观测频次。运行期的监测时间应视变形稳定情况而定。

监测基准点应定期复测。

监测点埋设应符合以下要求：

观测点应在软土地基处理之后埋设，并在土石方填筑前观测到稳定的初始值。

测点标杆安装时应严格按规定进行，安装稳固，对露出地面的部分应设置保护装置。在观测期，应采取有效措施加以保护或专人看管，还应在标杆上竖有醒目的警示标志。测量标志一旦遭受碰损，应立即复位并复测，以保证观测数据的连续性。

边桩一般采用钢筋混凝土预制，并在桩顶预埋不易磨损的测头。边桩应埋设稳固，埋置深度以地表下不小于 1.0m 为宜。

测斜管内纵向的十字导槽应润滑顺直，管端接口密合。测斜管埋设时应采用钻机导孔，导孔要求垂直，偏差率不大于 1.5%。测斜管埋设时，管内的十字导槽应对准主要监测方向。

孔隙水压力传感器和土压力计选型应与被测土体应力状况相适应。

5.6.4　高填方工程监测

高填方工程监测包括道面区高填方地基变形监测和高填方边坡监测。当道面区填方高度大于 10m 或计算的地基总沉降量大于 0.2m 时，应对高填方地基进行变形监测；当填方边坡高度大于 20m 或填方边坡下地基存在软弱土层时，应对高填方边坡工程进行变形监测。监测项目宜按表 5.6-2 所列内容选择，若工程需要可适当增加其他监测项目。

高填方工程监测项目　　　　　　　　　　　　　　　表 5.6-2

监测项目		监测方法	道面区高填方地基		高填方边坡	
			$H = 10\sim30\text{m}$ $S_1 = 20\sim50\text{cm}$	$H > 30\text{m}$ $S_1 > 50\text{cm}$	$H' = 20\sim40\text{m}$	$H' > 40\text{m}$
位移	表面位移	垂直位移　沉降标	△	△	△	△
		水平位移　位移观测标		□	△	△
	内部位移	垂直位移　分层沉降标	□	△	□	△
		水平位移　测斜管		□	□	△

续表

监测项目		监测方法	道面区高填方地基		高填方边坡	
			$H = 10\sim30m$ $S_1 = 20\sim50cm$	$H > 30m$ $S_1 > 50cm$	$H' = 20\sim40m$	$H' > 40m$
压力（应力）	孔隙水压力	孔隙水压力计	□	□	□	□
	土压力	土压力计		□	□	□
其他	地下水位	测斜管	□	□	□	□
	坡脚盲沟出水量	量水池			□	□

注：1. S_1 为计算的地基总沉降量，H 为填方高度，H' 为边坡高度（坡顶、坡脚高差）。
　　2. △ 为应做项目，□ 为选做项目。
　　3. 需要水平位移监测时，位移观测标即为沉降标。

道面区高填方地基监测点布置应符合下列要求：

表面位移（沉降）监测点应沿跑道、平行滑行道中心线布置，间距一般为 50～100m，填方高度大、地面坡度大时取小值；填方高度最大处或计算沉降量最大处应设监测点，填挖交界处、地面坡度突变地段应酌情增设观测点；当垂直跑道方向地面坡度较大时，应在相应的道肩边线位置增设监测点。联络道、其他滑行道可参考上述原则布置。机坪区域的测点按方格网布置，测点间距一般为 50～100m。表面位移（沉降）监测点在道面施工完成后，应尽快转移到道面上相应的平面位置继续观测。

内部位移监测点应根据工程的具体情况选 1～2 个典型填方段布置。每个典型填方段，宜沿跑道道肩边线填方高的一侧布置 2～3 个监测点（孔）。每个监测点（孔）的分层沉降标（环）沿垂直方向均匀布置，埋设间距不宜大于 10m，总数不宜少于 4 个，原地基表面应埋设沉降标（环）。地面坡度大或原地基条件复杂时，在跑道道肩边线的另一侧相对位置应增设一个测点（孔）。

孔隙水压力和土压力监测点应根据工程需要和具体情况选 1～2 个典型填方段布置，在平面上应埋设在内部位移监测点附近。孔隙水压力监测点设置在地基土中，可在地基土比较软弱、地下水条件复杂时设置；土压力监测点设置在填筑体中，可在地形条件复杂时设置。地下水位宜利用内部位移监测点（测斜管）进行监测。

高填方边坡监测点布置应符合下列要求：

表面位移监测点应沿垂直坡顶线方向布置监测断面，通过坡脚线最低处断面为主要监测断面。每个监测断面应分别在坡顶、坡脚、坡面上和坡顶内侧布置监测点，坡面上测点一般设置在马道上，竖向间距可为 15～30m。

内部位移监测点应根据工程的具体情况选 1～2 个典型填方边坡布置。每个典型填方段，宜沿表面位移监测断面布置 1～2 个内部位移监测断面。每个监测断面应分别在坡顶、坡面上和坡顶内侧布置监测点，坡面上测点一般设置在马道上，竖向间距可为 25～40m。内部位移监测点附近应有表面位移监测点。

孔隙水压力和土压力监测点应根据工程需要和具体情况选 1～2 个典型填方段布置，在平面上应埋设在内部位移监测点附近。孔隙水压力监测点设置在原地基中，一般在原地基土比较软弱、地下水条件复杂时设置；土压力监测点设置在填筑体中，一般在地形条件复杂时设置。

地下水位监测点，当工程需要时，利用内部位移监测点（测斜管）进行监测。盲沟出水量监测点，地下水条件复杂、泉眼较多时，在坡脚处设置。

监测时间与监测周期应符合以下要求：

道面区高填方地基表面沉降监测，开始监测的前三天，宜每天监测一次；半个月内，宜每三天监测一次；一个半月内，宜每周监测一次；一个半月后，可每半个月监测一次。

除道面区地基表面沉降监测外的其他应力监测项目，土石方施工期间，每填筑 2～5m 宜观测一次，且间隔时间不宜超过一周；土石方施工完工后，一个月内宜每周观测一次，一个月后宜每半个月观测一次。

道面施工后的变形监测时间，半个月内，宜每三天观测一次；一个半月内，宜每十天观测一次；一个半月后，宜每月观测一次。

以上所有监测项目，当监测的数据变化较大时，应缩短观测时间间隔；反之，可适当延长监测时间间隔；降雨后应尽快进行监测，并适当增加监测频次。

第6章

机场土基试验检测

机场场道土基试验检测是机场工程建设质量控制的重要手段，通过准确、客观的试验检测数据提供项目设计、施工和验收的依据。

6.1 基本要求

场道土基试验检测一般分为试验阶段、施工阶段和验收阶段的试验检测。

1）由于各个机场所处的地域性、岩土的特殊性，机场项目正式实施前一般都需要开展土基的试验段相关研究（特别是高填方机场），试验区的土基试验检测结果为项目整体设计方案的验证和完善提供技术参数和实施依据。

2）确保机场施工过程中每个部位、每道工序满足相关标准和设计文件要求进行的试验检测是施工过程质量控制检查和质量保证的重要环节。

3）验收阶段的试验检测是对施工质量的竣工验收评定，为竣工验收提供完整的试验检测证据，确保交付的工程是合格工程。

机场土基不同施工阶段的检测项目见表 6.1-1。

机场土基试验检测项目   表 6.1-1

试验检测对象	施工阶段		试验检测项目	
			必做项	选做项
原地基	试验段	施工处理前	重型击实试验、室内土工试验、标准贯入试验、动力触探、面波测试	
		施工处理后	室内土工试验、压实度、固体体积率、标准贯入试验、动力触探、载荷试验、面波测试	
	正式施工	施工前	地基土体含水率、地基土体颗粒分析、重型击实试验	标准贯入试验、面波测试
		施工后	土体含水率、压实度、固体体积率	标准贯入试验、动力触探、载荷试验、面波测试
填筑体	试验段	施工前	填料含水率、取土区天然密度、填料重型击实试验、填料颗粒分析、填料 CBR、面波测试	
		施工中及施工后	压实度、固体体积率、载荷试验、回弹模量、反应模量、现场 CBR、面波测试	
	正式施工	施工前	填料含水率、填料重型击实试验、填料颗粒分析、填料 CBR	
		施工中	压实度、地表沉降	载荷试验
		施工后	压实度、固体体积率、平整度	载荷试验、回弹模量、反应模量、现场 CBR、面波测试

续表

试验检测对象	施工阶段		试验检测项目	
			必做项	选做项
挖方区	试验段	施工前	重型击实试验、室内土工试验、面波测试	
		施工后	室内土工试验、压实度、固体体积率、回弹模量、反应模量、现场 CBR、面波测试	
	正式施工	施工后	压实度、固体体积率、面波测试	回弹模量、反应模量、现场 CBR

注：室内土工试验一般评价指标包括：含水率、液塑限、干密度、孔隙比、压缩模量；涉及边坡稳定处理的宜提供抗剪强度；涉及工后沉降计算的应包括渗透性指标、固结参数等；其他特殊性指标根据处理目的确定。

6.2　土工试验

含水率试验采用烘干法；土粒相对密度试验主要有比重瓶法、浮称法和虹吸筒法，其中浮称法、虹吸筒法适用于粒径大于等于 5mm 的土，比重瓶法适用于粒径小于 5mm 的土；颗粒分析试验有筛析法和移液管法，筛析法适用于粒径大于 0.075mm 的土，移液管法适用于粒径小于 0.075mm 的土；液限试验采用液塑限联合测定法，塑限试验采用液塑限联合测定法或搓条法；抗剪强度试验包含直剪试验和三轴压缩试验，其中直剪试验分为快剪试验、固结快剪试验、慢剪试验，三轴压缩试验分为不固结不排水试验、固结不排水试验和固结排水试验，工程中根据不同工况选择相应的试验方法；粗粒土渗透系数试验采用常水头渗透试验，细粒土渗透系数试验采用变水头渗透试验。

上述所列试验为工程中常用试验，具体试验步骤应符合《土工试验方法标准》GB/T 50123—2019 的规定。

6.2.1　压实度检测

道基的压实度是指压实层材料压实后的干密度与该材料的标准最大干密度之比，用百分数表示。根据材料的不同有环刀法、灌水法和灌砂法，其中环刀法适用于细粒土，灌水法和灌砂法适用于粗粒土。

1. 环刀法密度试验

1）适用范围

本试验方法适用于细粒土。

2）仪器设备

本试验所用的主要仪器设备，应符合下列规定：

（1）环刀：内径 61.8mm 和 79.8mm，高度 20mm。

（2）天平：称量 500g，最小分度值 0.1g；称量 200g，最小分度值 0.01g。

环刀法测定密度，应按以下步骤进行：根据试验要求用环刀切取试样时，应在环刀内壁涂一薄层凡士林，刃口向下放在土样上，将环刀垂直下压，并用切主刀沿环刀外侧切削土样，边压边削至土样高出环刀，根

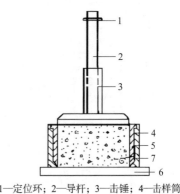

1—定位环；2—导杆；3—击锤；4—击样筒；
5—环刀；6—底座；7—试样

图 6.2-1　击样器

据试样的软硬采用钢丝据或切土刀整平环刀两端土样，擦净环刀外壁，称环刀和土的总质量。

击样器、压样器见图 6.2-1、图 6.2-2。

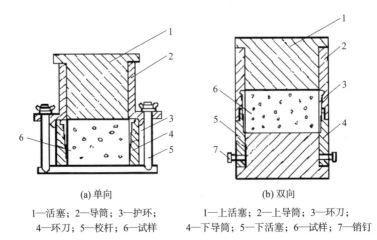

(a) 单向　　　　　　　　(b) 双向

1—活塞；2—导筒；3—护环；　　1—上活塞；2—上导筒；3—环刀；
4—环刀；5—校杆；6—试样　　　4—下导筒；5—下活塞；6—试样；7—销钉

图 6.2-2　压样器

3）结果计算

试样的湿密度，应按下式计算：

$$\rho_0 = \frac{m_0}{V} \tag{6.2-1}$$

式中：ρ_0——试样的湿密度（g/cm³），准确到 0.01g/cm³。

试样的干密度，应按下式计算：

$$\rho_d = \frac{\rho_0}{1 + 0.01\omega_0} \tag{6.2-2}$$

式中：ω_0——试样的天然含水率（%）。

本试验应进行两次平行测定，两次测定的差值不得大于 0.03g/cm³，取两次测值的平均值。

4）成果记录

环刀法试验的记录格式见表 6.2-1。

密度试验记录（环刀法）　　　　　　表 6.2-1

工程名称					试验者		
工程编号					计算者		
试验日期					校核者		
试样编号	环刀号	湿土质量（g）	试样体积（cm³）	湿密度（g/cm³）	试样含水率（%）	干密度（g/cm³）	平均干密度（g/cm³）

2. 灌水法密度试验

1）适用范围

本试验方法适用于现场测定粗粒土的密度。

2）仪器设备

本试验所用的主要仪器设备，应符合下列规定：

（1）储水筒：直径应均匀，并附有刻度及出水管。

（2）台秤：称量 50kg，最小分度值 10g。

3）试验步骤

灌水法试验，应按下列步骤进行：

（1）在试验地点，将面积约 40cm×40cm 的一块地面铲平。检查填土压实密度时，应将表面未压实土层除掉，并将压实土层铲去一部分（其深度视需要而定），使试坑底能达到规定的深度。

（2）根据试样最大粒径，确定试坑尺寸见表 6.2-2。

试坑尺寸　　　　　　　　　　表 6.2-2

试样最大粒径（mm）	试坑尺寸（mm）	
	直径	深度
5（20）	150	200
40	200	250
60	250	300

（3）将选定试验处的试坑地面整平，除去表面松散的土层。

（4）按确定的试坑直径划出坑口轮廓线，在轮廓线内下挖至要求深度，边挖边将坑内的试样装入盛土容器内，称试样质量，准确到 10g，并应测定试样的含水率。

（5）试坑挖好后，放上相应尺寸的套环，用水准尺找平，将大于试坑容积的塑料薄膜袋平铺于坑内，翻过套环压住薄膜四周。

（6）记录储水筒内初始水位高度，拧开储水筒出水管开关，将水缓慢注入塑料薄膜袋中。当袋内水面接近套环边缘时，将水流调小，直至袋内水面与套环边缘齐平时关闭出水管，持续 3～5min，记录储水筒内水位高度。当袋内出现水面下降时，应另取塑料薄膜袋重做试验。

4）结果计算

试坑的体积，应按下式计算：

$$V_P = (H_1 - H_2) \times A_W - V_0 \tag{6.2-3}$$

式中：V_P——试坑体积（cm³）；

　　　H_1——储水筒内初始水位高度（cm）；

　　　H_2——储水筒内注水终了时水位高度（cm）；

　　　A_W——储水筒断面积（cm²）；

　　　V_0——套环体积（cm³）。

试样的密度，应按下式计算：

$$\rho_0 = \frac{m_P}{V_P} \tag{6.2-4}$$

式中：ρ_0——试样密度（g/cm³），计算至 0.01g/cm³；

　　　m_P——取自试坑内的试样质量（g）。

5）记录表格

灌水法试验的记录格式见表 6.2-3。

密度试验记录（灌水法）　　　　　　　　表 6.2-3

工程名称						试验者			
工程编号						计算者			
试验日期						校核者			
试坑编号	储水桶水位（cm）		储水桶断面积	试坑体积	试样质量	湿密度	含水率	干密度	试样重度
	初始	终止	cm²	cm³	g	g/cm³	%	g/cm³	kN/cm³
	(1)	(2)	(3)	$(4) = [(2) - (1)] \times (3) - V_0$ V_0—套环体积（cm³）	(5)	$(6) = (5)/(3)$	(7)	$(8) = (6)/[1 + 0.01(7)]$	$(9) = 9.81 \times (8)$

3. 灌砂法密度试验

1）适用范围

本试验方法适用于现场测定粗粒土的密度。

2）仪器设备

本试验所用的主要仪器设备，应符合下列规定：

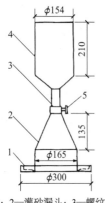

1—底盘；2—灌砂漏斗；3—螺纹漏斗；
4—容砂瓶；5—阀门

图 6.2-3　密度测定器

（1）密度测定器由容砂瓶、灌砂漏斗和底盘组成，见图 6.2-3。

灌砂漏斗高 135mm、直径 165mm，尾部有孔径为 13mm 的圆柱形阀门；容砂瓶容积为 4L，容砂瓶和灌砂漏斗之间用螺纹接头连接。

底盘承托灌砂漏斗和容砂瓶。

（2）天平：称量 10kg，最小分度值 5g；称量 500g，最小分度值 0.1g。

3）标准砂密度测定试验步骤

（1）标准砂应清洗洁净，粒径宜选用 0.25～0.50mm，密度宜选用 1.47～1.61g/cm³。

（2）组装容砂瓶与灌砂漏斗，螺纹连接处旋紧，称其质量。

（3）将密度测定器竖立，灌砂漏斗口向上，关阀门，向灌砂漏斗中注满标准砂，打开阀门使灌砂漏斗内的标准砂漏入容砂瓶内，继续向漏斗内注砂漏入瓶内，当砂停止流动时迅速关闭阀门，倒掉漏斗内多余的砂，称容砂瓶、灌砂漏斗和标准砂的总质量，准确至 5g。试验中应避免振动。

（4）倒出容砂瓶内的标准砂，通过漏斗向容砂瓶内注水至水面高出阀门，关阀门，倒掉漏斗中多余的水，称容砂瓶、漏斗和水的总质量，准确到 5g，并测定水温，准确到 0.5℃。重复测定 3 次，3 次测值之间的差值不得大于 3mL，取 3 次测值的平均值。

4）结果计算

容砂瓶的容积，应按下式计算。

$$V_r = \frac{m_{r2} - m_{r1}}{\rho_{\omega c}} \tag{6.2-5}$$

式中：V_r——容砂瓶容积（mL）；

$\quad m_{r2}$——容砂瓶、漏斗和水的总质量（g）；

$\quad m_{r1}$——容砂瓶和漏斗的质量（g）；

$\quad \rho_{\omega c}$——不同水温时水的密度（g/cm³）见表 6.2-4。

标准砂的密度，应按下式计算：

$$\rho_n = (m_{rn} - m_{r1})/V_r \tag{6.2-6}$$

式中：ρ_n——标准砂的密度（g/cm³）；

$\quad m_{rn}$——容砂瓶、漏斗和标准砂的总质量（g）。

不同水温时水的密度 表 6.2-4

温度（℃）	水的温度（g/cm³）	温度（℃）	水的温度（g/cm³）	温度（℃）	水的温度（g/cm³）
4.0	1.0000	15.0	0.9991	26.0	0.9968
5.0	1.0000	16.0	0.9989	27.0	0.9965
6.0	0.9999	17.0	0.9988	28.0	0.9962
7.0	0.9999	18.0	0.9988	29.0	0.9959
8.0	0.9999	19.0	0.9984	30.0	0.9957
9.0	0.9998	20.0	0.9982	31.0	0.9953
10.0	0.9997	21.0	0.9980	32.0	0.9950
11.0	0.9996	22.0	0.9978	33.0	0.9947
12.0	0.9995	23.0	0.9975	34.0	0.9944
13.0	0.9994	24.0	0.9973	35.0	0.9940
14.0	0.9992	25.0	0.9970	36.0	0.9937

5）灌砂法试验步骤

按灌水法的相关步骤挖好规定的试坑尺寸，并称试样质量。

向容砂瓶内注满砂，关阀门，称容砂瓶、漏斗和砂的总质量，准确至 10g。

将密度测定器倒置（容砂瓶向上）于挖好的坑口上，打开阀门，使砂注入试坑。在注砂过程中不应振动。当砂注满试坑时关闭阀门，称容砂瓶、漏斗和余砂的总质量，准确至 10g，并计算注满试坑所用的标准砂质量。

6）灌砂法试验结果计算

试样的密度，应按下式计算：

$$\rho_0 = \frac{m_p}{\dfrac{m_n}{\rho_n}} \tag{6.2-7}$$

式中：m_p——注满试坑所用标准砂的质量（g）。

试样的干密度，应按下式计算，准确至 0.01g/cm³。

$$\rho_d = \frac{\dfrac{m_p}{1 + 0.01\omega_1}}{\dfrac{m_n}{\rho_n}} \qquad (6.2\text{-}8)$$

7）灌砂法试验记录表格

密度试验记录（灌砂法）见表 6.2-5

密度试验记录（灌砂法）　　　　　　　　　　表 6.2-5

工程名称							试验者				
工程编号							计算者				
试验日期							校核者				
试坑编号	量砂容器质量加原有量砂质量（g）	量砂容器质量加剩余量砂质量（g）	试坑用砂质量（g）	量砂密度（g/cm³）	试坑体积（cm³）	试样加容器质量（g）	容器质量（g）	试样质量（g）	试样密度（g/cm³）	试样含水率（%）	试样干密度（g/cm³）	试样重度（kN/cm³）
	(1)	(2)	(3) = (1) − (2)	(4)	(5) = (3)/(4)	(6)	(7)	(8) = (6) − (7)	(9) = (8)/(5)	(10)	(11) = (9)/[1 + 0.01(10)]	(12) = 9.81 × (9)

6.2.2　重型击实试验

击实试验分为轻型击实试验和重型击实试验，机场工程中常采用重型击实试验，主要原因为轻型击实试验确定道基标准密实度时，道基压实度不足，在飞机荷载作用下，将继续压实，导致道面变形过大，产生破坏。

1. 适用范围

本试验用以测定土达到最大干密度时所需要的含水率（即最优含水率）。

重型击实试验的单位体积击实功应为 2682.7kJ/m³。

2. 主要仪器设备

击实筒：金属制成的圆柱形筒，重型击实筒内径 152mm，筒高 116mm。

击锤：锤底直径为 51mm，重型击实锤质量为 4.5kg，落距为 457mm，击锤应配导筒，锤与导筒之间应有足够的间隙，使锤能自由下落。

推土器：螺旋式的千斤顶。

天平：称量 200g，感量 0.01g。

台称：称量 5kg，感量 5g。

3. 试样制备

击实试验的试样制备分为干法和湿法，并应符合下列规定：

1）干法制样应按下列步骤进行：取代表性土样 50kg，风干碾碎过 20mm 的筛，将筛下土样拌匀，并测定土样的风干含水率。根据土的塑限预估最优含水率，并按国标《土工试验方法标准》GB/T 50123—2019 中扰动土试样的制备程序制备不少于 5 个不同含水率的一组试样，相邻 2 个含水率的差值宜为 2%。

注：5 个含水率中 2 个大于塑限含水率，2 个小于塑限含水率，1 个接近塑限含水率。该方法尤其适用于道路及地基的（3：7 及 2：8 灰土，人工填土等）击实试验。

2）湿法制样应按下列步骤进行：将天然含水率的土样碾碎，过 20mm 的筛，将筛下土样拌匀，并测定土样的天然含水率。根据土的塑限预估最优含水率，选择 5 个含水率，视其大于或小于天然含水率，分别将土样风干或加水制备一组试样，制备的试样水分应均匀分布。

注：该方法适用于水利方面。

4. 试验步骤

1）将击实筒固定在刚性底板上，装好护筒，在击实筒内壁涂一薄层润滑油，称试样 2～5kg，倒入击实筒内。重型击实分 5 层击实，每层 56 击。每层试样高度宜相等，两层交界处的土面应刨毛，击实后，超出击实筒顶的试样高度应小于 6mm。

2）拆去护筒，用刀修平击实筒顶部的试样，拆除底板，试样底部若超出筒外，也应修平，擦净筒外壁，称筒和试样的总质量，精确至 1g，并计算试样的湿密度。

3）用推土器将试样从筒中推出，取两块代表性试样测定含水率，两个含水率的差值不大于 1%。

4）对不同含水率的试样依次进行击实试验。

5. 结果计算、制图及校正

1）试样的干密度应按下式计算：

$$\rho_d = \frac{\rho_0}{1 + \omega_1} \tag{6.2-9}$$

式中：ω_1——击实后试样含水率。

2）干密度和含水率的关系曲线应在直角坐标纸上绘制，并应取曲线峰值点相应的纵坐标为击实试样的干密度，相应的横坐标为击实试样的最优含水率。当关系曲线不能给出峰值点时，应进行补点，土样不宜重复使用。

3）当试样中粒径大于 5mm 的土质量小于或等于试样总质量的 30% 时，应对最优含水率和最大干密度进行校正。

4）最大干密度，应按下式进行校正：

$$\rho'_{d\,max} = \frac{1}{\dfrac{1 - P_5}{\rho_{d\,max}} + \dfrac{P_5}{\rho_\omega G_{S2}}} \tag{6.2-10}$$

式中：$\rho'_{d\,max}$——校正后试样的最大干密度（g/cm³）。

　　　　P_5——粒径大于 5mm 土的质量百分比（%）。

　　　　G_{S2}——粒径大于 5mm 土粒的饱和面干相对密度。

5）最优含水率，应按下式进行校正，计算至 0.1%：

$$\omega'_{opt} = \omega_{opt}(1 - P_5) + P_5\omega_{ab} \tag{6.2-11}$$

式中：ω'_{opt}——校正后试样的最优含水率（%）；

　　　　ω_{opt}——击实试样的最优含水率（%）；

　　　　ω_{ab}——粒径大于 5mm 土粒的吸着含水率（%）。

6）试样的饱和含水率，应按下式计算，计算至 1%：

$$\omega_{\text{sat}} = \left(\frac{\rho_\omega}{\rho_d} - \frac{1}{G_S}\right) \times 100 \tag{6.2-12}$$

式中：ω_{sat}——饱和含水率（%）。

7）以干密度为纵坐标，含水率为横坐标，绘制干密度与含水率的关系曲线。

8）击实试验的记录，应包括工程编号、试样编号、试样含水率、土粒相对密度、粒径大于 5mm 的土粒饱和面干相对密度、粒径大于 5mm 土粒的吸着（附）含水率和试样的干密度。

注：饱和面干相对密度为当土粒呈饱和面干状态时的土粒总质量与相当于土粒总体积的蒸馏水 4℃时质量的比值。

6.2.3 承载比试验

土的承载比试验简称 CBR 试验，是确定各种路面的厚度及判定路基土料在最大干密度和最优含水率以及浸水饱和等条件下的强度。CBR 在机场中主要用于评定基层、垫层和土基材料的相对承载力。

1. 定义

承载比是测定当贯入柱（$\phi50\text{mm} \times 100\text{mm}$）贯入达到 2.5（或 5）mm 时的单位压力与该深度中标准荷载强度的比值。

2. 试样制备

1）取代表性的风干试样（必要时可在 50℃烘箱内烘干），用木碾捣碎，但应尽量不使土或粒料的单个颗粒破碎，土团均应捣碎到通过 5mm 的筛孔。

2）将已过筛的试料按四分法取出约 25kg，再用四分法将取出的试料分成 4 份，每份质量 6kg，供击实试验和制试件之用。

3）在预定做击实试验的前一天，应测定试料风干含水率。

3. 试验设备

试样筒：金属圆筒，内径 152mm，高 166mm，带高度不大于 50mm 的护筒和底板，筒内垫块直径 151mm，高 50mm；

击实锤：与重型击实试验用锤的规格、落距相同；

加压设备：由压力机、百分表、贯入柱等组成，贯入柱端面直径为 50mm，长为 100mm；

膨胀量的量测设备：附有多孔板、调节杆及每块 1kg 重的荷载板；

水箱、天平等。

4. 试验步骤

1）称试筒本身质量（m_1），将试筒固定在底板上，将垫块放入筒内，并在垫块上放一张滤纸，安上套环。

2）将 1 份试料，按重型击实法，求试料的最大干密度和最优含水率。

3）将其余 3 份试料，按最优含水率制备 3 个试件，按每份试料应加的水量，均匀地喷洒在试料上。充分拌和到均匀状态，然后用潮湿毛巾盖上装入塑料袋。

4）浸润时间：重黏土不得少于 24h，轻黏土 12h，砂土 1h，天然砂砾 2h 左右（制备每个试件时，都要取样测定试料的含水率）。

5）试筒放在坚硬的地面上，取备好的试样分 5 次倒入筒内，第一层试样的击实，击实时锤应自由垂直落下，锤迹必须均匀分布于试样面上，第一层击实完后，将试样层面"拉毛"，然后将试料再装入套筒，重复上述方法，大试筒击实后试样不宜高出筒高 10mm。

6）卸下套环，用直刮刀沿试筒顶修平击实的试件，表面不平整处用细料修补，取出垫块，称试筒和试件的质量（m_2）。

5. 泡水测膨胀量的步骤

1）试件制成后，取下试件顶面的破残滤纸，重放一张好滤纸。在试样上面安装附有调节杆的多孔板，并在其上附加 4 块荷载板。

2）将试筒与多孔板一起放入槽内（先不放水）并用拉杆将模具拉紧，安装百分表，并读取初读数。

3）向水槽内放水，使水自由进到试件的顶部和底部，在泡水期间，槽内水面应保持在试件顶面以上大约 25mm，试件要泡水 4 昼夜。

4）泡水终了时，读取试件上百分表的终读数，用下式计算膨胀量：

$$膨胀量 = \frac{h_1 - h_0}{h_0} \times 100 \tag{6.2-13}$$

式中：h_0——试件原高度；

　　　h_1——浸水后试件高度。

5）从水槽中取出试件，倒出试件顶面的水，静置 15min，让其排水，然后卸去附加荷载和多孔板、底板和滤纸，并称量（m_3）以计算试件的湿度和密度变化。

6. 贯入试验

1）将泡水试验终了的试件放到路面材料强度试验仪的升降台上，调整偏球座，使贯入杆与试件顶面全面接触，在贯入杆周围放置 4 块荷载板。

2）先在贯入杆上施加 45N 荷载，然后将测力和测变形的百分表的指针都调整至零点。

3）加荷使贯入杆以 1～1.25mm/min 的速度压入试件，记录测力计用百分表某些读数（如 20、40、60）时的贯入量，并注意使贯入量为 250×10^{-2}mm 时（2.5mm），能有 5 个以上的读数。测力计内的第一个读数是贯入量为 30×10^{-2}mm 左右（0.3mm）时。

7. 结果整理

1）以单位压力 P（kPa）为横坐标（$P = \frac{L \times R}{A}$），贯入量 L（mm）为纵坐标，绘制 P-L 关系曲线。当曲线的开始段是凹曲线时，需要进行修正。修正时，在变曲率点引一切线，与纵坐标相交，即为修正后的原点。

2）采用贯入量为 2.5mm 时的单位压力与标准压力之比作为材料的承载比（CBR），其计算公式为：

$$CBR = \frac{P}{7000} \times 100 \tag{6.2-14}$$

式中：CBR——承载比（%）；

　　　P——单位压力（kPa）。

贯入量 5mm 时的承载比（CBR）计算公式为：

$$CBR = \frac{P}{10500} \times 100 \tag{6.2-15}$$

如贯入量 5mm 时的承载比值大于贯入量为 2.5mm 时的承载比值，试验要重做，如结果仍然如此，则采用贯入量为 5mm 时的承载比值。

3）试件的湿密度用下式计算：

$$\rho = \frac{m_2 - m_1}{V}$$ (6.2-16)

式中：ρ——试件的湿密度（g/cm³）；

　　m_2——试筒和试件的总质量（g）；

　　m_1——试筒的质量（g）；

　　V——试筒的容积（cm³）。

4）试件的干密度用下式计算：

$$\rho_d = \frac{\rho_0}{1 + 0.01\omega}$$ (6.2-17)

式中：ρ_d——试件的干密度（g/cm³）；

　　ω——试件的含水率（%）。

5）泡水后试件的吸水量按下式计算：

$$\omega_d = m_3 - m_2$$ (6.2-18)

式中：ω_d——泡水后试件的吸水量（g）；

　　m_3——泡水后试筒和试件的总质量（g）。

8. 精度要求

如根据 3 个平行试验结果计算得的承载比变异系数 C_v 大于 12%，则去掉一个偏离大的值，取其余 2 个结果的平均值。如 C_v 小于 12% 且 3 个平行试验结果计算的干密度偏差小于 0.03g/cm³，则取 3 个结果的平均值。

如 3 个平行试验结果计算的干密度偏差超过 0.03g/cm³，则去掉一个偏离大的值，取其余 2 个结果的平均值。

6.2.4 压缩试验

1. 适用范围

本试验的目的是测定土的单位沉降量、压缩系数、压缩模量、压缩指数、回弹指数、固结系数、基床系数及原状土的先期固结压力等。

本试验方法适用于饱和的黏性土，当只进行压缩时允许用于非饱和土。

2. 仪器设备

固结仪：包括护环、加压上盖、水槽及加压设备等；

环刀：直径 61.8mm 和 79.8mm，高度为 20mm，环刀应具有一定的刚度，内壁应保持较高的光洁度，宜抹一薄层硅脂或聚四氟乙烯；

透水石；

变形量测设备：量程 10mm，最小分度值为 0.01mm 的百分表或零级位移传感器；

其他：秒表、滤纸、浸水设备。

3. 试验步骤

1）在切好土样的环刀外壁涂一薄层凡士林，然后将刃口向下放入护环内。

2）试样上下依次置放潮湿透水石及滤纸，盖上加压盖，插入传压活塞，将容器移至固结仪加压框架正中。

3）安装百分表或位移传感器，调整百分表指针至零点。

4. 试验方法

1）快速固结试验

加荷等级大致分为四种，第一种：50kPa，100kPa，150kPa，200kPa；第二种：50kPa，100kPa，200kPa，300kPa；第三种：50kPa，100kPa，200kPa，300kPa，400kPa；第四种：P_0（自重压力），$P_0+100kPa$，$P_0+200kPa$。每级压力下的固结，只在测记一小时的百分表读数后立即施加下一级压力，而最后一级压力下的固结除测记一小时的百分表读数外，并继续读数到稳定为止，其稳定标准为 0.01mm/h。

注：第一级压力的值应视土的软硬程度而定，宜用 12.5kPa，25kPa，50kPa，对于饱和试样，施加第一级压力后应立即向水槽中注水，浸没试样，对非饱和试样须以棉纱围住水槽四周，以免水分蒸发。

当最后一级压力下的固结达到假定稳定后，检查固结记录，拆除荷重，清洗仪器。

计算试样各级压力下的孔隙比，求出压缩系数、压缩模量。

2）固结系数试验

施加每一级压力后按下列时间顺序记录变形读数：6″，15″，1′，2′15″，4′，6′15″，9′，16′，20′15″，25′，30′15″，36′，42′15″，49′，64′，以后每隔一定时间记录读数一次直至稳定为止，稳定标准为每小时变形量不大于 0.005mm。

计算、绘制时间平方根与变形量的关系曲线，求出试样的固结系数。

3）回弹再压缩试验

试样分级加压至上覆压力固结稳定后，按工程要求退压至某一压力，然后再加压至所需压力（一般大于上覆压力），每隔一定时间记录读数一次，直到假定稳定为止，稳定标准为每小时变形量不大于 0.005mm。

计算各级压力下孔隙比，绘制孔隙比与压力关系曲线，求出土的回弹指数、回弹系数和回弹模量。

4）前期固结压力试验

置 100g 砝码于砝码盘上，调整百分表指针对零点。

加荷等级为两种，第一种 12.5kPa，25kPa，50kPa，100kPa，200kPa，400kPa，800kPa，1600kPa，3200kPa；第二种 20kPa，40kPa，60kPa，80kPa，100kPa，150kPa，200kPa，400kPa，800kPa，1600kPa，2000kPa，（第一级压力施加后，立即移去 100g 砝码），加压后每隔 1h 读一次读数至稳定后施加下一级荷重，稳定标准为每小时变形量不大于 0.005mm。

注：1. 压缩仪能承受 1500～2000kPa 的压力。2. 制备土样必须特别小心谨慎，以最大限度地避免扰动，当发现土样因取土或运输保管不善而扰动时，则不应进行此项试验。

计算各级压力下孔隙比，绘制孔隙比与压力关系曲线，求出土的前期固结压力、压缩指数。

6.3　现场试验检测

土基现场检测方法主要有载荷试验、回弹模量试验、土基反应模量测试、现场 CBR 试验、面波测试、固体体积率灌水试验、标准贯入试验、动力触探试验（轻型、重型和超重型）等方法。

标准贯入试验、轻型动力触探试验的目的主要为查明砂土、粉土、黏性土的物理状态、均匀性；重型动力触探试验、超重型动力触探试验的主要目的为查明杂填土、碎石土的物理状态及均匀性。标准贯入试验和动力触探试验的技术要求按《岩土工程勘察规范》GB 50021—2001 执行。

6.3.1 载荷试验

在机场中载荷试验主要用以确定土基的承载力和变形特性参数。

1. 适用范围

本试验是确定天然地基、处理地基、复合地基、桩基础承载力和变形特性参数的综合性测试手段；是确定某些特殊性土特征指标的有效方法；也是一些原位测试手段（如动力触探、静力触探、标准贯入试验等）赖以比照的基本方法。

2. 检测数量

1）土基试验段检测工作量

在土基试验段原地基、填筑体检测项目中，以试验小区为检测单位，每试验小区在施工后表面布置 3 点进行载荷试验。

2）土基正式施工检测工作量

在土基正式施工原地基检测项目中，施工后每 5000～10000m² 布置 1 个点位在施工后表面进行载荷试验。

在土基正式施工填筑体检测项目中，施工过程中，每填高 8～10m，每 10000m² 布置 1 个点位在施工后表面进行载荷试验。施工后，每层每 10000m² 布置 1 个点位进行载荷试验。

3. 仪器设备

载荷试验主要仪器设备包括配重、钢梁、压力传感器、位移传感器、油压千斤顶、高压油泵和载荷试验仪等。

试验仪器设备性能指标应符合下列规定：

1）压力传感器的测量误差不应大于 1%，压力表精度应优于或等于 0.4 级；

2）位移测量仪表的测量误差不大于 $0.1\%F \cdot S$，分辨力应优于或等于 0.01mm；

3）试验用千斤顶、油泵、油管在最大加载时的压力不应超过规定工作压力的 80%；

4）荷重传感器、千斤顶、压力表或压力传感器的量程不应大于最大加载量的 3.0 倍，且不应小于最大加载量的 1.2 倍。

4. 试验方法

1）承载力检测

（1）最大加载压力为地基承载力特征值 2 倍乘以压板面积。

（2）试验基坑宽度不应小于承压板宽度或直径的 3 倍，宜在拟试压表面用粗砂或中砂层找平，其厚度不超过 20mm。

（3）每级荷载值约为预估极限承载力值的 1/12～1/8，第一级荷载加倍。

（4）测读试验沉降量的时间及稳定标准：

①单桩复合静载试验：加载前后各记一次沉降量，以后每半个小时读记一次，1h 内沉降量小于 0.1mm 时认为稳定；

②天然地基及处理地基静载试验：每级加载后，隔 10min、10min、10min、15min、15min 各测读一次，以后每隔 30min 测读一次，连续两个小时内每小时的沉降量小于 0.1mm 时认为稳定。

（5）当出现下列情况之一时，地基土浅层平板载荷试验或复合地基静载荷试验即可终止加载：

①当荷载-沉降（Q-S）曲线上有可判定极限承载力的陡降段；

②沉降急剧增大，土被挤出或压板周围土出现明显的隆起；

③累计沉降已大于压板宽度或直径的 6%；

④本级沉降已超过上级沉降 5 倍；

⑤已达到设计要求的最大加载量。

2）黄土湿陷性检测

在现场测定湿陷性黄土的湿陷起始压力，可采用单线法静载荷试验或双线法静载荷试验，并应分别符合下列要求。

①单线法静载荷试验：在同一场地的相邻地段和相同高程，应在天然湿度的土层上设三个或三个以上静载荷试验，分级加压，分别加至各自的规定压力，下沉稳定后，向试坑内浸水饱和，附加下沉稳定后，试验终止。

②双线法静载荷试验：在同一场地的相邻地段和相同高程，应设两个静载荷试验。其中一个应设在天然湿度的土层上，分级加压，加至规定压力，下沉稳定后，试验终止；另一个应设在浸水饱和的土层上，分级加压，加至规定压力，附加下沉稳定后，试验终止。

③承载板的底面积宜为 0.50m²，试坑边长或直径应为承载板边长或直径的 3 倍。安装载荷试验设备时，应注意保持试验土层的天然湿度和原状结构，压板底面宜用 10～15mm 厚的粗、中砂找平。

④每级加压增量不宜大于 25kPa，试验终止压力不应小于 200kPa。

⑤每级加压后，每隔 15min 读 1 次下沉量，连续 4 次，以后每隔 30min 观测 1 次。当连续 2h 内，每 1h 的下沉量小于 0.10mm 时，认为压板下沉已趋稳定，即可加下一级压力。

⑥试验结束后，应根据试验记录，绘制判定湿陷起始压力的 p-s 曲线图。

5. 资料分析

1）静载试验概况：测试结果由仪器自动记录，并以表格和图形形式显示，可打印测试结果，对试验过程出现的异常现象应作补充说明。

2）绘制有关试验成果曲线：Q-S 曲线、S-$\lg Q$ 曲线、S-$\lg t$ 曲线。

3）根据试验数据和曲线，结合有关规范确定复合地基、天然地基、桩间土地基的承载力特征值。

6.3.2 回弹模量试验

1. 适用范围

本试验适用于在现场土基表面，通过承载板对土基逐级加载、卸载的方法，测出每级荷载下土基回弹变形值，计算土基回弹模量。

2. 检测数量

1）土基试验段检测工作量

在土基试验段，以试验小区为检测单位，每试验小区布置 3 个试验点。

2）土基正式施工检测工作量

在土基施工完成后，每 5000m² 布置 1 个试验点。

3. 仪器设备

（1）反力装置：载重汽车后轴重不小于 60kN，在汽车大梁的后轴之后设有一加劲横梁作反力架用。

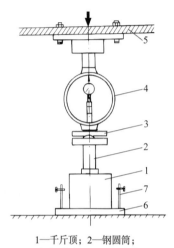

1—千斤顶；2—钢圆筒；
3—钢板及球座；4—测力计；
5—加劲横梁；6—承载板；7—立柱及支座

图 6.3-1　承载板试验现场测试装置示意图

（2）荷载装置，如图 6.3-1 所示。由千斤顶、测力计（测力环或压力表）及球座组成。

（3）刚性承载板一块，板厚 20mm，直径为 300mm，直径两端设有立柱和可以调整高度的支座，供安放贝克曼梁测头用，承载板安放在土基表面上。

（4）贝克曼梁、百分表及其支架 2 套。

（5）液压千斤顶一台，80～100kN，装有压力表或测力环，量程不小于土基强度，测试精度优于测力计量程的 1%。

（6）秒表。

（7）水平尺。

（8）其他：细砂、毛刷、垂球、镐、铁锹、铲等。

4. 试验方法

1）试验准备

（1）根据需要选择有代表性的测点，测点应位于水平的路基上，土质均匀，不含杂物。

（2）平整土基表面，撒干燥洁净的细砂填平土基凹处，砂子不可覆盖全部土基表面避免形成夹层。

（3）安置承载板并用水平尺进行校正，使承载板处于水平状态。

（4）将试验车置于测点上，在加劲横梁中部悬挂垂球测试，使之恰好对准承载板中心，然后收起垂球。

（5）在承载板上安放千斤顶，上面衬垫钢圆筒、钢板，并将球座置于顶部与加劲横梁接触，如用测力环时，应将测力环置于千斤顶与横梁中间，千斤顶及衬垫物必须保持垂直，以免加压时千斤顶倾倒发生事故和影响测试数据的准确性。

（6）将两台贝克曼梁的测头分别置于承载板立柱的支座上。

2）试验步骤

（1）用千斤顶开始加载，注视测力环或压力表至预压 0.05MPa，稳压 1min，使承载板与土基紧密接触，同时检查百分表的工作情况是否正常，然后放松千斤顶油门卸载，稳压

1min 后，将百分表调零或其他合适的初始位置上，记录初始读数。

（2）测试土基的压力-变形曲线。用千斤顶加载，采用逐级加载卸载法，用压力表或测力环控制加载量，荷载小于 0.1MPa 时，每级增加 0.02MPa，以后每级增加 0.04MPa 左右。为了使加载和计算方便，加载数值可适当调整为整数。每次加载至预定荷载（P）后，稳定 1min，立即读记两个百分表数值，然后轻轻放开千斤顶油门卸载至 0，待卸载稳定 1min 后，再次读数，每次卸载后百分表不再调零。当两个百分表读数之差小于平均值的 30% 时，取平均值。如超过 30%，则应重测。当回弹变形值超过 1mm 时，即可停止加载。

（3）各级荷载的回弹变形和总变形，按以下方法计算：

回弹变形 =（加载后读数平均值 – 卸载后读数平均值）× 贝克曼梁杠杆比

总变形 =（加载后读数平均值 – 加载初始前读数平均值）× 贝克曼梁杠杆比

（4）最后一次加载卸载循环结束后，取走千斤顶，重新读取百分表初读数，然后将汽车开出 10m 以外，读取终读数，按以下方法计算总影响量 a：

总影响量（a）=（百分表初读数平均值 – 百分表终读数平均值）× 贝克曼梁杠杆比

（5）在试验点下取样，测试材料含水率。取样数量如下：

最大粒径不大于 4.75mm，试样数量约 120g；

最大粒径不大于 19.0mm，试样数量约 250g；

最大粒径不大于 31.5mm，试样数量约 500g。

（6）在紧靠试验点旁边的适当位置，用灌砂法或环刀法等测试土基的密度。

3）数据处理

（1）各级压力下的影响量 a_i，按下式计算：

$$a_i = \frac{(T_1 + T_2)\pi D^2 p_i}{4T_1 Q} \cdot a \tag{6.3-1}$$

式中：a_i——第 i 级压力的影响量（0.01mm）；

T_1——载重汽车前后轴距（m）；

T_2——加劲小梁距后轴距离（m）；

D——承载板直径（m），记为 0.3m；

p_i——第 i 级承载板压力（Pa）；

Q——载重汽车后轴重（N）；

a——总影响量（0.01mm）。

（2）回弹变形计算值（L_i）为各级压力的回弹变形值加上该级的影响量。排除显著偏离的异常点，绘出顺滑的 p-L 曲线，如曲线起始部分出现反弯，应按图 6.3-2 所示修正原点 O，O' 则是修正后的原点。

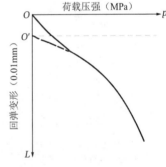

图 6.3-2　修正原点示意图

（3）按下式计算相应于各级荷载下的土基回弹模量 E_i 值：

$$E_i = \frac{\pi D}{4} \cdot \frac{p_i}{L_i}(1 - \mu_0^2) \tag{6.3-2}$$

式中：E_i——相应于第 i 级荷载下的土基回弹模量（MPa）；

μ_0——土的泊松比，根据路面设计规范规定取用，当无规定时，非黏性土可取 0.30，高黏性土取 0.50，一般可取 0.35 或 0.40；

L_i——相对于荷载 p_i 时的第 i 级回弹变形计算值（cm）。

（4）取结束试验前的各级回弹变形计算值，按线性回归方法由下式计算土基回弹模量 E_0 值。

$$E_0 = \frac{\pi D}{4} \cdot \frac{\sum p_i}{\sum L_i}(1 - \mu_0^2) \tag{6.3-3}$$

6.3.3　土基反应模量测试

1. 适用范围

土基反应模量是通过现场承载板加载试验，测出特定荷载下的土基变形值或者特定变形值对应的荷载，测试结果既可作为水泥混凝土道面结构的设计参数，也可作为土基工程质量的评定依据之一。

2. 检测数量

1）土基试验段检测工作量

在土基试验段，以试验小区为检测单位，每试验小区布置 3 个试验点。

2）土基正式施工检测工作量

在土基施工完成后，每 5000m² 布置 1 个试验点。

3. 仪器设备

土基反应模量试验装置如图 6.3-3 所示。所需要的设备及材料主要包括：

1）加载反力：可用后轴重不少于 100kN 的载重汽车，在汽车大梁的后轴下设置加劲横梁一根作为反力架，也可以采用堆载平台作为反力装置。

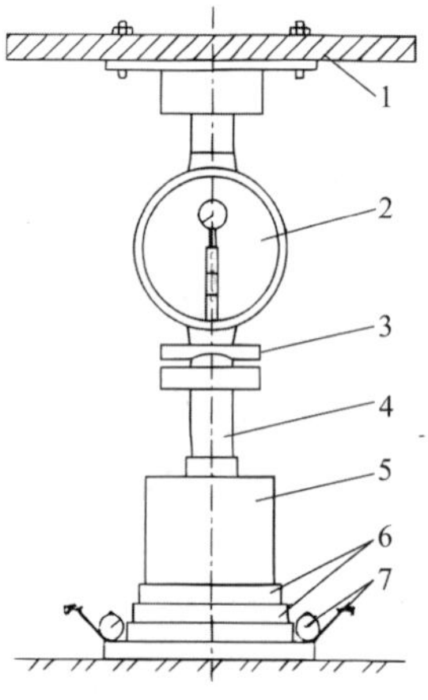

2）加载装置：由千斤顶、测力计（测力环或压力表）及球座组成。

3）承载板 1 组：圆形钢板 4～5 块，每块厚度不小于 25mm，直接与土基表面接触的承载板直径为 760mm，其他承载板直径范围为 450～610mm。

4）3 台 7.5m 弯沉仪、百分表或其他变形测量仪器。

5）其他器具：包括秒表、水平尺、标准砂、毛刷、垂球、镐、铁锹、铁铲等。

4. 试验方法

1）试坑直径不应小于承载板直径的 3 倍，开挖试坑时应避免对坑底地基土的扰动，保持其原状结构和天然湿度，整平后表面铺设不超过 5mm 厚的细砂找平，并尽快安装试验设备。

1—加劲横梁；2—测力计；
3—钢板及球座；4—钢圆筒；
5—千斤顶；6—承载板；7—百分表及支架

图 6.3-3　土基反应模量试验装置图

2）承载板应用水平尺校正以保证处于水平状态，加荷作用点应与承载板中心对中。

3）承载板变形量测采用 2～3 个百分表，精度不应低于 ±0.01mm，对称安置于距板边约 5mm 位置，表架支点距承载板中心应不小于 1.5m。

4）加荷采用 200～300kN 千斤顶，精度不应低于 ±1kN。试验加载方式采用分级维持荷载沉降相对稳定的方法。连续加载前，先用 15.4kN 荷载预压 1～2 次，以使承载板与地基表面紧密接触，卸载稳压 1min 后开始按表 6.3-1 的规定连续加载，加载级数不应少于 5 级。各级荷载施加后，每间隔 1min 测读一次沉降。

地基反应模量试验的加载分级及加载时间　　　　　　　　　　表 6.3-1

加载分级	累计分级载荷（kN）	单位压力（kPa）	分级加载时间
0	15.46	34	
1	30.93	69	
2	46.39	103	沉降速率小于 0.25mm/min，且不少于 3min
3	61.85	137	
4	77.31	172	
5	92.76	206	

5）地基反应模量试验在加载试验完成后，还应进行测点地基土的含水率和密度试验。在试验点位置附近取样，采用灌砂法或环刀法测定材料的密度；在试验点位置附近取样，测定土样含水率，取样数量与最大粒径（方孔筛）有关：

（1）最大粒径不大于 5mm，取约 120g 试样；

（2）最大粒径不大于 25mm，取约 250g 试样；

（3）最大粒径不大于 40mm，取约 500g 试样。

6）当测点地基土的含水率为非饱和状态时，还应在紧靠测点旁适当位置，采取原状土样进行浸水与不浸水条件下对比的室内压缩试验。压缩试验的垂直压力为 70kPa，浸水试样要求在施压前达到饱和状态。

5. 资料分析

1）土基反应模量计算

试验完毕后应及时对试验数据进行整理分析，绘制 p-s（荷载-沉降）曲线，并按下列方法计算现场测得的地基反应模量：

对于一般地基：

$$k_u = \frac{p_B}{1.27} \tag{6.3-4}$$

对于坚硬地基（承载板下沉量小于 1.27mm）：

$$k_u = \frac{70}{l_B} \tag{6.3-5}$$

式中：k_u——现场测得的地基反应模量（MN/m³）；

　　　p_B——承载板下沉量为 1.27mm 时所对应的单位面积压力（kPa）；

　　　l_B——承载板在单位面积压力为 70kPa 时所对应的下沉值（mm）。

2）不利季节修正

应根据原状样浸水与不浸水条件下的室内压缩试验结果，对现场测得的地基反应模量进行不利季节修正计算。即按下式将现场测得的地基反应模量 k_u 换算成不利季节的地基反应模量 k_0：

$$k_0 = \frac{d}{d_u} k_u \tag{6.3-6}$$

式中：k_0——地基反应模量（不利季节条件下）（MN/m³）；

　　　d——原状试样在 70kPa 压力下的压缩变形量（mm）；

d_u——原状试样浸水饱和后在 70kPa 压力下的压缩变形量（mm）。

6.3.4 现场 CBR 试验

1. 适用范围

适用于现场各种道基的 CBR 值测定，也适用于粒料类基层和底基层的 CBR 值测定。

2. 检测数量

1）土基试验段检测工作量

在土基试验段，以试验小区为检测单位，每试验小区布置 3 个试验点。

2）土基正式施工检测工作量

在土基施工完成后，每 5000m² 布置 1 个试验点。

3. 仪器设备

道基现场 CBR 试验装置如图 6.3-4 所示。所需要的设备及材料主要包括：

1）加载反力：可选择装载有铁块或集料等重物的载重汽车，后轴重不小于 60kN，汽车大梁的后轴应加装横梁作为反力架，也可采用堆载平台反力装置加载。

2）加载装置：

由千斤顶、测力计（测力环或压力表）及球座组成。千斤顶可使贯入杆的贯入速度调节成 1mm/min。测力计的容量宜不小于道基强度，测试精度宜不小于测力计量程的 1%。

3）贯入杆为直径 50mm、长约 200mm 的金属圆柱体。

4）承载板每块 1.25kg，直径为 150mm，中心孔直径为 52mm。承载板不少于 4 块，并沿直径分成 2 个半圆块。

5）贯入量测定装置由图 6.3-4 中所示的平台及百分表组成。百分表量程为 20mm，精度为 0.01mm，数量 2 个，对称固定于贯入杆上，端部与平台接触，平台跨度宜不小于 0.5m，也可由两台贝克曼梁弯沉仪代替。

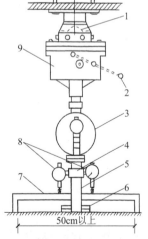

1—球座；2—手柄；3—测力计；
4—百分表夹具；5—贯入杆；6—承载板；
7—平台；8—百分表；9—千斤顶

图 6.3-4　CBR 现场测试装置

6）采用洁净干燥的细干砂，粒径为 0.3～0.6mm。

7）其他器具：包括铁铲、盘、直尺、毛刷、天平等。

4. 试验方法

1）将试验地点约直径 300mm 范围内的表面找平，用毛刷刷净浮土，如表面为粗粒土，撒布少许洁净的细砂填平，但不能覆盖全部道基表面，以避免形成夹层。

2）按照图 6.3-4 安装测试设备：在贯入杆位置安放 4 块 1.25kg 的分开半圆承载板，共 5kg；千斤顶顶在加劲横梁上且调节至高度适中，贯入杆与土基表面紧密接触；将支架平台、百分表安装好。

3）试验贯入前，先在贯入杆上施加 45N 荷载后，将测力计及贯入量百分表调零，记录初始读数。

4）启动千斤顶，使贯入杆以 1mm/min 的速度压入地基，相应于贯入量为 0.5mm、1.0mm、1.5mm、2.0mm、2.5mm、3.0mm、4.0mm、5.0mm、6.5mm、10.0mm、12.5mm，分别读取测力计读数，根据情况，也可在贯入量达 7.5mm 时结束试验。

5）卸除荷载、移去测定装置，在试验点位置附近取样，采用灌砂法或环刀法测定材料密度；在试验点位置附近取样，测定土样含水率，取样数量与最大粒径（方孔筛）有关：

（1）最大粒径不大于 5mm，取约 120g 试样；

（2）最大粒径不大于 25mm，取约 250g 试样；

（3）最大粒径不大于 40mm，取约 500g 试样。

5. 资料分析

1）用贯入试验得到的等级荷重数除以贯入断面面积（1962.5mm²），得到各级压强，单位为兆帕（MPa），绘制荷载压强-贯入量曲线，如图 6.3-5 所示。当图中曲线在起点处有明显凹凸情况时，应在曲线的拐弯处作切线延长进行修正，以与坐标轴相交的点 O' 作原点，得到修正后的荷载压强-贯入量曲线。

2）从荷载压强-贯入量曲线上读取贯入量为 2.5mm 及 5.0mm 时的荷载压强P_l，按照下式计算 CBR。CBR 一般以贯入量 2.5mm 时的测定值为准，当贯入量 5.0mm 时的 CBR 大于 2.5mm 时的 CBR 时，应重新试验，如重新试验仍然如此，则以贯入量 5.0mm 时的 CBR 为准。

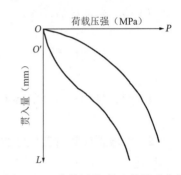

图 6.3-5　荷载压强-贯入量关系曲线

$$CBR(\%) = P_l/P_0 \times 100\% \tag{6.3-7}$$

式中：P_l——荷载压强（MPa）；

　　　P_0——标准压强（MPa），当贯入量为 2.5mm 时为 7MPa，当贯入量为 5mm 时为 10.5MPa。

6.3.5　面波测试

1. 适用范围

本书面波测试指的是多道瞬态面波方法，试验依据为《多道瞬态面波勘察技术规程》JGJ/T 143—2017。

本方法可应用于各类岩土工程勘察与检测：包括探查覆盖层厚度，地层层序划分，探测滑坡体的滑动带和滑动面起伏形态，探查基岩埋深和基岩界面起伏形态，划分基岩的风化带、探测构造破碎带、探测地下隐埋物体、古墓、洞穴和采空区，地基加固效果检验等。

2. 检测数量

1）土基试验段检测工作量

在土基试验段，以试验小区为检测单位，每试验小区布置 3 个试验点。

2）土基正式施工检测工作量

在土基施工完成后，每 5000～10000m² 布置 1 个试验点。

3. 仪器设备

1）多道瞬态面波采集仪器应符合下列规定：

（1）仪器放大器的通道数不应少于 12 通道；

（2）仪器放大器的通频带应满足采集面波频率范围的要求，宜为$(0.5～4.0) \times 10^3$Hz；

（3）仪器放大器各通道的幅值偏差不应大于 5%，相位时差不应大于所用采样时间间隔的一半；

（4）仪器采样时间间隔应满足不同面波周期的时间分辨，在最小周期内应采样 4～8 点；仪器采样时间长度应满足最大源检距采集完面波最大周期的需要；

（5）仪器动态范围不应低于 120dB，模数转换（A/D）的位数不宜小于 20 位；

（6）仪器应具有频响与幅度一致性的自检功能。

2）多道瞬态面波检波器应符合下列规定：

（1）应采用竖直方向的速度型检波器；

（2）检波器的固有频率应满足采集最大面波周期的需要，宜采用不高于 4.0Hz 的低频检波器；

（3）同一排列检波器之间的固有频率差不应大于 0.1Hz，灵敏度和阻尼系数差不应大于 5%；

（4）同一排列检波器的幅值差不应大于 5%，相位时差不应大于所用采样时间间隔的一半；

（5）检波器应具有方便竖直安置的部件。

4. 现场测试一般规定

1）多道瞬态面波排列布置要求

（1）采用线性等道间距排列方式，震源在排列的延长线上；

（2）道间距应小于最小探测深度所需波长的 1/2；

（3）偏移距的大小应满足勘探深度的要求；

（4）排列长度应大于预期面波最大波长的一半；

（5）排列的中点应为面波勘探点。

2）多道瞬态面波激发震源要求

（1）震源频率与能量的选择应根据勘探深度确定，应满足面波勘察的要求；

（2）震源可采用人工锤击、机械冲击或爆炸等方式；

（3）当勘探深度小于 20m 时，宜选择人工锤击；当勘探深度为 20～50m 时，宜选择落重或机械冲击激震；当勘探深度大于 50m 时，宜选择爆炸激震或其他大能量激震方式。

3）面波的激发要求

（1）应根据勘察任务要求和场地条件合理选择震源；

（2）使用人工锤击震源或机械冲击震源时，应在激震点敷设垫板；

（3）使用爆炸震源时药量应通过试验确定，触发方式宜采用回线计时法。

5. 现场方法试验

1）现场正式工作前应进行现场方法试验，试验工作内容应包括仪器设备系统的频响与幅度的一致性检查和采集试验工作。

2）仪器设备系统的频响与幅度的一致性检查，应符合下列要求：

（1）仪器各道的一致性检查，宜采用在各道输入端并联后接入信号源，采集与工作记录参数相同的记录，分析仪器各道的频响与幅度的一致性；

（2）检波器的一致性检查，应选择介质均匀的地点，将检波器密集地安插牢固，在大于 10m 地方激震，采集面波记录，分析检波器频响与幅度的一致性；

（3）仪器通道和检波器的频响与幅度特性，应符合本章仪器要求。

3）采集试验工作应符合下列规定：

（1）应在场地选择有代表性的地段进行干扰波调查，采用展开排列方式采集面波，根据基阶面波发育的强势段确定偏移距、道间距、排列长度和记录长度，排列长度应与勘探深度相近。

（2）应根据勘探深度的要求，确定适用频率的检波器，检波器的频率可按下式计算：

$$f = \upsilon_R/\lambda_R \tag{6.3-8}$$

式中：f——检波器的频率（Hz）；

　　　υ_R——地层面波波速（m/s）；

　　　λ_R——波长（m），可取勘探深度的 2 倍。

（3）应根据采集记录进行频谱分析，确定满足勘探深度和分辨薄层需要的最佳激震方式。

4）应通过现场试验，确定满足勘察目的和精度要求的采集方案、采集参数及激震方式。

5）在具有钻孔资料的场地应在钻孔旁布置试验点，进行资料对比。

6. 测线、排列的布设

1）测线布设

（1）滑坡体、泥石流勘察，主测线应沿主滑方向平行布设，辅助测线宜垂直主滑方向布设；

（2）构造破碎带勘察，主测线应与构造走向垂直布设；

（3）古河床勘察，主测线应与古河床方向垂直布设；

（4）岩溶、土洞或采空区勘察，测线应平行布设，测线间距应小于勘察对象的尺寸，发现异常时，应在异常点垂直布设辅助测线，对于重点勘察项目应采取网格布线；

（5）地基加固效果检测，测线布设采取通过加固点和在加固点之间两种方式，并应在加固前后对同一测点采用相同参数进行检测；

（6）一般场地勘察，测线应根据勘探线和勘探点布设。

2）排列的布设

（1）地形较平坦且不存在固定干扰源的场地，排列应沿测线布设；

（2）地形起伏较大的场地，应调整排列方向，沿地形等高线布设；

（3）存在固定干扰源的场地，排列与激发震源和干扰源应布设在一条直线上，且激发震源和干扰源应在排列的同一侧；

（4）场地存在沟坎或处在建筑群中时，排列方向应规避干扰波影响；

（5）其他场地排列应沿测线布设。

7. 数据采集要求

1）应根据勘察目的、要求、地形地质与介质的地球物理物性条件选用观测系统，并应符合下列规定：

（1）所选用的观测系统，应满足主要目的层探查的需要；

（2）简单地质地形条件下可采用单端激震法，复杂地质地形条件下宜采用双端激震法；

（3）在满足勘探点间距要求的前提下，宜采用全排列移动、半排列移动或部分道移动方法。

2）面波的接收应符合下列规定：

（1）仪器应设置在无滤波状态，对定点仪器应设置各道增益；

（2）记录长度应满足最大源检距基阶面波的采集需要；

（3）记录的近震源道不应出现削波，排列中不宜有坏道；

（4）检波器安置的位置应准确；

（5）检波器应与地面（或被检测物表面）安置牢固，并力求埋置条件一致；检波器周围的杂草等易引起检波器振动之物应清除；在风力较大条件下工作，检波器应挖坑埋置；

（6）检波器与电缆连接应正确，防止漏电、短路和接触不良等故障。

3）在面波勘察中应布置复测检查工作，复测检查的工作量不得少于总工作量的5%。检查记录与原记录波形应相似，频散曲线应一致。

4）采集工作结束应及时进行数据存储与备份，并应符合下列规定：

（1）采集过程中应填写现场采集班报记录，记录应包括场地名称、测线编号、存储文件名、测点位置、场地条件等内容，记录应有操作员、记录员和检查员签字；

（2）文件名应标识清晰，对于同一测点不同偏移距、不同激震方式或双端激震等记录文件应有不同标识；

（3）按工程名称或工程代号设置存储文件夹。

8. 采集记录质量评价

1）对记录中的削波和常规地震勘探中的坏道，在多道瞬态面波勘察中均应作为坏道处理。

2）对记录长度不满足采集最大源检距基阶面波的记录，应视为不合格记录。

3）记录中的基阶面波应为强势波，否则应视为不合格记录。

4）记录中非边道的相邻两道为坏道，应视为不合格记录。

5）记录中坏道数大于使用道数10%的记录，应视为不合格记录。

6）发现不合格记录，应进行补测。

9. 资料处理和解释

1）数据整理

（1）外业工作结束后应对原始资料进行整理，原始资料包括纸质记录和数据记录。

（2）纸质记录包括现场采集班报记录、试验记录、仪器自检记录和测量记录等，整理应符合下列规定：

①对记录应进行分类和装订成册；

②对记录应进行校核和校对，对错误记录的修改不得采用擦除的办法；

③纸质记录整理和使用完毕应归档。

（3）数据记录包括面波采集记录和测点的地形测量记录，整理应符合下列规定：

①对现场采集的面波记录应按场地、试验内容、测线进行分类存储备份；

②留作存档的数据记录不得修改和删除；

③对测点的坐标和高程应进行校核，形成地形文件；

④数据记录整理完毕后应归档。

2）数据处理

（1）数据处理应采用处理软件完成。

（2）处理软件应具有利用基阶面波提取多道瞬态面波频散曲线的功能。

（3）频散曲线提取应符合下列规定：

①应在f_K域中提取频散曲线；

②二维滤波计算应突出基阶面波能量；

③应在f_K域确认基阶面波频散曲线；

④应将速度波长域频散曲线转换为速度-深度域频散曲线，频散曲线提取完毕后应进行存储。

（4）频散曲线的分层应依据拐点、斜率及频散点疏密等特征确定。用于计算地层速度的频散曲线应具有收敛的特征；不收敛段的起始拐点可解释为地层界线。

（5）频散曲线的反演计算应符合下列规定：

①剪切波层速度的反演计算宜选择固定层厚度的方式；

②剪切波层速度的反演计算宜遵循由浅及深、逐层调试的原则，使正、反演结果逐渐逼近；

③在场地具有钻孔资料的条件下，应结合已知资料确定层厚度和剪切波层速度；

④经过反演计算确定的剪切波层速度和层厚度结果应存储。

（6）制作彩色速度剖面图应符合下列规定：

①每个剖面应有不少于 3 个勘探点的频散曲线；

②剖面上勘探点频散曲线的输入可选择自动和手动两种方式；

③频散曲线上不合理的数据点应剔除；

④应根据地形文件进行地形校正；

⑤应能设置合适的比例尺和波速标尺门限；

⑥应在速度分层图中填充地质图例，制作地质解释剖面图。

10. 分析解释

1）频散曲线的地层反演分析应符合下列规定：

（1）对于近水平层状地层，反演结果应为排列中点位置竖直方向地层的波速分布；

（2）对于倾斜地层，反演结果应为排列中点位置至地层界面法向深度的波速分布。

2）速度剖面图的地质分析应依据频散曲线的分层结果，在有条件的情况下应结合既有地质资料进行综合分析。

3）绘制地质解释剖面图应根据同点位、同深度映像的速度值与地层的关系，逐层确认划分。

4）面波的解释深度应依据面波波长换算，在具备条件的场地，应根据有关资料进行校正。

5）分析解释时，应将地层瑞利波波速转换为剪切波波速。

6）地层剪切波波速应按下列公式计算，并可按照相关规范计算地层的动剪切模量、动弹性模量、地层泊松比等动力学参数。

$$v_s = \frac{v_R}{\eta_s} \tag{6.3-9}$$

$$\eta_s = \frac{0.87 + 1.12\mu_d}{1 + \mu_d} \tag{6.3-10}$$

式中：v_s——地层的剪切波波速（m/s）；

　　　v_R——地层的面波波速（m/s）；

η_s——面波和剪切波波速换算系数，与泊松比有关；

μ_d——泊松比。

6.3.6 固体体积率灌水试验

固体体积率的概念为固相体积与土总体积的比值，固体体积率的定义为土石固相体积与土石总体积的比值，以百分率表示。粗粒土、巨粒土固体体积率直接影响填方质量以及工后沉降，因此固体体积率的检测是粗粒土、巨粒土填筑的必要项目。粗粒土、巨粒土填筑密实度检测一般采用灌水法检测固体体积率。

1. 适用范围

粗粒土、巨粒土填筑密实度检测。

2. 主要仪器设备和材料

1）台秤：称量 100kg，最小分度值 50g；称量 1000kg，最小分度值 100g；

2）囊式体积仪采用柔软和富有弹性的塑料薄膜袋，直径 0.5～2.5m，厚度 0.5mm，长度 0.5～2.5m；

3）量测仪器：精密水准仪、水准尺、钢卷尺、坑口定位标准尺寸环等；

4）其他设备包括开挖试验坑的用具、厚度 5～8mm 堆放土样的铁板、储水箱（筒）及坑壁支撑材料等。

3. 试验要求和步骤如下：

1）试验处的试坑地面整平，除去表面松散的土层，测量其层面标高。

2）按试样最大粒径的 3 倍粒径尺寸确定试坑开挖的直径和深度，放置坑口定位环。

3）在坑口定位环内下挖至要求深度，边挖边将坑内的试样装入盛土容器内，称试样质量准确到 0.1kg，并测定试样含水率。

4）开挖试坑时应将坑壁及坑底整平，将松动的碎石全部取出，并称取质量。

5）试坑开挖完成后，量测坑壁及坑底的情况，包括坑壁凹凸形态、试坑直径、坑底标高等。

6）将塑料薄膜袋轻轻放置坑内后，将已称取质量的水缓慢灌入塑料薄膜袋内，直至水面与坑口定位环面齐平并对静止的水面观测 3min 后，测量水面标高。计算试坑体积时，应扣除定位环的体积。当袋内出现水面下降时，应另取塑料薄膜袋重新试验。

7）所有测试工作完成后，采用最大粒径不大于 100mm 的级配碎石回填试坑，要求按每层 300mm 的厚度进行分层填筑夯实。

试验应进行两次平行测定，取两次测值的算术平均值。

4. 试验数据整理

1）试样的湿密度按式(6.3-11)计算：

$$\rho_0 = m_0/v \tag{6.3-11}$$

式中：ρ_0——石料和土石混合料的湿密度（kg/m³）；

m_0——试样总质量（kg）；

v——试坑的体积（m³）。

2）试样的干密度按式(6.3-12)计算：

$$\rho_d = m_d/v \tag{6.3-12}$$

式中：ρ_d——石料和土石混合料的干密度（kg/m³）；

　　　m_d——试样干质量（kg）。

3）绘制密度与深度关系曲线。

4）固体体积率应按式(6.3-13)和式(6.3-14)计算：

$$R_{sv} = (\rho_d/\rho_w)/G_{sm} \tag{6.3-13}$$

$$G_{sm} = 1/(P_1/G_{S1} + P_2/G_{S2}) \tag{6.3-14}$$

式中：R_{sv}——石料和土石混合料的固体体积率（%）；

　　　ρ_w——试验温度时纯水的密度（kg/m³），取 1000kg/m³；

　　　G_{sm}——平均土粒相对密度；

　　　G_{S1}——粒径大于等于 5mm 土颗粒的土粒相对密度；

　　　G_{S2}——粒径小于 5mm 土颗粒的土粒相对密度；

　　　P_1——粒径大于等于 5mm 土颗粒干质量占试样干质量的百分比（%）；

　　　P_2——粒径小于 5mm 土颗粒干质量占试样干质量的百分比（%）。

5）固体体积率一般由试样的干密度和土粒相对密度计算。当试样中既有粒径大于 5mm 的土颗粒，又含有粒径小于 5mm 的土颗粒时，工程中采用平均土粒相对密度，取粗细颗粒土粒相对密度的加权平均值计算。粗细颗粒的土粒相对密度试验方法不同，包括比重瓶法、浮称法和虹吸筒法等。土粒相对密度试验应符合《土工试验方法标准》GB/T 50123—2019 的规定。

第 7 章

运营期机场道面检测与评估

在道面使用过程中，其使用性能会逐渐下降，从而导致飞机运行费用增加、舒适性降低，并影响飞行安全。及时、准确地掌握道面性状对于机场的正常使用和安全运行是极其重要的。运营期机场道面检测与评估主要包括道面损坏状况调查与评价、面层材料性能试验与评价、道面结构性能测试与评价、道面剩余寿命预估等工作。

7.1 基本要求

机场管理部门一般在以下两种情况下考虑对道面进行检测与评估：一种是为了及时了解道面的使用情况而定期进行；另一种则是为了对道面进行较大规模的修复改建所做的不定期专项检测与评估。

道面检测与评估的目的主要是：全面准确地掌握机场道面的现状，为机场运营管理提供科学的决策依据，为道面整修提供可靠的技术参数，确定经济、合理的维修周期，制定相应的维护、大中修或改扩建方案。

运营期机场道面检测主要包括：道面损坏状况调查与评价、面层材料性能试验与评价、道面结构性能测试与评价、道面功能性能测试与评价、道面剩余寿命预估等。

7.2 道面损坏状况调查与评价

7.2.1 调查与评价方法

道面表面损坏状况评价是分析道面使用性能最直观、经济的方法，采用现场调查方式对道面病害的类型、程度、数量等信息进行记录和统计，通过计算指标值、预测发展趋势，为道面管理决策提供技术依据。我国民用机场道面损坏调查程序主要借鉴美国 ASTM D 5340 的方法，采用人工调查方式。

飞行区道面的面积通常较大，且不同区域道面的功能要求、修建历史、结构类型与厚度组合、交通特征均存在着差异。因此在道面调查评价时，为了对每一个状况相近的区域给出一个平均的评价结果，并尽可能客观，必须对道面进行分区。我国民用机场道面损坏调查与评价工作是以道面分区作为位置参照系统，道面分区按照"部位→区块→单元"三个层次进行划分。

道面部位按使用功能划分，跑道、滑行道、机坪等功能区应划分为不同部位：

1）同一条跑道或滑行道应划分为一个部位，不同的跑道或滑行道应划分为不同部位；

2）机坪面积较大时，可参照停机位划分为不同部位。

道面区块应按照道面结构的差异及飞机荷载对道面的影响程度划分：

1）同一条跑道的延长段或改建段应根据道面结构的差异划分为不同区块；

2）跑道两端与中段道面（纵向）宜划分为不同的区块，可将中间减薄部分单独作为一个区块；

3）同一条滑行道宜划分为一个区块，若与跑道相接的过渡段道面结构存在较大差异，应将该过渡段单独作为一个区块；

4）当机坪中一个部位面积较大时，宜将机位区与非机位区划分为不同的区块。

单元是道面调查评价的基本单位，通常按如下原则进行划分：

1）水泥混凝土道面（或上面层为水泥混凝土道面的复合道面）的"单元"面积宜不小于连续相邻的 20 块板块；

2）沥青道面（或上面层为沥青道面的复合道面）的"单元"面积宜不小于连续相邻 450m² 道面；

3）规则条带状道面（跑道、滑行道），单元应划分为矩形，先横向均匀划分（宽度以 15～25m 为宜），纵向以面积要求确定；

4）不规则区域先将主要区域按照矩形划分，剩余不规则区域单独划分。

损坏状况的调查内容包括每个道面分区中道面的损坏类型、各种损坏的程度（轻微（L）、中等（M）和严重（H），个别损坏不分级）、数量和密度以及主要损坏类型的恶化（发展）速率。根据《民用机场道面评价管理技术规范》MH/T 5024—2019，机场水泥混凝土和沥青混凝土道面的主要损坏类型及相关特征见表 7.2-1 及表 7.2-2。

水泥混凝土道面的主要损坏类型及相关特征　　　　　　　　　表 7.2-1

类别	损坏类型	特征
裂缝类	纵向、横向和斜向裂缝	由重复荷载、温度翘曲应力和温度收缩应力等综合作用引起的板块开裂，将板块分成 2～3 块
	破碎板或交叉裂缝	由道面结构承载能力不足或者严重超载引起的板块断裂，裂缝数量不少于 2 条，将板块分割成 4 块及以上
	角隅断裂	由于重复重荷载、板底支撑强度不足或者翘曲应力等综合因素的作用，在角隅处产生的与接缝斜交的裂缝。从板角到裂缝两端的距离均小于或等于板边长的一半（否则为斜向裂缝），裂缝贯穿整个板厚（否则为板角剥落）
接缝类	填缝料损坏	环境和荷载因素的共同作用下，填缝料失去弹性和封堵的作用，无法阻止地表水渗入和防止硬物进入接缝
	接缝破碎	接缝两侧各 600mm 范围内出现的裂缝，该类裂缝未完全贯穿板块，一般情况下与板边斜交，容易引起板块表层脱落等病害
	板角剥落	飞机轮载作用下，板角区域（距离角点距离小于 0.6m）出现的板块开裂现象。与"角隅断裂"的不同之处在于裂缝尚未贯穿板块
	胀裂	由于接缝或者裂缝中（或者与其他构筑物相接位置）存在硬粒或者宽度不足，引起板块的翘曲、开裂或者破碎
竖向位移类	唧泥和板底脱空	在接缝或裂缝附近出现基层或道基材料沉积现象，或者飞机轮载经过接缝或裂缝附近时，板块出现活动的现象
	沉陷或错台	由地基、道基或基层的竖向永久变形引起的，在接缝或裂缝位置出现的高差

类别	损坏类型	特征
表层病害类	起皮、龟裂和细微裂纹	道面表层掉皮或者形成网状、浅而细的发状裂纹，影响深度一般为表面以下 3～13mm，主要是由使用除冰盐、施工不当、冻融循环、碱集料反应等造成，一般出现在整块板块上（而耐久性裂缝仅出现在接缝附近）
	耐久性裂缝	由于环境因素（如冻融循环等）的影响，在接缝附近产生的平行于接缝的发丝表层裂缝，裂缝周围通常呈现暗色，严重情况下，可能导致接缝周边 0.3～0.6m 范围内板块的碎裂
	收缩裂缝	板块表面出现的长数厘米的细微裂缝，未完全贯穿板块，一般情况下是由水泥混凝土养护措施不当造成的
	坑洞	水泥混凝土表层中的集料（或异物）从板块剥落，形成一些"小坑"。一般情况下，"小坑"的直径为 25～100mm，深度为 13～50mm
修补损坏类	小补丁	板块已经进行过的局部修补，但修补区域面积不大于 0.5m²
	大补丁	板块已经进行过的局部修补，且修补区域的面积大于 0.5m²
	开挖补块	因增设地下管线等设施而开挖道面后形成的补块

沥青道面的主要损坏类型及相关特征　　　　　　　　　　表 7.2-2

类别	损坏类型	特征
裂缝类	纵向和横向裂缝	纵向裂缝指平行于轮迹方向的沥青混凝土开裂现象；横向裂缝指与轮迹方向垂直的沥青混凝土开裂现象。与"龟裂"和"不规则裂缝"相比，道面上没有被多条裂缝分割成网格状的现象
	反射裂缝	仅出现在水泥混凝土道面上加铺沥青混凝土的结构形式，原水泥混凝土板块接缝（裂缝）处由于应力集中引起的加铺层开裂现象，多与原水泥混凝土板块接缝或裂缝位置对应
	滑移裂缝	道面上出现的月牙或半月状裂缝，一般存在于飞机制动或者转向的道面区域，主要由沥青混凝土层间结合不良或者上面层材料抗剪能力不足等原因造成
	龟裂	在飞机轮载的反复作用下，沥青混凝土产生的疲劳开裂现象，初期为相互平行的裂缝，随着次生裂缝的发展，逐渐形成网格状，一般裂缝长度不大于 0.6m
	不规则裂缝	沥青混凝土由于温度应力引起的收缩裂缝，一般情况下存在沥青混凝土老化迹象，道面被裂缝分割成网格状，尺寸在 0.3m×0.3m～3m×3m 之间，飞机轮迹带区域和非轮迹带区域均可能出现
竖向位移类	轮辙	轮迹带内的道面在飞机轮载反复作用下发生的永久变形，表现为道面沿轮迹方向的凹陷，以及轮迹两侧局部道面可能的隆起
	沉陷	由于地基沉降或者道面结构层、道基压实度不足等原因，道面局部区域明显低于其周边区域的现象
	隆起	由于基础冻胀等原因，道面局部区域明显高于其周边区域的现象，一般损坏区域还伴随开裂现象
	搓板	垂直于道面轮迹方向上出现的有规则的波浪状隆起和凹陷，一般相邻隆起（凹陷）之间的距离不大于 1.5m
	推挤	仅发生在水泥混凝土和沥青道面交界的区域。由于交界处构造设置不合理或者失效等原因，水泥混凝土板块在温胀作用下对沥青道面形成推挤，引起沥青道面发生隆起或者开裂等现象
表层病害类	松散和老化	沥青混凝土中胶结料老化，造成中粗集料散失，道面表面出现"微坑"现象
	喷气烧蚀	沥青道面表层在飞机发动机高温尾气烧蚀的影响下发生碳化，造成胶结料黏性的丧失，一般表现为喷气烧蚀的道面与周边存在明显的色差

类别	损坏类型	特征
表层病害类	集料磨光	沥青混凝土中集料在飞机轮载反复作用下逐渐丧失纹理构造的现象
	泛油	因沥青混凝土油石比过高，或者沥青混合料空隙率过小，在高温等气候条件下沥青混凝土中的胶结料迁移到道面表面，并形成积聚
	油料腐蚀	飞机的燃油、机油或者其他具有腐蚀性的液体洒落在道面表面，对沥青混凝土造成的污染现象
修补损坏类	补丁和开挖补块	经过局部面层修补的道面

以上各种损坏类型参照《民用机场道面评价管理技术规范》MH/T 5024—2019 进行分级并按表 7.2-3 及表 7.2-4 的格式进行记录。损坏程度和损坏量可用目测和步测来估算，并借助卷尺等简单的仪器和工具来判定。

水泥混凝土道面损坏状况调查现场记录单　　　　　表 7.2-3

调查区域		调查单元		板块数量		
面积（m²）		日　期		气候条件		
损坏类型	1. 纵向、横向和斜向裂缝；2. 角隅断裂；3. 破碎板或交叉裂缝					
	4. 沉陷或错台					
	5. 胀裂；6. 填封料损坏；7. 接缝破碎；8. 唧泥和板底脱空					
	9. 耐久性裂缝；10. 收缩裂缝；11. 坑洞；12. 起皮、龟裂和细微裂纹；13. 板角剥落					
	14. 小补丁；15. 大补丁和开挖补块					
程度	L-轻　　　　M-中　　　　H-重　　　N-不分等级					
行编号	列编号	损坏类型	损坏程度	损坏量		
				长度（m）	面积（m²）	数量

沥青道面损坏状况调查现场记录　　　　　表 7.2-4

调查区域		调查单元		板块数量		
面积（m²）		日　期		气候条件		
损坏类型	1. 纵向、横向和斜向裂缝；2. 反射裂缝；3. 滑移裂缝；4. 龟裂；5. 不规则裂缝					
	6. 松散或老化；7. 喷气烧蚀；8. 集料磨光；9. 泛油；10. 油料侵（腐）蚀					
	11. 轮辙；12. 沉陷；13. 隆起；14. 搓板；15. 推挤					
	16. 大补丁和开挖补块					
程度	L-轻　　　　M-中　　　　H-重　　　N-不分等级					
行编号	列编号	损坏类型	损坏程度	损坏量		
				长度（m）	面积（m²）	数量

7.2.2 道面损坏等级评定

1. 道面损坏等级

道面损坏等级的评定通常采用 PCI（Pavement Condition Index）作为道面表观损坏状况的评价指标。PCI 的值为 0~100，其值越大，表明道面状况越好。

PCI 是美国陆军工程兵团在 20 世纪 70 年代提出的评价指标，目前已成为国际民航组织（ICAO）和美国联邦航空局（FAA）等机构普遍采用的道面损坏状况评价指标。

根据《民用机场道面评价管理技术规范》MH/T 5024—2019 相关要求，混凝土及沥青道面的 PCI 值计算流程如下：

1）计算每个单元的损坏密度 D_{ij}（%），其中 i 为损坏类型，j 为损坏程度；

2）根据损坏类型、损坏程度与损坏密度按损坏折损曲线确定各种损坏类型的损坏折减扣分值（DV_i）；

3）根据损坏折减扣分值（DV_i）的数量和数值，确定该单元的损坏最大折减值（MaxCDV）；

4）计算该单元的 PCI = 100 − MaxCDV；

5）根据部位或区块内每个单元的 PCI，按面积加权计算该部位或区块的 PCI；

6）根据 PCI 值对对应区域的道面损坏等级按表 7.2-5 进行评定。

道面损坏等级评定标准 表 7.2-5

评定等级	优	良	中	次	差
道面状况指数（PCI）	PCI ≥ 85	70 ≤ PCI < 85	55 ≤ PCI < 70	40 ≤ PCI < 55	PCI < 40

PCI 计算中各参数的具体公式详见《民用机场道面评价管理技术规范》MH/T 5024—2019 的附录 B 相关要求。

2. 道面结构损坏状况等级

为了更好地评价道面的结构完好程度，在 PCI 的基础上，FAA 提出了道面结构状况指数 SCI（Structural Condition Index），作为道面结构性损坏的评定指标。FAA 的统计资料表明，在设计年限内道面使用性能正常衰减的情况下，SCI 值一般不会低于 80，如果 SCI 小于 80，则道面表现出比较严重的结构性损坏，需要采取结构补强或修复措施。

根据《民用机场道面评价管理技术规范》MH/T 5024—2019 相关要求，混凝土及沥青道面的 SCI 值计算流程如下：

1）按表 7.2-6 中的结构性损坏类型，计算每个单元的损坏密度 D_{ij}（%），其中 i 为损坏类型，j 为损坏程度；

2）根据损坏类型、损坏程度与损坏密度按损坏折损曲线确定各种损坏类型的损坏折减扣分值（DV_i）；

3）计算该单元的 $SCI = 100 - \sum DV_i$。

机场道面结构性损坏类型 表 7.2-6

道面结构	水泥混凝土道面或上面层为水泥混凝土的复合道面	沥青混凝土道面或上面层为沥青混凝土的复合道面
结构性损坏类型	①纵向、横向和斜向裂缝 ②角隅断裂	①龟裂

道面结构	水泥混凝土道面或上面层为水泥混凝土的复合道面	沥青混凝土道面或上面层为沥青混凝土的复合道面
结构性损坏类型	③破碎板或交叉裂缝 ④沉陷或错台 ⑤胀裂 ⑥唧泥和板底脱空	②不规则裂缝 ③纵向、横向裂缝 ④轮辙

7.3　面层材料性能试验与评价

7.3.1　水泥混凝土性能试验与评价

1. 试验测定指标及数量

水泥混凝土道面出现大面积断板情况时，应进行面层材料的性能试验与评价。

性能试验测定的技术指标应包括水泥混凝土芯样的厚度和劈裂强度。

宜采用随机抽样的原则现场取样，每个评价区块的芯样数量宜不少于 5 个。

2. 芯样采取及厚度测量

芯样采取可使用牵引式或车载式取芯钻机。钻机由发动机或小型发电机驱动。钻头直径根据需要决定，一般选用 100mm 或 150mm 直径，均配备冷却装置。如芯样仅用于测量厚度，可选用 50mm 直径的钻头。

按照下列要求采取芯样：

1）在取样位置对钻孔位置作出标记。

2）将取芯钻机移动至取样点，固定取芯钻机支座，垂直放下钻头。

3）开启冷却装置，启动电动机，徐徐压下钻杆，钻取芯样，钻头下压过程尽可能保持平稳。

4）待钻孔深度贯穿测试层的全部厚度后，平缓拔出钻头，停止转动，采用钩针等器具取出芯样。

5）将钻取的芯样放于盛样器中，必要时封装。

6）填写样品标签，一式两份，一份粘贴在试样上，一份作为记录备查。试样标签应包括试件编号、分部工程/取样区域名称、取样位置、试件用途、取样日期、取样人员等信息，宜现场将试件清洗干净后拍照备案。

7）钻孔应立即进行修补：水泥混凝土道面可采用水泥混凝土修补，运营管理阶段的水泥混凝土道面应采用快凝水泥混凝土修补（龄期以满足适航时为准）；修补时应确保修补区域与周边道面之间的高差绝对值不大于 3mm，修补后应及时清扫并检查现场，确保现场没有碎粒或工具遗留。

芯样高度量测时应采用钢板尺或卡尺沿芯样圆周对称的十字方向量取 4 个位置，取其平均值作为该点测试的高度。

3. 芯样劈裂强度试验

劈裂抗拉强度试验可按照《普通混凝土力学性能试验方法标准》GB/T 50081—2002 及《公路工程水泥及水泥混凝土试验规程》JTG E30—2005 的相关要求进行。具体方法如下：

1）将现场钻取的芯样进行尺寸测量、机加工。试样加工高度为 15cm，如道面厚度不足或芯样有缺陷，应加工成 10.5～12.0cm 高的试件，并满足平整度及垂直度要求。

2）加工完成的芯样做劈裂抗拉强度试验，对于小于15cm的试件，劈裂抗拉强度应乘以修正系数1.3。

3）判断水泥混凝土集料类型，选择相应公式进行劈裂强度与弯拉强度换算，最后计算水泥混凝土面板弹性模量。

采用如下公式推算水泥混凝土的弯拉强度：

$$f_r = 1.868 \times f_{sp}^{0.871} \tag{7.3-1}$$

式中：f_r——水泥混凝土道面芯样的弯拉强度（MPa）；

f_{sp}——水泥混凝土道面芯样的劈裂强度（MPa）。

7.3.2 沥青混合料性能试验及评价

沥青道面出现大面积的松散、裂缝或者普遍出现轮辙情况时，应进行面层材料性能试验。宜采用随机抽样的原则现场取样，每个评价区块的芯样数量宜不少于5个。

性能试验测定的技术指标应包括：沥青混合料的沥青含量、空隙率、矿料级配、冻融劈裂比、肯塔堡飞散率，以及芯样中回收沥青的25℃针入度、60℃黏度、软化点和15℃延度等。试验方法应按照《公路工程沥青及沥青混合料试验规程》JTG E20—2011有关规定执行，各项技术指标推荐的试验方法如表7.3-1所示。沥青混凝土主要试验设备见图7.3-1～图7.3-4。

沥青混合料现场芯样及回收沥青的试验方法 表7.3-1

技术指标		试验方法
沥青含量		沥青混合料中沥青含量试验（离心分离法）（T 0722）
毛体积率	吸水率≤2%	压实沥青混合料密度试验（表干法）（T 0705）
	吸水率>2%	压实沥青混合料密度试验（蜡封法）（T 0707）
矿料级配		沥青混合料的矿料级配检验方法（T 0725）
水稳定性能		沥青混合料冻融劈裂试验（T 0729）
抗松散性能		沥青混合料肯塔堡飞散试验（T 0733）
沥青回收		从沥青混合料中回收沥青的方法（旋转蒸发器法）（T 0727）
回收沥青针入度		沥青针入度试验（T 0604）
回收沥青黏度		沥青动力黏度试验（真空减压毛细管法）（T 0620）
回收沥青软化点		沥青软化点试验（环球法）（T 0606）
回收沥青延度		沥青延度试验（T 0605）

注：沥青混合料空隙率的标准密度应查取施工阶段的资料，如果资料缺失可根据现场芯样重新进行马歇尔试验测定。

图7.3-1 稳定度测定仪

图7.3-2 密度试验仪

图 7.3-3　燃烧炉

图 7.3-4　肯塔堡飞散仪

1. 沥青含量试验（离心分离法）

1）适用范围

（1）本方法采用离心分离法测定黏稠石油沥青拌制的沥青混合料中的沥青含量（或油石比）。

（2）本方法适用于热拌热铺沥青混合料路面施工时的沥青用量检测，以评定拌合厂产品质量。此法也适用于旧路调查时检测沥青混合料的沥青用量，用此法抽提的沥青溶液可用于回收沥青，以评定沥青的老化性质。

2）主要仪器设备

（1）离心抽提仪：由试样容器及转速不小于 3000r/min 的离心分离器组成，分离器备有滤液出口。容器盖与容器之间用耐油的圆环形滤纸密封。滤液通过滤纸排出后从出口流出收入回收瓶中。仪器必须安放稳固并有排风装置。

（2）天平：感量不大于 0.01g、1mg 的天平各 1 台。

（3）电烘箱：装有温度自动调节器。

3）试验步骤

（1）向装有试样的烧杯中注入三氯乙烯溶剂，将其浸设，浸泡 30min，用玻璃棒适当搅动混合料，使沥青充分溶解。

（2）将混合料及溶液倒入离心分离器，用少量溶剂将烧杯及玻璃棒上的黏附物全部洗入分离器中。

（3）称取洁净的圆环形滤纸质量，准确至 0.01g。

（4）将滤纸垫在分离器边缘上，加盖紧固，在分离器出口处放上回收瓶，上口应注意密封，防止流出液呈雾状散失。

（5）开动离心机，转速逐渐增至 3000r/min，沥青溶液通过排出口注入回收瓶中，待流出停止后停机。

（6）从上盖的孔中加入新溶剂，数量大体相同，稍停 3～5min 后，重复上述操作如此数次直至流出的抽提液呈清澈的淡黄色为止。

（7）卸下上盖，取下圆环形滤纸，在通风橱或室内空气中蒸发干燥，然后放入 105℃±5℃ 的烘箱中干燥，称取质量，其增重部分（m_2）为矿粉的一部分。

（8）将容器中的集料仔细取出，在通风橱或室内空气中蒸发后放入 105℃±5℃ 烘箱中烘干（一般需 4h），然后放入大干燥器中冷却至室温，称取集料质量（m_1）。

（9）用压力过滤器过滤回收瓶中的沥青溶液，由滤纸的增重 m_3，得出泄漏入滤液中矿粉的质量。无压力过滤器时，也可用燃烧法测定。

2. 沥青混合料密度试验（表干法）

1）适用范围

（1）本方法适用于测定吸水率不大于 2%的各种沥青混合料试件，包括密级配沥青混凝土、沥青玛蹄脂碎石混合料（SMA）和沥青稳定碎石等沥青混合料试件的毛体积相对密度和毛体积密度。标准温度为 25℃±0.5℃。

（2）本方法测定的毛体积相对密度和毛体积密度适用于计算沥青混合料试件的空隙率、矿料间隙率等各项体积指标。

2）主要仪器设备

（1）浸水天平或电子天平：当最大称量在 3kg 以下时，感量不大于 0.1g；最大称量 3kg 以上时，感量不大于 0.5g。应有测量水中重的挂钩。

（2）溢流水箱：使用洁净水，有水位溢流装置，保持试件和网篮浸入水中后的水位一定。能调整水温至 25℃±0.5℃。

（3）试件悬吊装置：天平下方悬吊网篮及试件的装置，吊线应采用不吸水的细尼龙线绳，并有足够的长度。对轮碾成型机成型的板块状试件，可用铁丝悬挂。

3）试验步骤

（1）选择适宜的浸水天平或电子天平，最大称量应满足试件质量的要求。

（2）除去试件表面的浮粒，称取干燥试件的空中质量（m_a），根据选择天平的感量读数，准确至 0.1g 或 0.5g。

（3）将溢流水箱水温保持在 25℃±0.5℃。挂上网篮，浸入溢流水箱中，调节水位，将天平调平并复零，把试件置于网篮中（注意不要晃动水）浸水中 3~5min，称取水中质量（m_w）。若天平读数持续变化，不能很快达到稳定，说明试件吸水较严重，不适用于此法测定，应改用蜡封法测定。

（4）从水中取出试件，用洁净柔软的拧干湿毛巾轻轻擦去试件的表面水（不得吸走空隙内的水），称取试件的表干质量（m_f）。从试件拿出水面到擦拭结束不宜超过 5s，称量过程中流出的水不得再擦拭。

（5）对从工程现场钻取的非干燥试件，可先称取水中质量（m_w）和表干质量（m_f），然后用电风扇将试件吹干至恒重（一般不少于 12h，当不需进行其他试验时，也可用 60℃±0.5℃烘箱烘干至恒重），再称取空中质量（m_a）。

3. 沥青混合料密度试验（蜡封法）

1）适用范围

（1）本方法适用于测定吸水率大于 2%的沥青混凝土或沥青碎石混合料试件的毛体积相对密度或毛体积密度。标准温度为 25℃±0.5℃。

（2）本方法测定的毛体积相对密度适用于计算沥青混合料试件的空隙率、矿料间隙率等各项体积指标。

2）主要仪器设备

（1）浸水天平或电子天平：当最大称量在 3kg 以下时，感量不大于 0.1g；最大称量 3kg 以上时，感量不大于 0.5g。应有测量水中重的挂钩。

（2）水箱：使用洁净水，有水位溢流装置，保持试件和网篮浸入水中后的水位一定。

（3）试件悬吊装置：天平下方悬吊网篮及试件的装置，吊线应采用不吸水的细尼龙线绳，并有足够的长度。对轮碾成型机成型的板块状试件可用铁丝悬挂。

3）试验步骤

（1）选择适宜的浸水天平或电子天平，最大称量应满足试件质量的要求。

（2）称取干燥试件的空中质量（m_a），根据选择的天平感量读数，准确至 0.1g 或 0.5g。当为钻芯法取得的非干燥试件时，应用电风扇吹干 12h 以上至恒重作为空中质量，但不得用烘干法。

（3）将试件置于冰箱中，在 4～5℃条件下冷却不少于 30min。

（4）将石蜡熔化至其熔点以上 5.5℃±0.5℃。

（5）从冰箱中取出试件立即浸入石蜡液中，至全部表面被石蜡封住后迅速取出试件在常温下放置 30min，称取蜡封试件的空中质量（m_p）。

（6）挂上网篮、浸入水箱中，调节水位，将天平调平或复零。调整水温并保持在 25℃±0.5℃内。将蜡封试件放入网篮浸水约 1min，读取水中质量（m_c）。

（7）如果试件在测定密度后还需要做其他试验时，为便于除去石蜡，可事先在干燥试件表面涂一薄层滑石粉，称取涂滑石粉后的试件质量（m_s），然后再蜡封测定。

4. 肯塔堡飞散试验

1）适用范围

（1）本方法用以评价由于沥青用量或粘结性不足，有交通荷载作用下，路面表面集料脱落而散失的程度，以马歇尔试件在洛杉矶试验机中旋转撞击规定的次数，沥青混合料试件散落材料的质量百分率表示。

（2）标准飞散试验可用于确定沥青路面表面层使用的沥青玛蹄脂碎石混合料（SMA）、排水式大空隙沥青混合料、抗滑表层混合料、沥青碎石或乳化沥青碎石混合料所需的最少沥青用量。

（3）本方法的浸水飞散试验用以评价沥青混合料的水稳性。

2）主要仪器设备

（1）沥青混合料马歇尔试件制作设备。

（2）洛杉矶磨耗试验机。

（3）恒温水槽：水温控制在 20℃±0.5℃。

（4）烘箱：大、中型各 1 台，装有温度调节器。

（5）天平或电子秤：用于称量矿料的感量不大于 0.5g，用于称量沥青的感量不大于 0.1g。

3）试验步骤

（1）将试件放入恒温水槽中养护。对标准飞散试验，在 20℃±0.5℃恒温水槽中养护 20h。对浸水飞散试验，先在 60℃±0.5℃恒温水槽中养护 48h，然后取出后在室温中放置 24h。

（2）对标准飞散试验，从恒温水槽中取出试件，用洁净柔软的毛巾轻轻擦去试件的表面水，称取逐个试件质量 m_0，准确至 0.1g；对浸水飞散试验，称取放置 24h 后的每个试件质量 m_0，准确至 0.1g。

（3）立即将一个试件放入洛杉矶试验机中，不加钢球，盖紧盖子（一次只能试验 1 个试件）。

（4）开动洛杉矶试验机，以 30～33r/min 的速度旋转 300 转。

（5）打开试验机盖子，取出试件及碎块，称取试件的残留质量。当试件已经粉碎时，称取最大一块残留试件的混合料质量m_1。

（6）重复以上步骤，一种混合料的平行试验不少于 3 次。

7.4 道面结构性能测试与评价

7.4.1 道面结构性能测试与评价要求

以下情况应进行道面结构性能测试与评价：

1）道面损坏等级处于"中"或"中"以下，或者 SCI ≤ 80；

2）道面实际承受的荷载等级较设计荷载发生了变化；

3）计划实施道面结构补强，需要掌握旧道面的补强设计参数；

4）需要进行机场改扩建或者制定运行策略等宏观决策。

道面结构性能评价应重点分析道面结构对预测航空交通量的适应程度，包括道面结构评价参数确定和道面结构承载能力分析两方面。

7.4.2 道面结构性能评价参数

1. 评价参数

1）水泥混凝土道面结构性能评价参数包括面层有效厚度h_e、道面板弹性模量E_r、弯拉强度f_r、基层顶面反应模量k、道面接缝的弯沉比传递系数LTE_δ等。

2）沥青道面结构性能评价参数包括面层有效厚度h_e、面层弹性模量E_i、基层（垫层）的厚度h_j和弹性模量E_j、道基顶面的加州承载比 CBR 或者道基顶面回弹模量E_0。

2. 检测方法

各指标检测方法如下：

1）面层有效厚度h_e

水泥混凝土道面面层有效厚度h_e可按式(7.4-1)计算：

$$h_e = C_R h \tag{7.4-1}$$

式中：h_e——水泥混凝土道面面层有效厚度（mm）；

$\quad C_R$——水泥混凝土道面面层厚度损坏折减系数，可根据道面损坏等级，结合技术人员的工程经验，参考表 7.4-1 确定；

$\quad h$——水泥混凝土道面面层的实际厚度（mm），可通过竣工资料查阅、探地雷达测试或者现场钻取芯样确定。

水泥混凝土道面面层厚度损坏折减系数 C_R 取值范围　　　　　表 7.4-1

道面损坏等级	PCI ≥ 85	70 ≤ PCI < 85	55 ≤ PCI < 70	PCI < 55
C_R取值范围	1.00	0.75～1.00	0.50～0.75	0.35～0.50

注：对于各损坏等级，PCI 大时C_R取高值，PCI 小时C_R取低值。

沥青道面面层的有效厚度 h_e 可按式(7.4-2)计算：

$$h_e = C_F h \tag{7.4-2}$$

式中：h_e——沥青道面面层有效厚度（mm）；

　　　　C_F——沥青道面面层厚度损坏折减系数，可根据道面损坏等级，结合技术人员的工程经验，参考表 7.4-2 确定；

　　　　h——沥青道面面层的实际厚度（mm），可通过竣工资料查阅、探地雷达测试或者现场钻取芯样确定。

沥青道面面层厚度损坏折减系数 C_F 取值范围　　　　表 7.4-2

道面损坏等级	PCI ⩾ 90	85 ⩽ PCI < 90	PCI < 85
C_F 取值范围	0.95~1.00	0.90~0.95	0.85~0.90

注：对于各损坏等级，PCI 大时 C_F 取高值，PCI 小时 C_F 取低值。

2）水泥混凝土板的弯拉强度 f_r 与弹性模量 E_r

水泥混凝土板的弯拉强度 f_r 与弹性模量 E_r 宜采用现场钻芯测强法确定的水泥混凝土劈裂强度进行推算，水泥混凝土板的弯拉强度 f_r 可按式(7.3-1)计算，弹性模量 E_r 可按式(7.4-3)计算。

$$E_r = \frac{10 f_r}{0.96 + 0.0915 f_r} \tag{7.4-3}$$

式中：f_r——水泥混凝土板的弯拉强度（MPa）；

　　　　E_r——水泥混凝土板的弹性模量（GPa）。

3）水泥混凝土基层顶面反应模量 k

宜采用基于弯沉盆面积指数的结构参数反演方法计算水泥混凝土基层顶面的反应模量 k。弯沉盆面积指数法的计算方法可参照《民用机场道面评价管理技术规范》MH/T 5024—2019 附录 C 相关要求进行计算。

4）水泥混凝土道面接缝的弯沉比传递系数 LTE_δ

水泥混凝土道面接缝的弯沉比传递系数 LTE_δ 应根据 HWD 板边中点跨缝测量的结果，按式(7.4-4)计算：

$$LTE_\delta = \frac{D_{unload}}{D_{load}} \tag{7.4-4}$$

式中：D_{unload}——未受荷板距离接缝 150mm 位置处传感器的实测弯沉（μm）；

　　　　D_{load}——受荷板距离接缝 150mm 位置处传感器的实测弯沉（μm）。

5）沥青面层的弹性模量 E_i

沥青道面面层的弹性模量 E_i 宜参照表 7.4-3 取值。

沥青面层材料弹性模量建议取值　　　　表 7.4-3

类型	弹性模量（MPa）		泊松比
C_F 取值范围	基质沥青	改性沥青	
密级配细粒式沥青混合料	1200~1600	1400~2400	0.25~0.30
密级配中粒式沥青混合料	1000~1400	1200~2200	

类型	弹性模量（MPa）		泊松比
C_F取值范围	基质沥青	改性沥青	
密级配粗粒式沥青混合料	800～1200	1000～2000	0.25～0.30
沥青玛蹄脂碎石混合料	—	1200～1600	

6）沥青道面基层和垫层的厚度h_j

沥青道面基层和垫层的厚度应通过竣工资料查阅、探地雷达测试或现场钻取芯样确定。

7）沥青道面基层和垫层的弹性模量E_i

沥青道面基层和垫层的弹性模量E_i可参照表7.4-4取值。

沥青道面基层和垫层材料弹性模量建议取值 表 7.4-4

基层材料类型	弹性模量（MPa）
水泥稳定类基层	3000～4200
石灰粉煤灰稳定基层	2200～2800
粒料类基层	150～280
沥青稳定类基层	1000～1400
贫混凝土基层	5000～25000
碾压混凝土基层	20000～30000

8）沥青道面道基顶面加州承载比 CBR 及道基顶面回弹模量E_0

沥青道面道基顶面加州承载比 CBR 可通过重型落锤式弯沉仪（HWD）弯沉盆数据推算。如果具备现场开挖试坑的条件，应通过道基顶面现场 CBR 试验确定，也可根据道基的土组类型进行估算。

应根据 HWD 弯沉盆数据，参照《民用机场道面评价管理技术规范》MH/T 5024—2019附录 C 或与之配套的"机场道面结构参数反演分析程序"计算道基顶面回弹模量E_0，再按式(7.4-5)计算道基 CBR 值：

$$CBR = 1/\alpha \times E_0 \qquad (7.4-5)$$

式中：α——回归系数，取值范围 5～20，估算时可取为 10。

据道基的土组类型估算 CBR 时，宜参照表 7.4-5 并结合技术人员的工程经验取值。

常见道基 CBR 取值范围 表 7.4-5

道基的土组类型	CBR（%）
均匀颗粒的砾石或砾石质砂	25～50
粉质砾石，砾石-砂-粉土混合料	40～80
黏土质砾石，砾石-砂-黏土混合料；级配良好砂，砾石质砂，粉质砂，砂-粉土混合料	20～40
级配不良砂，砾石质砂	15～25

续表

道基的土组类型	CBR（%）
黏土质砂，砂-黏土混合料	10～20
粉土，砂质粉土，砾石质粉土，贫黏土，砂质黏土，砾石质黏土，粉质黏土	5～15
有机质粉土，贫有机质黏土，云母质黏土或硅藻土	4～8
肥有机质黏土，肥黏土	3～5

7.4.3　落锤式弯沉测试

1. 测试原理

以重型落锤式弯沉仪（HWD）为代表的弯沉测试具有原位测试、速度快、不破坏道面结构等优点，是世界各国道面结构性能测试最主要的方法，由于机场道面厚度较大，弯沉测试应采用重型落锤，以确保道面结构能够得到充分的响应量。

而弯沉盆面积指数法是目前国内外普遍采用的分析道面结构参数的弯沉数据处理方法。目前，国外主要采用美国空军（USAF，United States Air Force）弯沉盆面积指数法和美国公路战略研究计划（SHRP，Strategic Highway Research Program）面积指数法。国内主要采用《民用机场道面评价管理技术规范》MH/T 5024—2019 提出的含中心弯沉值的弯沉盆面积指数法及其改进方法。

弯沉盆面积指数法的理论依据为圆形均布荷载作用下温克尔地基上无限大弹性薄板挠度的理论解，可表示如下：

$$\omega(r) = \frac{qR}{kl} \int_0^\infty \frac{J_0\left(\frac{r}{l}t\right)J_1\left(\frac{R}{l}t\right)}{1+t^4} \, \mathrm{d}t \tag{7.4-6}$$

式中：$\omega(r)$——距圆形均布荷载中心距离为r的道面板挠度（m）；

$\quad q$——圆形均布荷载（MPa）；

$\quad R$——圆形均布荷载半径（m）；

$\quad k$——基顶反应模量（MN/m³）；

$\quad l$——理论相对刚度半径（m）；

$\quad J_0$——0 阶贝塞尔函数；

$\quad J_1$——1 阶贝塞尔函数；

$\quad t$——积分变量。

首先，采用距圆形均布荷载中心不同距离的若干弯沉值，依据梯形公式构造弯沉盆面积指数A_w，以实现弯沉解析解表达式中理论相对刚度半径l与基顶反应模量k的分离，弯沉盆面积指数A_w可表示如下：

$$A_w = \frac{s}{2\omega_i}\left[\omega_0 + 2(\omega_1 + \omega_2 + \cdots + \omega_{n-1}) + \omega_n\right] \tag{7.4-7}$$
$$i = 0, 1, \cdots, n$$

式中：s——测点间距（m）；

ω_i——第i号传感器测得的道面板在荷载作用下的挠度。

其次，依据理论相对刚度半径l与弯沉盆面积指数A_w的理论关系式或计算曲线，将通过实测弯沉值计算得到的A_w插值得到对应的实际相对刚度半径l'，即：

$$l' = f(A_w) \tag{7.4-8}$$

进而通过距圆形均布荷载中心特定距离r的实测弯沉值和弯沉系数$g(l)$推算出基顶反应模量k如式(7.4-9)所示。

$$k = \frac{qR}{\omega(0)l} \int_0^\infty \frac{J_0\left(\frac{r}{l}t\right)J_1\left(\frac{R}{l}t\right)}{1+t^4} \mathrm{d}t = \frac{qR}{\omega(0)}g(l) \tag{7.4-9}$$

$$\omega(0) = \frac{q\pi R^2 l^2}{8D} \tag{7.4-10}$$

$$l = \left[\frac{Eh^3}{12(1-\mu^2)k}\right]^{1/4} \tag{7.4-11}$$

$$D = k \cdot l^4 = \frac{Eh^3}{12(1-\mu^2)} \tag{7.4-12}$$

式中：$\omega(0)$——荷载中心处道面板挠度，即$r = 0$处的道面板挠度；

$\quad\quad E$——无限大板板体材料的弹性模量（MPa）；

$\quad\quad h$——无限大板的厚度（m）；

$\quad\quad \mu$——道面板的泊松比；

$\quad\quad D$——薄板的弯曲刚度（N·m）。

弯沉测试可用于道面结构承载能力评定，包括PCN计算、道面结构剩余寿命分析、水泥混凝土道面脱空状况和接缝传荷状况评价等。道面结构性能测试应选择跑道、滑行道和停机坪道面中飞机轮载主要覆盖的区域。

2. 测试设备

车载落锤式弯沉仪主要由以下几个部分组成：

1）荷载发生装置：重锤的质量及落高根据使用目的与道路等级选择，荷载由传感器测定。承载板宜为十字对称分开成4部分且底部固定有橡胶片。弯沉测试荷载最小级位详见表7.4-6。

弯沉测试荷载最小级位（单位：kN）　　　　　　表7.4-6

飞行区等级	3C	4C	4D	4E	4F
直径300mm承载板	85	90	100	110	120
直径450mm承载板	190	200	220	240	250

2）弯沉检测装置：由一组高精度位移传感器组成，传感器可为地震检波器，一般带有动态位移校核装置，数量为7~12个，最少应不少于4个，其中1个传感器应布设在承载板中心位置。传感器测试精度要求参见表7.4-7。

FWD 弯沉测试传感器精度要求		表 7.4-7
传感器最大量程（mm）	传感器分辨率（mm）	传感器相对精度
2	1×10^{-3}	$2\mu m \pm 2\% \times D$

注：D 表示测试弯沉，单位为 μm。

对于水泥混凝土道面，弯沉测试用于道面结构参数反演时，传感器最远距离宜不大于 1.5m；对于沥青道面，用于评估道基 CBR 或回弹模量 E_0 时，传感器最远距离宜不大于 2.1m。

3）运算控制装置：能在冲击荷载作用的瞬间内，记录冲击荷载及各个传感器所在位置测点的动态变形。

4）牵引装置：牵引落锤式弯沉仪并安装有运算及控制装置的车辆。

3. 测试步骤

1）道面弯沉测试应选择在飞机轮载能够覆盖的区域，测试过程中应注意收集测试区域道面结构的层次组合、厚度等基本信息。

2）弯沉测试设备应定期进行精度标定，测试前应选择测试区域的典型位置，按照测试要求进行重复测试，测试次数应不少于 5 次，确保各次测试结果具有良好的重现性；调整锤重和落锤高度，使荷载发生装置产生的冲击荷载的大小符合要求。

3）实地踏勘现场，根据道面部位、道面结构和测试目的确定弯沉测点的布置方案：

（1）对跑道、滑行道等条带状区域，测点应沿机场主要运行机型主起落架的两条轮迹线交替布置，轮迹线位置建议距离见表 7.4-8，测点纵向间距宜不大于 50m，对于特殊位置可酌情增加测点；

（2）停机坪区域的测点宜布置成网格状，测点间距范围宜为 50～100m，特殊位置可酌情增加测点；

轮迹线参考位置				表 7.4-8
机场主要运行机型	C 类	D 类	E 类	F 类
距跑道中心线距离（m）	3	4	5	3 或 6

注：对于水泥混凝土道面，参考表中距离选择相应板块。

（3）对于水泥混凝土道面，宜对同一板块的板中、板边和板角位置进行测试，弯沉传感器位置可参照图 7.4-1 设置。

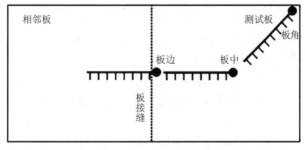

图 7.4-1　弯沉测试位置布置（水泥混凝土板块）

4）在板边中点进行弯沉测试时，应确保离荷载中心最近的两个传感器跨缝布置；对于沥青道面或上面层为沥青混凝土的复合道面，应通过机场气象站获取测试前 5h 的平均气温，用于弯沉的温度修正。

5）测试前应检测弯沉仪的精度，弯沉仪在道面上定点重复测试应不少于5次。若各次记录弯沉值的差异大于3%，应对弯沉检测装置的精度进行标定（图7.4-2）。

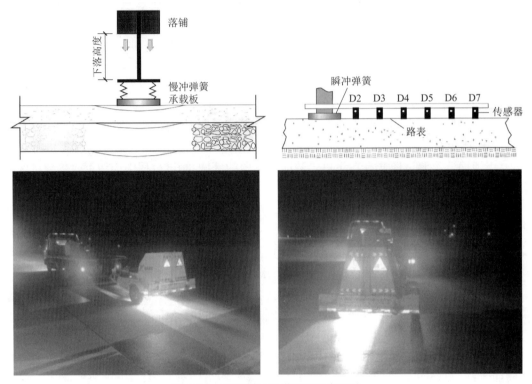

图 7.4-2　弯沉测试示意图及设备照片

7.4.4　道面结构承载能力

1. 结构承载能力试验方法及评价指标

通过道面结构承载能力的测定，可以鉴别出道面结构承载能力较差或不足的区域和部位，分析不同特征的道面结构对以往及当前航空交通量的适应情况。

承载能力测定方法分破损试验和非破损试验两类。破损试验主要通过钻芯取样并对道面各结构层的芯样进行物理、力学试验，获取其结构参数。非破损试验则通过道面的表面弯沉估算其结构能力。在大范围道面调查中，后者比前者更具优越性。

对于结构承载能力的评价指标比较多，如：由芯样室内试验所获得的道面力学特性（强度、模量等），由 FWD（Falling Weight Defectometer）或 HWD（Heavy Falling Weight Defectometer）测得的道面最大弯沉值或其他方法测得的表面静态弯沉；由 FWD 或 HWD 测得的弯沉值计算得来的冲击劲度模量 ISM（Impulse Stifmess Modular）、传荷系数、脱空系数等；由 FWD 或 HWD 测得的弯沉和道面各结构层的厚度，运用弹性地基板理论（刚性道面）或层状体系理论（柔性道面），反演场道地基及道面各结构层的模量。此外，还可以用 ACN（Aircraft Classification Number）—PCN（Pavement Classifcation Number）法通报道面强度。

根据《民用机场道面评价管理技术规范》MH/T 5024—2019 相关要求，机场实际运行机型对于道面结构适应性评价应采用 ACN—PCN 评价法，并符合下列规定：

1）不同机型的 ACN 值应参照《民用机场飞行区技术标准》MH 5001—2013 有关规定确定，或者参照飞机制造厂商提供的飞机手册确定。

2）道面的 PCN 应参照《民用机场道面评价管理技术规范》MH/T 5024—2019 附录 D 中的经验评定法或技术评定法进行计算。运输机场应采用技术评定方法。

3）ACN—PCN 评价标准应按《民用机场飞行区技术标准》MH 5001—2013 的有关规定执行。

2. ACN—PCN 评价法

1）ACN 及 PCN 含义

ACN—PCN 法是国际民航组织在 1983 年发布的机场道面结构承载能力的通报标准，该方法的本质是通过判断 ACN 与 PCN 数值的相对大小，决定该飞机能否在指定的道面上起降。ACN 为飞机等级号，其概念是在不需指定特定道面结构的条件下，根据道面类型和土基强度，通过该数值衡量飞机对道面的影响。PCN 为道面等级号，是衡量道面对飞机承载能力大小的数值，PCN 是一个与机型无关的数字。

PCN 反映了道面的承载能力，PCN 越大，道面承载能力越强，允许起落越重的飞机。跑道的 PCN 值一般是固定的，但是如果道面强度受冰冻等条件影响而有季节性的变化，则可以在不同的季节有不同的 PCN 值。

PCN 的表示方法为：PCN/90/R/B/X/T，其具体详见表 7.4-9。

PCN 代码含义一览表   表 7.4-9

	分类		代号	备注
1	道面类型	刚性道面	R	若道面结构是复合的或非标准类型，应加以注解
		柔性道面	F	
2	基础强度类型	高强度	A	代表刚性道面基层顶面反应模量 k 大于 120MN/m³；代表柔性道面道基顶面加州承载比 CBR 值大于 13
		中强度	B	代表刚性道面基层顶面反应模量 k 位于 60～120MN/m³ 区间；代表柔性道面道基顶面加州承载比 CBR 值位于 8～13 区间
		低强度	C	代表刚性道面基层顶面反应模量 k 位于 25～60MN/m³ 区间；代表柔性道面道基顶面加州承载比 CBR 值位于 4～8 区间
		特低强度	D	代表刚性道面基层顶面反应模量 k 小于 25MN/m³；代表柔性道面道基顶面加州承载比 CBR 值小于 4
3	最大允许胎压类型	胎压无限制	W	胎压无限制
		高	X	胎压上限至 1.75MPa
		中	Y	胎压上限至 1.25MPa
		低	Z	胎压上限至 0.50MPa
4	评定方法	技术评定	T	表示对道面特性进行检测评定或理论评定
		经验评定	U	表示对道面特性依据使用经验评定

2）ACN 计算

ACN—PCN 评价方法的基本概念是构建一个尽可能与道面厚度无关的 ACN 值，用于评价飞机对道面的影响，同时采用相同的标准，构建一个与飞机起落架无关的 PCN 值，用于评价道面对飞机的承载能力。因此，为消除 ACN 值与道面厚度无关以及 PCN 值与机型无关的核心技术手段就是引入当量单轮荷载，采用板中加载，并采用相同的道面结构破坏标准。

国际民航组织 ICAO 颁布了刚性道面 ACN 计算方法，依据 Westergaard 板中荷载应力计算公式，考虑 4 种地基强度等级，其数值为 1.25MPa 胎压的标准单轮荷载作用在参考厚度的道面板板中位置，调整轮印面积，当板底产生 2.75MPa 应力时所对应的轮印重量（以吨计）的两倍。参考厚度决定了 ACN 值的大小，不同机型对应不同的参考厚度。其计算方法为，将所求机型的主起落架荷载作用在道面板板中，调整道面板板厚，使板底弯拉应力为 2.75MPa 时所对应的板厚为参考厚度。可利用 Pickett 和 Ray 影响图或者有限元方法进行道面板应力计算。

3）PCN 计算

国际民航组织详细给出了 ACN 的计算过程，但是在 PCN 方面并没有给出一套规范的方法，允许不同国家或部门采用自己的计算方法。国内外最先采用的是 ICAO 颁布的当量单轮荷载法，目前我国规范中采用的是基于轮载转换的评价机型法，国外主要采用的是基于 CDF 进行交通量转换的评价机型法，且美国 FAA 开发了 COMFAA3.0 软件进行 PCN 值的计算。

（1）当量单轮荷载法

当量单轮荷载法是由国际民航组织 ICAO 最初颁布的 PCN 计算方法，也是国内外最先采用的计算方法。该方法基于温克尔弹性地基，利用 Westergaard 板中理论解，PCN 数值为使标准胎压 1.25MPa 的单轮荷载在板中产生 2.75MPa 应力时所对应的单轮荷载（以吨计）的两倍。

（2）基于轮载转换的评价机型法

目前《民用机场道面评价管理技术规范》MH/T 5024—2019 中道面 PCN 值计算采取的是基于轮载转换的评价机型法，该方法与当量单轮荷载法相比，考虑了飞机荷载的疲劳作用，考虑了临界荷位，采用板边加载形式。但是 PCN 值随评价机型选取的不同而不同。该方法计算刚性道面面层材料的剩余弯拉强度，然后以道面最不利位置所能承受的评价机型最大重量所对应的 ACN 值作为道面的 PCN 值。选出评价机型后，机型组合中的其他机型换算为评价机型的当量运行次数。

2019 年 11 月 1 日起施行的《民用机场道面评价管理技术规范》MH/T 5024—2019 对原规范中刚性道面 PCN 值计算进行了修订。原规范以对道面结构厚度要求最大的机型作为评价机型，以评价机型最大允许重量对应的 ACN 值作为道面的 PCN 值。新规范借鉴了 FAA 的 PCN 计算方法，不再选取某一特定机型作为评价机型，而是将机场运营的所有机型分别作为评价机型进行 PCN 值的计算，选取其中最大的 PCN 值作为道面的 PCN 值。

（3）基于 CDF 转换的评价机型法

FAA 基于线性累积损伤原理开发了 COMFAA3.0 软件，目前世界许多国家逐渐借鉴此方法进行道面 PCN 值计算。该方法实际上是对我国基于轮载转换的评价机型法的改进，其中主要的改进之处在于以下两点：

①该方法考虑滑行道构型和飞机燃油情况引入交通周期率（P/TC），并认为飞机在道面上运行时并不严格地按照直线行驶，存在一定的侧向偏移，按照飞机轮迹在道面上服从"正态分布"，采用通行覆盖率（P/C）来计算飞机前载重复作用次数。

②基于累积损伤因子（CDF）进行不同机型之间交通量的换算，CDF为评价期内预期覆盖次数与允许覆盖次数之比，CDF表征的是对道面的损伤程度，基于CDF进行交通量换算保证了转换前后对道面产生的疲劳损伤等效，较轮载换算方法更加合理。

7.5　道面功能性能测试与评价

7.5.1　道面功能性能测试内容及要求

道面功能性能评价应包括道面抗滑性能、排水性能和平整度等。道面功能性能的评价结果应作为道面功能性整治工程的技术依据。

7.5.2　抗滑性能测试

1. 抗滑性能基本特征

抗滑性是指水泥混凝土道面在受到水或油污染等情况下，不易发生滑动的性能。它包括水泥混凝土道面的摩擦系数、附着力、力学性质等方面。

抗滑性是路面的表面特性，用轮胎与路面间的摩擦系数来表示。影响抗滑性能的因素有路面表面特性、路面潮湿程度和行车速度等。

路面的表面特性包括路表面微观构造和宏观构造。微观构造是指集料表面的粗糙度，它随车轮的反复磨耗而渐被磨光。通常采用石料磨光值（PSV）表征抗磨光的性能。宏观构造是指一定面积的路表面凹凸不平的开口孔隙的平均深度。通常由构造深度表征。

微观构造在低速（30~50km/h以下）时对路表抗滑性能起决定作用，而高速时主要作用的是宏观构造。

2. 抗滑性能测试方法

抗滑性能测试方法及对应指标主要有以下几种：

1）制动距离法（摩阻系数f）；

2）摆式仪法（摩阻摆值BPN）；

3）偏转轮拖车法（横向力系数SFC）；

4）手工铺砂法、电动铺砂法（构造深度TD）；

5）激光构造深度仪法（构造深度TD）。

根据《民用机场水泥混凝土道面设计规范》MH/T 5004—2019相关要求，机场道面抗滑性能测试与评价应针对跑道和快速出口滑行道布设测线，测线应沿飞机轮迹带方向布置。道面抗滑性能应采用道面摩擦系数作为评价指标，道面构造深度可作为参考依据。

3. 道面摩擦系数测试

道面摩擦系数测试应在标准湿态条件下进行，实测摩擦系数应按100m分段平均，取分段平均的最低值作为抗滑性能的评价指标，评价标准应参照表7.5-1评定。测试照片见图7.5-1。

<table>
<tr><td colspan="8">道面摩擦系数评价标准　　　　　　　　表 7.5-1</td></tr>
</table>

测试仪器	测试轮胎		测试速度（km/h）	抗滑性能等级		
	类型	压力（kPa）		好	中	差
Mu 仪拖车	A	70	65	≥0.52	0.42～0.52	≤0.42
	A	70	95	≥0.38	0.26～0.38	≤0.26
滑溜仪拖车	B	210	65	≥0.60	0.50～0.60	≤0.50
	B	210	95	≥0.47	0.34～0.47	≤0.34
表面摩阻测试车	B	210	65	≥0.60	0.50～0.60	≤0.50
	B	210	95	≥0.47	0.34～0.47	≤0.34
TATRA 摩阻测试车	B	210	65	≥0.57	0.48～0.57	≤0.48
	B	210	95	≥0.52	0.42～0.52	≤0.42
抗滑测试仪拖车	C	140	65	≥0.53	0.43～0.53	≤0.43
	C	140	95	≥0.36	0.24～0.36	≤0.24

注：测试轮胎类型 A、B、C 的划分，参见《国际民用航空公约》附件 14。

图 7.5-1　摩擦系数测试仪照片（Mu 仪拖车）

4. 道面构造深度测试

道面构造深度测试宜采用铺砂法，测试方法可按《民用机场道面现场测试规程》MH/T 5110—2015 有关规定执行。道面构造深度以测试区域内的算术平均值表示，必要时提供标准差和变异系数。评价标准可按表 7.5-2 执行。

<table>
<tr><td colspan="4">道面构造深度等级标准　　　　　　　　表 7.5-2</td></tr>
</table>

抗滑性能等级	好	中	差
构造深度（mm）	≥1.0	0.6～1.0	<0.6

7.5.3　平整度测试

1. 平整度基本特征

道面平整度是指道面相对于理想平面的竖向偏差，其与道面各结构层的平整状况有一定的联系，各结构层的平整效果将累计反映到道面上来。

2. 平整度测试方法

平整度检测常用设备有断面类法和反应类法两类。断面类法是通过检测道路纵断面的高低畸变来评价路面的平整度，如最常用的 3m 直尺、连续式平整度仪及激光断面测试仪等（测试系统要求采样间隔不超过 250mm，传感器测距允许误差为 1mm，达不到要求的，则应视为反应类测试系统）。

反应类法是通过测定由于路面凹凸不平引起车辆颠簸的情况，为舒适性指标，最常用的测试设备是车载式颠簸累积仪、BPR 平整度测试仪、NAASRA 平整度测试仪和国际平整度指数（IRI）法等。

根据《民用机场水泥混凝土道面设计规范》MH/T 5004—2010 相关要求，机场跑道和快速出口滑行道的平整度评价指标应采用波音平整度指数（BBI）或者国际平整度指数（IRI）；不具备测试条件时，可采用 3m 直尺法进行评价。其他区域的平整度应采用 3m 直尺法进行评价。

3. 波音平整度指数（BBI）

波音平整度方法是为数不多的针对跑道平整度的评价方法之一。为了解决功率谱密度方法无法区分小振幅多波动还是大振幅少波动的问题，波音公司于 20 世纪 60 年代开始机场道面平整度相关研究工作。基于波音飞机滑行的疲劳损伤试验，即满载的 B727 飞机，在接近起飞速度 130～200 节（241～371km/h）之间的主起落架疲劳试验，提出了基于最大隆起高度（Bump Height）和隆起长度（Bump Length）两者关系的评价指标。

用于计算波音平整度指数（BBI）的道面纵断面相对高程宜采用纵断面相对高程自动采集设备，应以调查区域内 BBI 的算术平均值进行分段评价，评价标准参照图 7.5-2 执行。

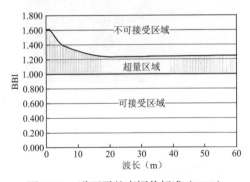

图 7.5-2　道面平整度评价标准（BBI）

注："可接受区域"表示跑道的平整度不需要进行维护；"超量区域"表示跑道的平整度需要立即进行维护；
　　"不可接受区域"表示跑道的平整度不能满足适航要求，应该关闭。

纵断面测量的数据采样间距宜采用 0.25m，当采用其他大于 0.25m 的采样间距时，应将数据插值处理为 0.25m 间距的数据。纵断面高程采集应沿跑道中线和两侧偏移一定距离处的直线测量，不同飞行区指标 I 的道面两侧测量位置与中线距离如表 7.5-3 所示。

两侧测量位置离中线距离　　　　　　　　　　　　　　　　表 7.5-3

飞行区指标 I	A	B	C	D	E/f
两侧测量位置离中线距离（m）	1.5	2.0	3.5	5.0	6.0

4. 国际平整度指数（IRI）

平整度测定的方法和仪器很多，相应采用的指标也各不相同。为了使采用不同方法和仪器测定的结果可以相互比较，需要寻找一个标准的（或通用的）平整度指标，它同其他平整度指标有良好的相关关系。

为了解决上述问题，世界银行于 1982 年提出了采用国际平整度指数（IRI）作为评价标准的建议。国际平整度指数（IRI）是一项标准化的平整度指标。它同反应类平整度测定系统类似，但是采用的是数学模型模拟 1/4 车轮（即单轮，类似于拖车）以规定速度行驶在路面断面上，分析行驶距离内动态反应悬挂系的累积竖向位移量，标准测定速度规定为 80km/h，测定结果单位为 m/km。

国际平整度指数（IRI）可通过激光平整度仪（图 7.5-3）自动测试并计算。测试时，应沿各区域的轮迹带布设测线。应以调查区域内 IRI 的算术平均值进行分段评价，评价标准按照表 7.5-4 执行。

跑道和快滑道平整度等级评价标准（IRI 指标）   表 7.5-4

评价标准	优	良	中	次
沥青道面（m/km）	< 2.3	2.3~3.5	3.5~4.3	> 4.3
水泥混凝土道面（m/km）	< 2.5	2.5~3.5	3.5~4.3	> 4.3

图 7.5-3　激光平整度仪

5. 3m 直尺法

3m 直尺是由硬木或铝合金等材料制成，底面平直，长 3m。用于测量道面纵断面起伏高度，要求准确至 0.2mm，每 200m 测两处，每处要求连续 10 尺，然后计算 10 个最大间隙的平均值、不合格尺数及合格率。这种测试方法全部由人工操作，因此人为因素较大、精度较低，而且测试效率低下，现已不适于运行中进行检测评定。

3m 直尺法应以 3m 直尺下最大间隙（R）的平均值和最大间隙大于 5mm 所占百分比作为评价指标；对于水泥混凝土道面还应包括邻板差的平均值和邻板差大于 5mm 所占百分比。3m 直尺法评价道面平整度的标准参照表 7.5-5 执行。

道面平整度状况等级评价标准（3m 直尺法）   表 7.5-5

评价等级	3m 直尺下最大间隙（R）		水泥混凝土道面邻板差	
	平均值（mm）	大于 5mm（%）	平均值（mm）	大于 5mm（%）
好	< 3.0	< 10	< 2.0	< 5
中	3.0~5.0	10~20	2.0~4.0	5~20
差	> 5.0	> 20	> 4.0	> 20

注："好"和"中"等级必须所有指标全部合格，否则应判定为下一等级。

7.5.4　排水性能测试

1. 道面排水系统及测试方法

在危害机场道面使用性能和运营安全的诸多因素中，水是主要原因之一。机场道面的典型病害，如唧泥、错台、板底脱空、断板以及沥青道面的松散、剥落、龟裂等，都不同程度地与地表水（或其下渗水）的作用有关。一方面，水体的侵蚀会降低道面结构的强度和稳定性，加剧道面结构的损坏，导致道面使用性能的快速衰变，缩短其使用寿命。另一方面，飞机高速滑行区域的道面积水可能导致飞机飘滑，严重影响运营安全。因此，为了快速排除地表水，机场道面布设了以纵、横坡和集水沟（井）为主体的排水系统。

机场道面排水性能应通过道面坡度、积水点数量与面积、积水深度等进行评价。

2. 道面坡度测量

道面坡度测量应通过高程测量获得各测点的高程，结合设计资料和飞行区技术标准，判断道面横坡是否符合要求，并分析是否存在排水反坡。

高程测点间距应满足表 7.5-6 的要求。跑道与滑行道的横坡坡度应满足表 7.5-7 的标准，停机坪的坡度宜介于 0.4%～0.8%。

高程测点间距　　　　　　　　　　　　表 7.5-6

道面类型	水泥混凝土道面	沥青混凝土道面
测点间距（m）	5 或 10	20～30

跑道与滑行道横坡坡度标准　　　　　　　表 7.5-7

飞行区技术指标Ⅱ	A	B	C	D	E	F
横坡坡度（%）	1.0～2.0	1.0～2.0	1.0～1.5	1.0～1.5	1.0～1.5	1.0～1.5

3. 积水点调查

积水点调查的评价结果应以调查区域内积水点个数、积水深度和面积表示，宜采用高程法或目测法。并参照以下规定执行：

有关规定将道面结构的有效厚度 h 作为道面设计厚度，通过迭代试算的方法分析确定道面的容许累计作用次数 N_s，转换成为道面容许当量运行次数 N 后，根据机场运行架次推断道面结构剩余寿命。

1）高程法是通过高程测量绘制道面等高线图，确定积水点的坐标，计算积水面积和最大积水深度；

2）目测法应在雨后通过目测确定积水点的位置，量测积水面积和深度。

高程法具有形象、准确的优点，但是需要以密集的高程测点为代价来保证精度；而目测法则具有快速、易于操作的优点。

7.6　道面剩余寿命预估

7.6.1　剩余寿命预估方法

1）当前对刚性机场道面剩余寿命的预测分析主要基于两个方面：一方面是按照设计方

法的逆运算进行计算，在现场检测数据的基础上建模分析，结果更加符合道面混凝土的实际状况；另一方面是基于 Miner 定律，考虑飞机对混凝土的累积损伤，构建刚性道面剩余寿命的预测模型，该方法更加符合飞机对混凝土的实际作用情况。

2）目前最为主流的预测方法是采用逆设计法预测机场道面的剩余寿命，国内外许多预测模型都是基于这一思路进行的。

3）目前对道面功能性剩余寿命预测主要有负指数曲线模型、S 形曲线模型、双指数反S 曲线模型、幂级数模型等，我国《民用机场道面评价管理技术规范》MH/T 5024—2019提出的机场道面功能性剩余寿命预测方法就是基于双指数反 S 曲线模型建立的。

4）《民用机场水泥混凝土道面设计规范》MH/T 5004—2010 认为机场道面的结构性作用和功能性作用同等重要，不应该忽视其中任何一项。因此道面寿命预估可基于结构性能衰变的结构性剩余寿命预估，也可基于表观性能衰变的功能性剩余寿命预估，二者并没有主次之分。其中道面结构性剩余寿命采用逆设计法进行预测，道面功能性剩余寿命基于双指数反 S 曲线模型进行预测。

7.6.2　道面结构性剩余寿命预估

道面结构性剩余寿命预估通常采用结构设计的逆过程，以分析得到的剩余作用次数作为结构性剩余寿命。水泥混凝土道面与沥青道面的结构设计方法不同，两者的结构性剩余寿命预估方法和流程也不同。对于各种复合道面，则需做相应的简化处理。

结构性剩余寿命应根据《民用机场水泥混凝土道面设计规范》MH/T 5004—2010 或者《民用机场沥青道面设计规范》MH/T 5010—2017 的有关规定，将道面结构的有效厚度h_e作为道面设计厚度，通过迭代试算的方法分析确定道面的容许累计作用次数N_e，转换成为道面容许当量运行次数N_s后，根据机场运行架次推断道面结构性剩余寿命。

7.6.3　道面功能性剩余寿命预估

1. 预测模型

道面功能性寿命预估应根据道面 PCI 数据，采用确定型回归预估模型或概率型马尔可夫模型进行分析。模型选择时宜符合下列规定：

1）同一位置的道面，或道基强度、结构组合与材料组成基本相同，荷载特征和环境因素差异较小的一组道面，宜选择确定型回归模型；

2）不同位置的道面，或道基强度、结构组合与材料组成、荷载特征和环境因素差异较大的一组道面，宜选择马尔可夫模型。

2. 预估方法

道面功能性寿命确定型回归预估模型可采用式(7.6-1)，道面状况指数（PCI）的积累数据应不少于时间跨度 5 年，历史数据应不少于 5 个。

$$PCI_c = 100 \times \left[1 - e^{-\left(\frac{A}{Y_s}\right)^B} \right] \tag{7.6-1}$$

式中：PCI_c——道面满足使用要求的 PCI 临界值（最小值），建议取值范围为 55～70；

$\quad\quad Y_s$——道面剩余寿命（年）；

　　A、B——模型参数，应根据实测数据回归确定。

　　道面功能性寿命确定型回归预估模型构建应按下列步骤进行：

　　1）绘制道面族的 PCI 衰变曲线；

　　2）延长评价区域的实测 PCI 曲线，使之与该区域所属道面族的 PCI 衰变曲线基本平行，得到该评价区域的预测曲线；

　　3）通过评价区域的预测曲线由 PCI_c 确定道面功能性剩余寿命。

　　采用概率型马尔可夫模型时，应以道面状况指数（PCI）作为表征道面性能指标的预估变量，以年作为基本时间单位。马尔可夫模型可表示为：

$$I(T) = I(0)P^t \tag{7.6-2}$$

式中：$I(T)$——预测年度道面损坏状况指数（PCI）在状态空间上的分布概率，状态空间为
　　　　　　　"优、良、中、次、差" 5 个状态等级；

　　　　$I(0)$——起始年度道面损坏状况指数（PCI）在状态空间上的分布概率；

　　　　P——马尔可夫状态转移概率矩阵。

　　应根据道面结构和材料组合、荷载及环境等因素差异，采用回归分析的方法确定马尔可夫状态转移概率矩阵。

　　预估模型建立后应根据实测数据进行验证，实测数据更新后，应及时对预估模型及其参数进行修正。

第8章

智慧机场

智慧机场是指通过运用数字化、自动化、大数据分析和物联网等先进技术，对机场的各个环节和部门进行智能化的改造和优化，从而提高机场的管理服务效率，增强机场的安全性，促进机场的全面低碳化，实现机场的可持续发展的机场。智慧机场涵盖了机场的规划设计、建设运营、维护管理、安全保障、客户服务、商业运营等多个方面，通过构建智慧机场管理系统，实现机场的数据采集、传输、存储、分析和应用，支持机场的决策制定和执行，提升机场的综合竞争力和社会效益。

8.1 基本要求

依托智慧机场管理系统辅助机场管理机构进行机场场道的维护、运营管理是机场基础设施建设的发展趋势，我国目前还处于积累经验的阶段，应该积极倡导。智慧机场的建设应满足以下基本要求：

1）安全性：实时监测机场场道表面情况，可以识别任何可能影响飞机着陆和起飞的异常情况，如异物、积水、雪冰等。采用先进的预警系统，能够检测潜在的安全隐患，并可向相关人员及时发送警报，以便采取必要的紧急措施。

2）可靠性：设备和传感器有较高可靠性，可确保监测系统在各种极端天气和环境条件下都能保持稳定运行。

3）实时性：拥有实时监测传输机制，确保机场各类状况的实时展示与分析。实现即时通报，确保有关人员能够立即发现机场存在的危险源。

4）集成能力：能够集成来自不同源头与格式的数据，包括传感器、气象站、GIS 等。与其他机场管理系统进行紧密集成，确保信息共享和协同工作，提高整体运行效率。

5）数据存储和分析：对实时监测数据能够进行可靠的长期存储。具备强大的数据分析功能，通过历史数据和实时数据的比对，提供更深入的趋势分析，支持更精准的决策制定。

6）合规性：遵守国际和本地的民航法规和标准，确保监测系统的设计、实施和运行符合相关法规的要求。

8.2 智慧机场平台

为了更好地践行智慧机场技术与机场岩土工程实践的深入融合，中航勘察设计研究院有限公司在公司工程智慧平台的基础上，结合智慧机场这一应用场景，进一步深化自动化传感设备体系在机场建设和维护领域的应用，构建了更为合理和高效的数据处理分析框架（图 8.2-1）。同时，引入了数字孪生模型作为三维实景机场展示的数字底座，为机场管理人员提供直观且简洁的展示平台。同时，通过多领域数据协同分析与专家智能评价模块的引入，实现了高效的数据分析与未来预测功能。

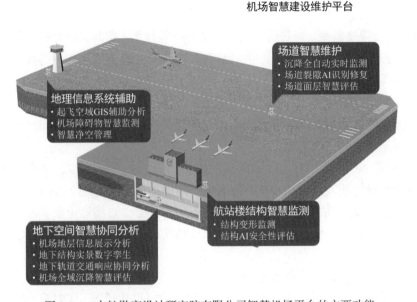

图 8.2-1　中航勘察设计研究院有限公司智慧机场平台的主要功能

8.2.1　平台主要功能

1. 地理信息系统辅助

1）起飞空域 GIS 辅助分析。通过三维可视化展示起飞空域的净空情况，为机场净空管理提供决策支持。该功能可以帮助机场管理人员快速了解起飞空域的实时状态，发现潜在的净空隐患，以便及时采取措施进行处置。

2）机场障碍物智慧监测。通过雷达、激光等传感器，实时监测机场周边的障碍物情况，根据监测结果，实时发出预警，帮助机场管理人员及时发现机场周边障碍设施，保障飞行安全。

3）智慧净空管理。利用 GIS、大数据等技术，对机场净空情况进行综合管理，提高净空保障水平。该功能可以帮助机场管理人员对机场净空情况进行全面、动态的监控，并及时采取措施进行低空航线与飞行策略调整，保障飞行安全。

2. 地下空间智慧协同分析

1）机场地层信息展示分析。通过展示机场地下地层信息，辅助分析地下空间开发利用。该功能可以帮助机场管理人员了解机场地下地层的结构、性质等信息，为地下空间开发利用提供决策支持。

2）地下结构实景数字孪生。通过建立地下结构的实景数字模型，辅助分析地下空间运行状态。该功能可以帮助机场管理人员了解地下结构的运行情况，发现潜在的安全隐患，并及时采取措施进行处置。

3）地下轨道交通响应协同分析。通过智慧地下监测系统采集的数据，协同分析地下轨道交通与其他地下设施之间的相互影响。该功能可以帮助机场管理人员了解地下轨道交通对其他地下设施的影响，并采取措施进行减振、隔声等处理。

4）机场全域沉降智慧评估。机场全域沉降智慧评估功能，利用大数据、AI等技术，对机场全域沉降情况进行智能评估。该功能可以帮助机场管理人员了解机场全域的沉降情况，为地下空间开发利用、场道建设维护等提供决策支持。

3. 场道智慧维护

1）场道运行智慧监测。通过传感器、视频解析等技术，实时监测场道运行情况，并对突发情况进行预警。该功能可以帮助机场管理人员及时发现场道运行中的异常情况，并采取措施进行处置。

2）沉降全自动实时监测。利用自动化监测感知设备，对场道沉降情况进行全天候、全自动监测。该功能可以帮助机场管理人员及时掌握场道不同区域沉降破损情况，并根据其发展趋势，制定相应的控制措施。

3）场道裂隙AI识别。利用AI视频识别技术，自动识别场道裂隙、塌陷等破损点。该功能可以帮助机场管理人员提高场道巡检效率，降低维护成本。

4）场道道面智慧评估。利用大数据技术与云计算平台，对场道道面状况进行全方位智能评估，帮助机场管理人员了解场道道面的服役情况，为后期维护策略的制定提供必要的参考。

4. 航站楼及附属建筑结构智慧监测

1）结构变形监测。通过在航站楼结构的关键部位布设传感器，实时监测结构的变形情况，包括沉降、倾斜、位移等。平台系统可实时采集数据并进行分析处理，生成变形趋势图，实时发布变形预警信息，提前发现结构潜在的安全隐患，避免重大安全事故发生，为航站楼维护保养提供数据支撑。

2）结构AI安全性评估。利用人工智能数据分析技术，对航站楼结构的承载能力、抗震性能、耐久性等进行综合评估，并给出安全性等级和建议。智慧分析技术的引入，可以更加精准地评估航站楼结构的安全性，避免过度保守或过分激进的判断。提供可量化的评估结果，便于决策制定和风险管理。随着数据积累和算法优化，评估模型的准确性和可靠性将不断提升。

8.2.2 技术架构

1. 数字孪生机场

数字孪生机场是通过物联网、人工智能等技术，将物理机场中的数据进行实时采集、传输、处理，并在虚拟空间中进行复制，形成一个与物理机场完全相同的虚拟模型。数字孪生机场具有实时监测、仿真预测、优化决策等功能。通过物联网、大数据等技术，采集机场内的各项运行数据，对采集到的数据进行清洗、标准化、融合等处理，形成可用的数据集，根据数据集构建机场的数字孪生模型，将物理机场模型转化为数字孪生机场模型。

2. 智能感知设备

智能感知设备是数字孪生机场的基础，用于采集机场内外各类运行与监测数据。智能感知设备主要包括以下模块：

1）智能传感器：用于采集机场的各项运行数据，包括温度、湿度、空气质量、人流量、车流量、设备状态等。

2）数字采集模块：用于将采集到的数据转换成数字格式，便于传输和处理。

3）网络连接设施：用于连接智能感知设备和数据中心。

4）智能计算设备：用于处理汇总到数据中心的各类数据的硬件设施，通常为云计算平台或大型计算工作站。

3. 数据分析平台

数据分析平台是数字孪生机场的数据处理核心，用于对采集到的数据进行分析，生成可视化报告。数据分析平台包括数据中心、大数据分析平台、运行展示平台、AI专家系统智能分析等核心功能，其中数据中心用于存储采集到的数据。大数据分析平台用于数据分析，生成可视化报告。运行展示平台用于展示机场各类传感器运行情况与可视化评估结果，包括监测数据与预警信息等；AI专家系统智能分析平台利用人工智能技术对数据进行智能分析，发现潜在的问题。

4. 扩展应用

智慧机场平台的各部分功能相互关联、相互协同，共同实现智慧机场建设的目标（图 8.2-2、图 8.2-3）。智慧机场体系可以扩展为各类业务流程，实现空间数据展示、建设管理、智慧运维、AI评估、智能决策、预警预报等一系列功能。

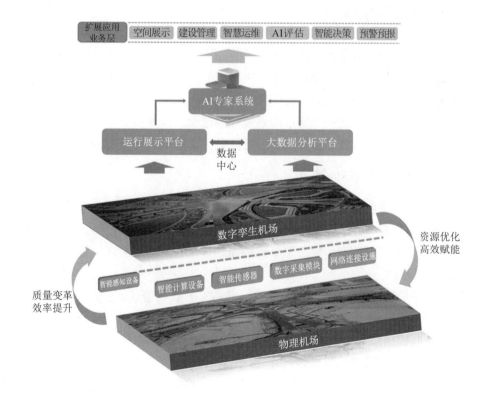

图 8.2-2 智慧机场系统架构图

图 8.2-3　智慧机场平台技术路线

8.3　机场实景数字孪生

　　智慧机场数字孪生模型是智慧机场系统的核心。这一技术借助现代传感器和三维建模工具，旨在创造一个虚拟的、与物理机场一一对应的数字模型，提供实时的地理和建筑信息，用以监测、模拟、分析机场的运行情况，支持机场运营、维护和决策过程。

　　建设数字孪生机场模型是一个复杂而系统性的过程，涉及多个领域的知识和技术。本书结合机场场道岩土工程实践，将详细介绍建设数字孪生机场场道模型的一般步骤。

8.3.1　运营数据采集与处理

　　建设数字孪生模型的关键是数据。需要收集机场运行过程中的各种数据，包括航班信息、地面交通流、气象条件、设备运行状态等。这可能涉及与航空公司、空中交通管制部门、气象局等多个部门的数据集成。采集到的原始数据需要经过清理、整理和标准化，以确保其质量和一致性。

　　1）航班数据采集：通过与航空公司合作，获取实时航班信息，包括飞行计划、实际起降时间、机型等。整合航班数据，并进行清理和格式转换。

　　2）地面交通数据采集：使用监控摄像头和传感器等设备，收集地面车辆和行人的实时流量数据。建立地面交通流的数据库，并进行数据清洗和预处理。

　　3）设备状态数据采集：与设备供应商合作，获取设备的实时状态信息和运行日志。对设备数据进行解析和转换，以备数字孪生平台的实时调用。

8.3.2　模型建立

选择适当的建模工具和方法是建设数字孪生机场场道模型的核心步骤之一。可以采用仿真模型、优化模型、数据驱动模型等不同类型的模型，根据需求选择合适的建模方法。建立模型时需要考虑模型的精度、实时性和可扩展性。

1. 无人机摄影测量建模

无人机摄影测量技术构建机场场道三维实景模型的步骤如下：

1）数据采集：需要根据机场场道的具体情况，制定合理的航线方案。航线方案应考虑机场场道的面积大小、形状复杂程度、无人机的飞行高度、飞行速度、图像采集的有效距离、采集图像覆盖率等因素。其中，图像分辨率越高，解析出的三维模型的精度越高；飞行高度越高，图像覆盖范围越大；航拍密度越大，图像覆盖范围越全面，但数据量与数据处理难度会大幅增大。根据航线方案以及当天的天气情况，使用无人机进行航拍，采集机场场道的图像数据。

2）数据处理：数据处理是无人机摄影测量的重要环节，包括以下步骤：

（1）图像预处理：对图像进行畸变修正、去噪等处理，提高图像的质量。

（2）图像匹配：利用图像特征匹配算法，对图像进行匹配，建立三维点云数据。

（3）三维重建：利用三维重建算法，根据三维点云数据，重建三维模型。

3）数据融合：无人机摄影测量通常会产生多视图图像，需要进行数据融合，提高三维模型的精度。数据融合的方法包括视图几何约束与多视图纹理匹配。视图几何约束是指利用多视图几何约束，对三维点云数据进行约束，提高三维模型的精度。多视图纹理匹配是指利用多视图纹理匹配对三维点云数据进行纹理映射，提高三维模型的真实感。

4）模型展示：三维模型生成后，可以转化为 OSGBLAS 格式导入数字孪生平台作为数字底座，并将其他各类信息与该数字孪生模型进行融合展示。

2. 激光雷达建模

激光雷达技术具有以下优势：（1）精度高，激光雷达的测量精度可以达到毫米级，因此构建的三维模型精度也较高。（2）覆盖范围广，激光雷达可以快速进行扫描，因此可以获取较大的覆盖范围。（3）实时性高，激光雷达可以实时获取数据，因此可以快速构建三维模型。

激光雷达技术构建机场场道三维实景模型的步骤如下：

1）数据采集是激光雷达技术构建三维模型的关键步骤，需要使用激光雷达设备对机场场道进行扫描。激光雷达的扫描方式主要有两种：机载激光雷达使用飞机或无人机搭载激光雷达，对机场场道进行扫描；地面激光雷达使用车辆或步行人员搭载激光雷达设备，对机场场道进行扫描。扫描完成后，通过数据解析程序，就可以解析出原始三维点云。

2）数据处理是激光雷达三维模型建模技术的重要环节，包括以下步骤：

（1）点云去噪：去除激光雷达原始三维点云数据中的噪声，提高点云数据的质量。

（2）点云配准：将不同视角采集的原始三维点云数据进行配准，形成统一的点云数据集。

（3）点云分类：根据点云数据的属性，将点云数据分为不同的类别，如地面、建筑物、植被等。

3）模型构建：根据处理后的原始点云数据，使用三维重建算法构建三维模型。

4）模型展示：三维模型生成后，可以将".LAS"格式的模型导入数字孪生平台进行三维展示。同时，可对模型点云进行轻量化处理，使之满足各类系统平台的要求。

3. 优化工具的使用

使用模型优化工具对模型进行二次处理，可以提高模型的构建效率、优化模型的应用场景，主要处理类型如下：

1）数据融合：将不同来源的数据进行融合，形成统一的数据集。

2）数据分类：根据数据的属性，将数据分为不同的类别，如道面、建筑物、植被等。

3）点云配准：将不同视角采集的点云数据进行配准，提高模型的一致性。

4）噪声去除：去除模型中的噪声，提高模型的清晰度。

5）平滑处理：平滑模型的表面，提高模型的真实感。

4. GIS 模型

数字孪生机场模型 GIS 模型具体要求如下：

1）建立统一的机场地理信息数据库，包括机场矢量化地图信息、机场路网滑行道和跑道的坐标位置信息，并支持集成 BIM 模型和 CAD 图纸等，实现地理信息数据的集成和统一管理，提供地理信息数据的共享与交换功能，并实现用户权限认证、服务监控和 GIS 管理门户，为机场各业务部门和管理部门提供机场地理信息数据交互平台和地图发布服务。

2）建立地理信息数据更新维护机制，确保地理信息数据的实时性、准确性和完整性，室外地图绝对精度达到亚米级。

3）技术应用接口宜符合提供数据导入、二维地图、三维地图、图层控制、空间分析和网络分析等接口，提供软件开发工具包，支持地图热力图、地图导出、路径规划、要素编辑、要素查询和坐标转换等功能。

5. BIM 模型

数字孪生机场模型 BIM 模型具体要求如下：

1）兼容标准 BIM 模型文件格式或根据 BIM 模型文件格式采用接口方式进行识别，可采用 3 种方式：一是直接识别建模软件的文件格式并正确读取；二是兼容通用模型数据交换格式，可识别和读取建模软件导出的通用模型数据交换格式文件；三是通过接口开发或内置软件将建模软件的模型文件转换成可识别文件格式。

2）BIM 模型几何信息精度和属性信息深度满足机场建设、运营不同阶段的具体业务需求并支持标准 BIM 模型文件轻量化接入，具备模型的属性数据的查看、检索功能。

3）支持以 BIM 模型为数据源，通过物联网技术将 BIM 模型与二维码、RIFD、硬件设备等相结合，实现机场建设、运营阶段数据信息在 BIM 模型中的可视化展示和调用。

4）BIM 技术应用接口宜符合：支持模型、参数等各类 BIM 数据的接入，通过数据服务层对外提供轻量化 BIM 模型、建设资料与信息等 BIM 数据及服务，提供数据采集接口、BIM 数据服务接口、功能服务接口和数据同步接口。

8.3.3 模型参数校准、验证与应用

1. 模型校准

模型建立后，需要对模型进行参数校准，将模型的输出与实际场道运行情况进行比较，

通过调整模型的参数以提高模型的准确性。校准的过程需要多次迭代，通过数据反馈来不断优化模型。利用监控设备实时观察机场运行情况，与模型输出进行对比。根据实际数据调整模型参数，以提高模型的鲁棒性。利用历史数据回溯模型的表现，发现模型与实际运行的偏差，并进行参数优化。

2. 模型验证

校准数字模型后，需要进行模型的验证工作，对模型进行鲁棒性与可靠性测试，确保模型在各种场景下都能准确反映真实机场场道系统的运行情况。模拟不同天气条件、交通流量和设备故障等场景，确保模型能够正确反映各种紧急情况。使用实时数据测试模型的灵敏度，确保模型在实际运行中可以实现数据的真实反馈。

3. 模型应用

一旦模型验证通过，就可以开始利用数字孪生机场场道模型进行系统优化和应用。通过模拟不同的场景来寻找最优解，优化建设运营、地面交通流量、设备维护等方案。同时，数字孪生模型也可以用于对施工过程的模拟与突发事件的演练，提高机场管理人员应对突发情况的能力。

8.4 智慧监测

8.4.1 场道附属建（构）筑物监测

通过在建（构）筑物上布设沉降测点、倾斜仪、光纤传感器等，结合智慧监测体系，实现对场道附属建（构）筑物力学参数、变形、温度、渗水、振动事件等参数的实时监测与高效分析，为机场管理团队提供了重要数据支持，确保机场建（构）筑物的安全与稳定。

1. 变形监测

1）沉降监测

（1）设备选择。选择与工程系统相匹配的自动测量机器人。自动测量机器人应具有足够的测量精度和稳定性，能够满足监测要求。

（2）布设监测基准点。监测基准点应选在建筑物基础或地下室等相对稳定的位置，并应符合测量设备的要求。

（3）安装反射片。反射片应安装在建筑物外立面的关键位置，位置应与监测基准点相对应。

（4）测量。将自动测量机器人安装在监测基准点上，开启全自动测量仪器使之对反射片进行测量。测量时，应注意保持自动测量机器人的水平和垂直。

（5）数据处理。将测量数据记录保存，并通过数字采集模块传输到对应数据处理设备中，对测量数据进行解算，计算建筑物的沉降量。测量数据处理可使用自动测量机器人自带的软件进行，也可在智慧平台上直接进行。数据解算后，分析沉降量变化趋势，并设置报警阈值。

监测频率应符合规范要求。

2）建筑物倾斜监测

（1）设备选择。选择全自动测斜仪，应具有足够的精度和稳定性，能够满足监测要求。

（2）安装。测斜仪应安装在建筑物外立面或自变形关键位置上。

（3）测量。将测斜仪连接数据采集模块，在度数变化稳定后开始进行测量数据采集。

（4）数据处理。对测量数据进行处理，过滤去除异常数据，通过平台内置数据转换程序，计算建筑物的倾斜角度，分析倾斜角度变化趋势，判断建筑物结构安全性，并设置报警阈值。

监测频率应符合规范要求。

2. 安全监测

智慧机场建筑内部安全监测技术包括防火、电力、人员监测等安全应急监测项目。

1）防火监测

（1）设备选择：选择合适的烟雾传感器和温度传感器。烟雾传感器和温度传感器应具有足够的灵敏度、可靠性和抗干扰能力，能够满足监测要求。烟雾传感器根据其探测原理可分为光电式、离子式和热释电式三种。光电式烟雾传感器是目前使用最广泛的类型；温度传感器根据其测量原理可分为电阻式、热敏式和热电式三种。其中电阻式温度传感器是目前使用最广泛的类型，其原理是利用导体或半导体的温度依赖性来测量温度。

（2）布设监测点：监测点应选在建筑物内部易发生火灾的位置，监测点应具有良好的通风条件，以确保烟雾和热量能够正常扩散；监测点应远离热源和振动源，以免影响传感器的正常工作；监测点应避免安装在易燃物质附近，以免发生火灾时损坏传感器。

（3）安装：将烟雾传感器和温度传感器安装在监测点上。安装时，应注意传感器应安装在水平或垂直的平面上，以确保传感器的灵敏度；传感器应安装在距离地面至少 1.5m 的位置，以确保传感器能够正常工作；传感器应安装在易于维护的位置，以方便日常维护和保养。

（4）平台集成：将烟雾传感器和温度传感器连接到监控系统，并将数据上传到智慧平台。

（5）设备运行：调试完成后，传感器会实时监测烟雾浓度和温度，当烟雾浓度或温度超过设定阈值时，传感器会向智慧系统发出报警信息，同时向周围人发出蜂鸣信号。

2）电力监测

（1）确定监测范围和目标。监测范围包括机场建筑物内部所有用电设备，目标包括发现电力浪费、提高电力管理水平、降低电力成本、发现漏电现象等。

（2）选择合适的监测设备。监测设备应具有足够的灵敏度、可靠性和抗干扰能力，能够满足监测要求。监测点应选在建筑物内部易发生电力浪费的位置，同时应位于电力设备附近。

（3）将监测设备数据接入智慧平台，实时采集电力数据，包括电压、电流、功率、能耗等。系统会对采集的数据进行分析，记录电力设备的运行状态、用电量、电力效率等，并将监测结果实时显示在智慧平台界面上。

（4）通过数据分析，及时发现电力浪费情况，记录瞬时功率过大、遇水短路等突发问题，并采取相应的安全措施。

3）人流监测与自动巡视

（1）摄像头布设：摄像头应能够覆盖整个监测范围，包括人流密集区域、重要区域等；摄像头的分辨率应能够清晰识别人脸、体形等特征；摄像头应安装在合适的角度，能够避免遮挡和视野盲区。

（2）数据采集：将图像数据转换为数字信号，并通过无线网络传输到数据中心。

（3）图像处理：数据中心服务器会使用 AI 智能识别算法对图像数据进行解析，包括人脸识别、体形识别、行为识别、物体种类识别等功能。

（4）数据分析：通过数据中心服务器对处理后的图像数据进行分析，统计出指定时间段内建筑物内的人流量、分析出建筑物内不同区域的人流密度、识别出图像中异常的行为，例如非法入侵、破坏财物等。并将分析结果展示在智慧平台上，让管理人员可以根据这些结果进行分析和决策。

8.4.2　场道监测

除了传统变形监测方法，光纤传感技术逐步在场道变形监测中得到应用，但仍存在解译难、成本高、寿命短、易损坏等问题。适用场道智慧监测的光纤传感器主要有以下几种（图 8.4-1）：

1）光纤布拉格光栅传感器。该传感器通过检测光栅中的衍射波长变化来确定应变或温度变化。FBG 传感器的工作原理是基于布拉格光栅的反射光谱特性，当受到应变或温度变化时，光栅的衍射波长将发生变化。FBG 传感器通常以光纤传感带的形式存在，可以布设在需要监测的结构或场道上。

2）光纤测斜仪是一种用于测量倾斜角度的传感器。它利用光纤的特性来测量倾斜角度的变化。光纤测斜仪通常包括一个光纤传感元件和一个光源，当倾斜角度发生变化时，光纤中的光路径长度会发生变化，从而导致输出信号的变化。

3）光纤位移传感器用于测量场道的位移变化，包括垂直和水平方向的位移。这些传感器通常使用多模光纤，通过监测光纤中光传输特性的变化来测量位移。光纤位移传感器通常被布设在场道结构的关键位置，以监测场道结构的变形情况。

4）光纤应力传感器用于测量场道结构中的应力变化。这些传感器通常使用光栅或其他光学元件，通过监测光纤中的应力引起的光学性质变化来测量应力。光纤应力传感器通常被安装在场道结构的关键部位，可以监测场道的应力情况，例如荷载变化或航空器起飞引起的场道内部应力变化。

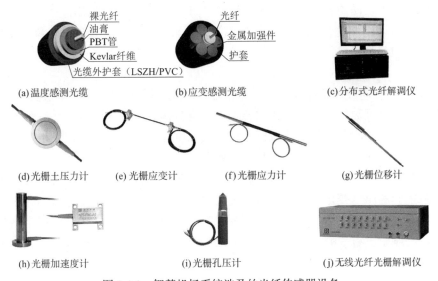

(a)温度感测光缆　　(b)应变感测光缆　　(c)分布式光纤解调仪

(d)光栅土压力计　　(e)光栅应变计　　(f)光栅应力计　　(g)光栅位移计

(h)光栅加速度计　　(i)光栅孔压计　　(j)无线光纤光栅解调仪

图 8.4-1　智慧机场系统涉及的光纤传感器设备

1. 变形监测

应用光纤传感器技术，进行场道位移变形监测的步骤如下：

1）传感器布设：实际勘察场地，具体布设间距与位置应根据机场场道的规模与地质条件合理设计。传感器的布设位置应根据监测目标进行选择。一般来说，应布设在场道发生位移变形的关键部位，如伸缩缝、沉降缝、翘曲部分等。传感器的布设间距应根据监测要求进行确定，应该同时包含场道的边角、中段等具有代表性的部分。光纤传感器通常被安装在场道的跑道下部，可以监测场道下方土体的应力变化情况；也可将光纤应变片粘贴或固定在场道的表面，以监测场道跑道部分表面应力分布情况。

2）传感器连接：将光纤传感器连接到 OTDR 时，应注意传感器与 OTDR 的连接应牢固可靠，防止数据丢失，传感器的连接应满足施工规范要求，确保传感器的稳定性和可靠性。

3）数据采集：使用 OTDR 采集 FBG 传感器的光谱数据时，OTDR 的光源功率应满足传感器的要求，采集时间应满足监测要求，采集数据间隔与数据格式应符合规范要求。

4）数据处理：使用专用软件对采集的数据进行处理，解算出变形、位移等实际物理量参数，回传到服务器中，并在智慧平台上进行数据显示。

具体实施过程中，应注意传感器的布设与安装应由专业人员进行，确保布设的合理性以及连接的牢固可靠性。数据采集应根据规范要求定期进行。

2. 温度监测

道面温度监测可以通过传感器和物联网技术对道面状况进行主动感知监测，为道面维修、管理和决策提供准确的数据支持。道面温度梯度较大时，道板易形成温度翘曲变形，最终导致断板。因此，对道面的内部温度场进行监测可以及时发现温度变形情况，预防事故发生。通过对场道温度数据的分析和处理，并采取对应措施，可以有效预防和避免场道过热、冻结等安全隐患。道面温度监测的步骤可以详述如下：

1）设定监测位置。根据道面结构、温度影响区域，确定监测的关键截面和位置。一般会选择道面板的重点截面和边角位置进行监测。

2）传感器选择。根据监测需求，选择适合的传感器类型。对于温度监测，可以选择埋入式温度计；对于道面的温度变化情况，应选择红外热像仪进行监测。

3）传感器布设。将选定的传感器按照监测方案确定的监测位置进行布设。对于温度监测，可以在板中和边角位置分别埋设传感器，并按照上、中、下 3 层进行布设。每个截面布设 2 块板，每块板埋设 6 个传感器。

4）数据采集。连接传感器和数据采集系统，将传感器与数据采集模块连接起来，以便实时采集和记录监测数据，并通过无线传输方式将数据直接传输到智慧平台服务器中。在道面使用过程中，不间断采集监测数据。埋入式温度监测，可以实时记录结构内部温度；红外热像仪，可以获取场道表面温度和监测数据。

5）数据分析和评估。对采集的监测数据进行实时分析评估，通过智慧平台 AI 专家分析系统判断道面的温度变化情况与变形情况的关联性，分析出温度变化引起的热胀冷缩等自然现象对场道的影响。根据评估结果，及时掌握道面的状态变化，并根据监测结果进行改进和优化，制定更有效的冰雪清除计划或保温加热计划，以确保场道在恶劣天气条件下的安全运营。

6）定期维护和校准。定期检查和维护监测设备，确保其正常工作和准确性。如果有需要，定期进行传感器校准或更换传感器。

3. 结构安全监测

场道是飞机起降和滑行的基础设施，其结构安全的监测对于保障机场飞行区的安全运行具有重要意义。道面的变形和病害，如翘曲变形、脱空、断板等，会影响飞机的平稳起降和滑行，甚至可能导致事故发生。场道结构安全监测可以尽早发现道面的变形和病害，及时采取维修和修补措施，防止其进一步恶化，确保道面的适航能力和平整度；场道结构安全监测还可以评估和预测道面的使用寿命和维护需求，通过对道面结构的监测，可以获取道面的使用状况和性能指标，评估道面的健康状态和承载能力，预测其剩余服务寿命，有助于科学制定道面的维护规划和决策，合理安排维修和养护工作，延长道面的使用寿命，节约维护成本。场道结构安全监测的具体步骤如下：

1）传感器布设。根据设计和监测规范要求，选取跑道和滑行道的典型截面，安装动态应变计、加速度计、测缝计等传感器。动态应变计沿场道中线布设在板中、板边和板角，每块板可埋设多个动态应变计；静态应变计沿场道双层埋设在板中和板边；测缝计安装在典型截面处。

2）传感器连接和校准。将传感器与数字采集模块连接，确保智慧平台数字采集系统能够正确读取传感器产生的数据，并对传感器进行校准，以确保其准确性和稳定性。

3）数据采集与记录：利用智慧监测系统实时采集传感器产生的数据，并将其记录下来。数据包括动态应变计的变形情况、加速度计的振动情况、测缝计的缝隙变化情况以及静态应变计的应变数据等。

4）数据处理与分析。将采集到的数据上传至智慧平台 AI 分析系统中，对采集到的数据进行处理和分析，通过计算、比较和评估，判断场道结构的安全性。将监测数据与事先设定的安全指标进行对比，判断是否存在异常情况或潜在的安全隐患。根据分析结果生成评估报告，详细描述场道结构的安全状态，对未来的安全状态进行预测，并提出用于维护和修复的建议和措施。如有安全问题，及时在智慧平台上给相关部门和管理人员发出预警信息，以便及时发现问题并采取必要的措施。

4. 地下水监测

在智慧机场监测体系中，采用了全自动水位传感器与水质检验设备进行机场场道附近地下水水位与水质监测。通过监测可以了解地下水资源状况，为机场场道建设和运营提供科学依据，避免对地下水资源造成不利影响。在机场场道建设维修过程中，可以根据地下水水位变化情况，调整场道设计方案，避免地下水位变化导致场道不均匀沉降，影响场道的正常运行。同时，通过地下水水质的自动化监测，可以及时发现地下水污染情况，采取相应的保护环境措施。详细步骤如下：

1）点位选择。需要根据机场场道附近地下水水位与水质监测的需要，选择合适的监测点位。监测点位应布设于地下水位变化明显的区域，且应具有良好的水力路径，便于真实反映地下水位的变化情况。

2）设备安装。在选定的监测点位上，根据规范进行全自动水位计的安装。水位计的安装应确保水位计的测量范围能够覆盖地下水水位变化的范围，也要保证配套电力设施与数据采集设备的安全性与防水性，防止发生渗漏短路现象。

3）采集水样与监测。使用水质检验设备采集不同区域、不同时段的地下水样。采集水样时，应在晴天、无风的天气条件下使用洁净的容器进行采集，应在采集后密闭完好并尽快进行水质检测。同时，应实时对水位变化进行监测。

4）数据处理。采集的水位数据和水质数据分析结果应及时上传智慧平台系统，同时智慧平台会根据对应模块对采集的水位数据和水质数据进行计算分析，评估地下水水位变化趋势和水质状况变化，帮助管理部门对地下水水位变化和水质变化对机场场道的影响进行评估。

5）校验校准。定期对监测设备进行维护和校准，确保监测数据的准确性，同时定期对监测点位进行巡查，确保监测点位的安全。

5. 含水率监测

在智慧机场监测体系中，采用全自动含水率传感器对道基或其他对含水率敏感部位的含水率变化进行监测。通过监测，分析含水率与温度、大气降水、地下水位等关系，评估含水率变化对道基等部位的强度和稳定性的影响。依据含水率传感器的类型选取不同的埋设和数据采集方案。

8.4.3 环境监测

智慧机场环境监测技术在机场运营中起着至关重要的作用。这项技术通过整合各种环境传感器和监测系统，实时获取机场及其周边环境的数据。智慧机场环境监测技术的发展将为机场运营和环境保护提供更多工具和方法。

1. 气象监测

智慧机场系统依赖于精确的气象信息来确保飞行安全，实现高效的航班调度。在智慧机场平台中，智能化的气象站和气象雷达不仅可以监测温度、湿度、风速和风向等常规气象参数，还能够提供更多关于大气稳定性、降水类型和云高等数据，实时监测雷暴、大风和低云等气象事件，同时引入机器学习算法等智能分析系统，为机场提供更早、更精准的气象警报。

使用智能气象站进行机场净空气象信息采集与收集，主要包括以下步骤：

1）气象站的布设：智能气象站一般应布设在机场净空区内，包括跑道、滑行道、塔台和机坪等区域。气象站的布设位置应综合考虑机场净空区的气象条件、飞行安全等因素。

2）气象数据的采集：智能化气象站采用多种传感器来采集气象数据，包括温度、湿度、风速、风向、大气压强、降水量、云高、能见度等。这些数据可以通过无线传输方式实时传输到机场气象中心。温度、湿度、风速、风向等常规气象参数，可以通过气象站内的传感器直接采集。降水可以通过气象站内的降水量传感器进行采集。

3）气象数据的分析处理：机场气象中心通过对气象数据进行分析处理，可以生成邻近空域内的气象信息，包括雷暴、大风、多云等气象事件的预报信息。

4）气象信息发布：通过智慧机场平台汇总收集的气象信息与分析结果，并将信息发布给机场净空管理部门和飞行单位，以便各单位根据气象条件制定安全措施，保障飞行安全与施工维护的安全。

2. 噪声监测

机场噪声是一个常见的环境问题，影响了机场周边城镇的生活质量。在智慧机场平台中，噪声监测系统的部署变得更加全面和智能。噪声传感器用于监测机场及周边地区的噪声水平，识别噪声源、噪声强度和噪声事件，有助于机场管理人员更好地了解噪声污染的来源和特性，从而采取措施来减少噪声对邻近城市建筑的影响，以实现更高效的噪声管理。

3. 多样性环境参数监测

智慧机场环境监测技术不仅关注气象和噪声参数，还包括更广泛的环境参数监测。这些参数包括气体浓度、颗粒物、温度、湿度和其他环境参数。监测这些参数有助于评估机场对环境的影响，构建更广泛的环境参数监测网络，以覆盖更多机场区域和周边地区，将环境监测数据实时共享和可视化将成为未来的趋势。

4. 野生动物监测

机场周边地区的野生动物活动可能对飞行安全造成威胁。在智慧机场平台上野生动物监测和防控也变得更加智能。除了传统的人工方法外，雷达监测系统、红外摄像头和声音传感器也可用于监测野生动物存在。一旦检测到野生动物接近机场或净空区域，平台会向管理人员及时发出预警，同时可自动触发喇叭、驱鸟器等设备，防止野生动物对飞行器产生影响。

8.5　智慧分析

8.5.1　系统构成

专家系统与多数据协同分析是智慧机场技术的核心组成部分，其应用在机场建设和运营中具有巨大的潜力，为机场管理团队提供了更深层次的数据分析能力和智能化决策支持，从而推动机场建设管理运维领域从数字化向智能化转型。

专家系统，作为人工智能的一种重要应用，具备模仿人类专家决策过程的能力。专家系统可以用于自动化的机场资源管理、预警预报、维护计划制定和安全管理等方面。该系统利用规则、知识库和机器学习算法，可以快速分析和处理复杂的信息，提供精确的决策建议。帮助机场管理人员优化资源分配，预测维护需求，判断监测区域安全风险等级。专家系统在机场管理中的应用不仅提高了效率、降低了人为错误的风险，还可以协助管理人员进行高效决策。

与此同时，在机场建设与维护中，涉及的数据类型众多，包括地质信息、地下结构数据、监测数据气象信息、现场巡视信息等。多数据协同分析通过整合这些数据，揭示数据之间的关联性和趋势，帮助机场管理团队更好地挖掘数据内涵。此外，多数据协同分析还可以调用机器学习算法与专家系统，自动发现隐藏在多源数据间的模式和信息，从而提供更深入的分析结果。

8.5.2　实现步骤

结合智慧分析系统，机场管理团队可以实现更高级别的智能决策支持。利用多数据协同分析，可以整合来自不同数据源的信息，建立更加精细准确的数字孪生模型，更加客观地反映机场的物理和运营特征。通过数字孪生模型，模拟执行不同运营场景，以评估机场在各种情况下的反馈；同时，利用智慧分析系统，整合历史数据、实时监测数据和数字孪生模型的模拟分析结果，通过机器学习算法，帮助识别各参数的变化模式、趋势以及参数之间的关联性，识别潜在的故障和风险因素，包括设备故障、气象事件、沉降倾斜等，帮助管理人员更好地掌握机场的运行状态，迅速发现异常情况，并采取必要的措施来解决问题。

同时将模拟分析和运行状态预测的结果以可视化方式呈现在数字孪生模型上，创建决策支持仪表盘，这些仪表盘提供了实时信息和数据分析评估结果，帮助管理团队更好地理解机场的整体状态，预测潜在问题，以便制定有效的决策。其具体实现步骤如下：

1. 数据采集。

需要根据前文介绍的各类数据采集方法，采集来自不同数据源的数据，包括监测数据、环境数据等。监测数据包括机场智慧平台通过布设在场道、建筑物上的各类监测系统采集到的各种数据，包括各类位移、应力、振动、温度、变形、水位等传感器直接测量得到的数据，同时也包括视频监控系统采集到的影像数据，以及气象状况、地质条件、空气质量等直接或间接采集到的环境数据。

2. 数据清洗。

采集到的数据可能存在缺失、异常等问题，需要进行数据清洗，以保证数据的准确性和完整性，应根据数据的特点，采用合适的方法填充缺失数据，同时识别并处理异常数据，防止对预测结果产生影响。

3. 数据融合。

将来自不同数据源的数据进行融合，以形成统一的数据集。将不同数据源的数据进行标准化，以便进行统一管理。同时根据数据之间的关系进行数据关联，判断数据之间的相关性。

4. 数据分析与专家系统。

利用智慧分析系统，对融合后的数据进行分析。识别数据中的异常情况，并判断是否存在故障或潜在风险因素；建立多数据融合模型，分析数据的变化趋势，预测数据未来发展趋势；收集和整理专家的知识，构建知识库与推理引擎；综合专家的经验和知识，结合知识库推理结果构建专家系统，对决策进行量化，最终实现基于融合数据的智慧决策。

5. 数据展示。

将数据监测的结果和智慧分析结果，以可视化的方式展示在智慧机场数字孪生平台上。展示形式可以为图、表、云图、三维模型等方便快速理解数据信息的形式，与时间序列高度相关的数据可以进行动态展示，帮助机场管理人员更好地理解机场各个模块的运行状态。

相关技术可以应用于如下场景：

1）场道安全智能预警：利用监测数据、视频数据、环境数据和专家系统，识别跑道滑行道上的潜在安全隐患，如场道表面损坏、场道积水、场道积雪覆冰、场道侵入物等，评估其影响程度，进行有针对性的快速反应。

2）场道智能评估：利用场道周围位移、变形水位监测数据、环境数据，结合专家系统，识别场道运行状态、分析与评价场道开裂与变形破损情况并预测未来发展趋势，制定科学的维护周期与维护方案。

3）机场施工维护资源调配：利用监测数据、环境数据和智慧系统，根据不同区段的施工情况与工作效率，优化整体项目的资源调配，实现有限资源的最大化利用。

第9章
机场岩土工程实践工作中存在的问题及解决方法

9.1 工程测量

1. 如何利用新技术手段高精度、快速、准确地完成机场测量工作？

机场建设需要考虑的问题较多，一般需要反复地探讨及论证，测量工作是机场建设工作的龙头，是一切施工项目开始生产建设的前提，是工程施工的首要工序，是生产机构和工程技术的眼睛，是施工质量控制与检测的重要环节，如何高精度、快速、准确地进行机场测量工作显得尤为重要，机场测量使用的测量手段已由传统的 GPS、全站仪、水准仪，逐步被无人机、激光雷达、扫描仪、传感器等高精度数字化手段所替代。如 GNSS 技术应用于机场平面控制测量，大地水准面精化技术应用于山区机场高程控制测量，无人机航空摄影测量应用于地形测量、净空测量，三维激光扫描技术应用于机场地形图及板角高程图测绘等。

1）无人机航空摄影测量

无人机航空摄影测量因其具有耗时短、精度高、成本低等特性，在机场工程地形测量中广泛应用。应用无人机航空摄影测量技术在规定时间内可实现规模化地形环境测绘，具体包括野外像控点布设、像片采集、内业空三加密、数字测图等步骤。另外，无人机航空摄影在复杂作业环境下的整体操控及灵敏度较高，无须考虑员工适应性问题，具备良好的操作空间，而且多数无人机仅需一小块平地即可实现起降，对起降场地要求极低。在地形测绘过程中，可通过机载摄影系统迅速收集大量像片及数据信息，同时实现数据的三维转换工作。另外，对于所采集的数据，可通过计算机网络进行传输，进而为大比例尺地形图测绘提供可靠的数据支持。

2）机载激光雷达（LiDAR）测量

机载 LiDAR（Light Detection And Ranging）作为获取地表三维坐标信息的新型技术，在地形图测绘方面具备快速获取高精度数字地表模型和地面三维坐标的巨大优势。机载 LiDAR 系统主要由动态差分 GPS 接收机、姿态测量装置（IMU）、激光扫描测距系统和高分辨率数码相机组成。激光扫描仪通过发射和接收地面反射的脉冲信号，利用时间计数器记录信号发射与接收之间的时间，从而计算出传感器与地面的距离。同时姿态测量装置可以提供激光扫描仪的姿态信息，即俯仰角、侧滚角和偏航角，可使得垂直和水平测量精度达到 0.1m。

3）无人机净空及遮蔽角测量

利用无人机航空摄影测量的方法进行净空及遮蔽角测量。利用无人机航测采集测区数据，生成 DEM 模型，根据导航台站与被测目标的高差及水平距离计算遮蔽角［式(9.1-1)］，采用计算机软件叠置分析，计算并统计障碍物遮蔽角。

$$\alpha = \arctan(h_2 - h_1)/\sqrt{(x_2 - x_1)^2 + (y_2 - y_1)^2} \qquad (9.1\text{-}1)$$

4）扫描板角测量

利用 3D 激光扫描的测量方法进行道面或板角高程测量，首先沿跑道或滑行道周围布置水准点（网），作为高程测量后视点，选择合适的扫描设备，设计扫描展点，设置扫描参数及点位扫描密度进行现场扫描，扫描后应使用传统测量方法进行抽查验证，并进行精度评定。

2. 在机场工程建设过程中，经常遇见测量控制点间实测距离与坐标反算距离差值较大现象，如何处理？

剔除测量和计算错误因素，发现测量控制点间实测距离与坐标反算距离较差过大时，需要考虑投影变形对长度带来的影响。在测量实践中，长度变形考虑测量控制网边长归算到参考椭球体引起的高程归化变形，以及高斯正形投影距离改化引起的长度变形两个方面，前者会使长度缩短，后者会使长度变长。我国采用统一的国家坐标系统，坐标系统高程投影面为国家参考椭球体，高斯正形投影一般以 3°带中央子午线划带进行投影。在机场工程建设中，应清楚了解所用测量控制点的坐标系统和归算投影情况，并在边长实测和反算较差过大，超过 2.5cm/km（1/40000）时，进行长度改化。一般长度变形可参考表 9.1-1、表 9.1-2 数据进行分析。

投影面高度引起的边长变形　　　　表 9.1-1

H（m）	50	100	160	300	500	1000	2000
$\Delta D/D$	1/127000	1/64000	1/40000	1/21000	1/12700	1/6400	1/3200

注：H为投影面高度；D为边长；ΔD为投影面高度引起的边长变化量。

高斯正形投影引起的边长变形　　　　表 9.1-2

Y（km）	10	20	30	45	50	100	150
$\Delta S/S$	1/810000	1/200000	1/90000	1/40000	1/32000	1/8100	1/3600

注：Y为边长两端点正形投影横坐标平均值；S为边长；ΔS为高斯正形投影引起的边长变化量。

3. 面对多种平面坐标系统共存情况，如何进行坐标的统一与转化？

在机场工程建设中，往往面临场地中布设有多种平面测量控制网的情况，一般来说，有国家坐标系统下的平面控制网，也有机场所在地区的地方平面坐标系统，还有机场自己建立的独立坐标系，甚至机场不同功能区域建有专属独立坐标系，坐标基准和表达方式没有统一。测量坐标系统关系到机场工程建设各建（构）筑物和部位的准确就位，以及线形的精确对接，是平面测量作业最基本的依据和出发点。首先是要清楚设计和施工所用的坐标系统，保持坐标系统的一致性，在此基础上收集起算控制点资料，测设平面测量控制网。其次，收集和掌握机场独立坐标系与国家或地方坐标系之间的转换关系，并进行计算验证。同时，要充分掌握各坐标系统的精度等级，按照高等级控制网下加密布设低等级控制网的原则，布测各级测量控制网。各坐标系统没有转换关系的，可以采用四参数转换法，在不同坐标系统下至少有两个公共点的条件下，解算转换参数，建立转换模型。

4. 地形图接图时出现偏差，如何发现和处理？

设计人员使用的地形图有多种来源，图形比例尺也不尽一致，经常存在地形图接图偏差过大，甚至有地形地物移位或错位现象，从而给设计和施工造成障碍，给工程建设带来风险。在新测地形图中，要重点检查道路、沟渠等线性地物地貌连线有无断开或突然折向、房屋是否出现非直角连线、邻近地形点高差是否过大、等高线是否存在错茬等，这种情况下要结合内外业检查，判断是否存在接图问题。在新测地形图与原有图纸，或收集到的各种既有地形图之间接图时，除了关注前述异常特征之外，还要判断图纸是否为同一坐标和高程系、图形比例尺是否一致，或地形图上地形地物是否为现状、是否有修测或补测的必要。不同坐标系下的地形图接图，要确定以什么坐标系为准，通过坐标系转换把源地形图坐标换算至目标地形图坐标系，再进行接图处理；如果没有坐标换算条件，可在源地形图图幅范围内，现场均匀采集一些特征比较明确的地物点，比如房屋拐角、桥头、电缆桩、灯杆等，并依这些点位，对源地形图进行纠正，实现接图目的。接图完成后，要在实地进行检查，验证接图准确性，对图纸精度进行评价。这些工作的目的，就是要保证地形图与现状地形地物相吻合，满足设计和施工要求。

5. 能从地形图上直接绘制断面图吗？

1∶500 及以上大比例尺地形图，在地物和地形地貌测量较为详细的情况下，尤其在地形高程明显变化特征点处测有地形点的，可以直接在地形图上沿断面绘制断面图。如果不能满足断面图绘制要求，则需要依据设计线路，按设计要求进行断面测量，绘制断面图。

6. GNSS RTK 高程测量是否满足机场场道放样要求？

一般来讲，GNSS RTK 高程测量精度能够达到五等水准要求，按相关规范要求，高程中误差应不大于 50mm。GNSS RTK 高程测量因其便捷和灵活性，广泛应用于地形测量和等级不太高的道路、沟渠等高程放样，但对于机场场道，尤其跑道、滑行道、板角、灯光带等对高程具有较高要求的场道工程高程放样，直接采用 GNSS RTK 高程测量是有风险的，使用全站仪、水准仪更具可靠性。GNSS RTK 高程测量中，各点的高程值解算相对独立，测量完成后，应对高程点以不低于 5% 的量进行抽查，平原和丘陵地区检测高程中误差不超过 50mm，山地不超过 75mm。

9.2　工程勘察

1. 道床填料加州承载比（CBR）与道基反应模量是否需要在勘察阶段进行？

当道基以下挖方及零方时对道床下原状土层取样进行 CBR 试验，当道基以下为填方时，如填方材料料源为场地内土层，可根据设计要求对场地内料源进行 CBR 试验；当料源为外部料源时可不进行 CBR 试验，待料源确定后施工时进行检测。

当道基以下为挖方或零方时，可对天然地层进行道基反应模量试验；当为填方时，勘察阶段不需要进行道基反应模量检测。

2. 平原区机场勘察的工程地质调绘重点是什么？

机场的占地面积一般较大，土方平衡对工程造价的影响很大，平原区工程地质调绘主要针对可能对土方平衡造成影响的土包以及沟、坑、塘分布情况开展调查。

当场地内的地表土成分复杂、厚度分布不均匀时，应针对地表土的成分、分布、有机质含量、含水率等开展专项调查。

当场地内存在沟、坑、塘时，应针对沟、坑、塘分布、底部的淤积层厚度、勘察期间水深等开展专项调查。

3. 机场勘察区域资料的搜集应到什么程度？

因机场一般情况下场地面积较大，区域地质资料应重点关注对场地稳定性有影响的地质构造，即各种不良地质作用的分布及发育程度，至少需要搜集到 1:50000 地质图，对场地稳定性及建筑物规划有影响的不良地质作用尤其是断裂必要时需建议进行专项工作（地震安评）。另根据《民用机场勘测规范》MH/T 5025—2011 要求，需注意气象条件调查，尤其是选址阶段勘察，对一个缺乏历史监测资料和区域资料的场地，如果无法达到规范要求的深度，应在报告中明确提出及风险。

4. 机场工程勘察统计分析及建议有哪些针对性问题？

机场工程勘察场地极易出现跨越不同地质单元的情况，勘察中应注意不同地质单元的划分依据，分别进行数理统计和分析，机场工程包括场道、建筑物、构筑物、市政工程等各类勘察对象，报告中应有意识地分类评价，不同类型勘察对象尽量不要出现在同一报告中。受规划设计条件影响，勘察阶段往往设计条件不稳定，勘察工作量应留有足够余量，及时和设计单位、建设单位沟通，从技术方面保障勘察成果适用。

5. 土面区是否需要进行勘察？

《民用机场勘测规范》MH/T 5025—2011 中未对土面区勘察做详细要求，但在地表土、挖方区土石材料性质及土石比勘察、特殊性岩土和特殊地质条件勘察中，工作范围包含土面区，因此当拟建机场存在特殊性岩土、特殊地质条件及挖填方工程时，应对土面区进行勘察工作。

9.3 岩土设计

1. 飞机荷载为动载，场道沉降计算中应如何考虑？

高填方机场由于飞机荷载相对填筑体荷载影响较小，基本可忽略不计，故高填方机场沉降计算中一般情况不予考虑。机场软弱地基受荷载影响较为敏感，因此飞机荷载根据经验取值，一般按不大于 50kPa 考虑，具体还应根据机型、场道规模等综合确定。

2. 高填方机场场道的沉降计算，受填筑材料、填筑时间、碾压分层质量、静止期等因素影响较多，无法较为准确计算，应该怎样考虑？

填筑体一般参考公路行业或水利行业根据经验公式计算较为普遍，也可根据本书所列公式法分层计算，但公式法计算较为繁琐，应用较少。

原地基沉降计算一般方法把填筑体视为大面积堆载按分层总和法计算最终沉降，沉降修正系数应根据地区经验确定。对于饱和黏性土地基的工后沉降计算，可根据固结理论计算施工完成时地基土的固结度，依此推算施工期的沉降和工后沉降。而对于非饱和土，目前并无成熟经验计算其施工期沉降和工后沉降。高填方机场沉降必要时也可采用数值模拟的方式计算。

目前高填方机场的沉降计算由于受影响因素较多，沉降计算值与后期观测值偏差较大，尚无较为统一的系统准确的计算方法，计算结果仅作为参考指标。

3. 由于机场对沉降要求较低，软土地基常采用浅表层处理形成硬壳层的地基处理方式，软土处理深度如何确定能满足使用要求？

根据工程经验，软土地基硬壳层的设置起到了较好的效果，硬壳层不仅起到应力扩散作用，荷载以外的硬壳层还起到了封闭作用。目前，硬壳层的计算则根据传统土力学参照相关规范计算。承载力以满足软弱下卧层计算为准，沉降计算则按分层总和法计算。必要时也可采用数值模拟的方式进行计算。

传统计算方法未能考虑大面积硬壳层的封闭作用，导致计算值相对保守。行业内也提出一些基于解析计算的经验模型方程，但计算方法较为繁琐，难以在工程中普及。

4. 高填方边坡计算中，填筑体抗剪强度指标受施工质量、填筑材料等因素影响较大，不易选取，应怎样考虑？

一般初步设计阶段根据经验选取填筑体抗剪强度进行边坡稳定性计算，根据初步设计参数选取有代表性区域进行试验区施工，再根据试验区填筑体材料及试验结果，计算并修正调整边坡设计参数并出具施工图。

5. 填方高边坡设计计算中，某些规范（如《高填方地基技术规范》GB 51254—2017 等）提出了暴雨＋地震组合工况的设计计算要求，这种极端工况对边坡整治措施影响较大，是否需要考虑？

一般常规的机场飞行区边坡，不需要考虑暴雨＋地震组合工况；但航站区边坡潜在塌滑区内存在建筑物时，是否考虑暴雨＋地震工况需要综合考虑，必要时应进行专项研究。

9.4　工程施工

1. 道面施工是否可以使用商品混凝土？

通用机场规模较小，现场自建拌合站成本较高，因此大部分都是采购商品混凝土。虽然是通用机场，但采用的设计验收标准与民用机场一样，当施工采购商品混凝土时都是按混凝土的抗压强度标准计算，但图纸要求的是抗折强度。这就要求我们在项目前期做好调研，各地商混站自身采购的原材料区别很大，这就导致各地混凝土配合比参差不齐。根据已施工完成的通用机场经验发现，天津某地的 C45～C50 才能达到抗折强度 5.0MPa，西安某地的 C40 可以达到抗折强度 5.0MPa，新疆某地 C35 就可以达到抗折强度 5.0MPa。同时在采购时要详细了解他们的配合比，对砂率、水胶比、胶凝材料中矿料及粉煤灰的掺量、碎石中卵石比例进行合理的调整，保证拉毛工艺的要求及后期混凝土面层强度及耐磨性。

2. 水泥混凝土道面板体断裂的成因有哪些？怎样预防？

1）板体断裂成因

机场混凝土板面出现断裂的情况，原因有多种：施工过程中没有控制好切缝时间、短时间内突遇较大温差变化、设计中增加拉杆导致应力集中、水泥等原材料安定性差等，因此施工时需要对浇筑板面的时间以及切缝情况进行严格掌控，尽最大可能控制混凝土板块断裂可能性。具体的原因可以分为以下几个部分：

（1）混凝土板连续浇筑时，切缝不及时，造成混凝土板块凝结硬化发生了收缩。

（2）整体板块的浇筑时间不及时，和之后的铺筑时间过长，造成两部分的结合处断裂。

（3）浇筑混凝土同一断面时，水灰比差异较大，导致板面不均匀，出现断裂。

（4）施工时短时间内突遇较大温差变化，导致混凝土内外水化热不均匀，内部应力释放产生道面板块断裂。

（5）水泥原材料中粉煤灰、矿粉、游离氧化钙等原料掺量不当导致安定性差，混凝土施工后产生断裂。

（6）地基基础施工质量差，地基出现不均匀沉降导致道面混凝土断裂。

2）板体断裂的预防

预防板面断裂措施包括及时切缝，保证在温度差异形成前、过度收缩前，完成整体的切缝。如果不能及时完成切缝工作，首先应当至少保证20～40m完成一条切缝，降低过度收缩造成断裂情况的发生。其次要及时关注天气预报，对于昼夜温差较大的情况，尽可能地在气温稳定的时间或温度较低的时间完成施工。另外，浇筑过程中对于基础的断层采取油毡隔离方式，避免浇筑完成的部分向未浇筑的部分断通。对于铺设混凝土板面来说，一旦出现过长的中断时间，要保证接缝处的施工缝设置，不能够继续连续浇筑。整体板块完成施工后，要进行沉降观测，确保板块整体的稳定。最后实验室要随时对新进场的水泥进行安定性检测，同时关注进场水泥温度（最高温度不宜超过65℃，最好控制在60℃以内），水泥的采购优先选择大厂水泥，大厂水泥原材料相对稳定。

3）板体断裂的治理

板块整体裂缝较大，难以完成板块之间的咬合力。因此，要对裂缝进行治理。一是进行局部的修补，沿最小宽度逐渐取垂直修补，完成切齐、铺设和浇筑，切割深度不小于10cm。二是如果板块的断裂问题严重，那么只能选择整块板的更换。用切割机沿板横缝、纵缝切割整齐，用破碎锤破除整板混凝土，在纵向板两头安设传力杆，沿四周涂刷一层沥青，铺设钢筋网加强，浇筑同强度等级的混凝土。

3. 水泥混凝土道面麻面的成因有哪些？怎样预防？

道面麻面是指，整体混凝土板面上，出现起砂、露石、脱皮、孔洞等影响表面观感、影响正常使用及影响混凝土整体使用寿命的病害。

1）道面麻面成因

出现起砂的主要原因是由于水泥浆渣等施工废料黏附在道面上没有进行及时处理、混凝土表面养护时洒水不充足导致面层强度低、养护洒水时间过早使道面早浸水，或是水灰比过大用撒干灰方式进行抹面，就会出现起砂、露石、脱皮等现象。

孔洞多数情况是由于混凝土原材料中夹杂了外来物导致，例如土块、强风化石、石屑块、木屑等，外来物在混凝土搅拌时与水泥浆混合，施工时肉眼很难发现，等后期使用过程中受外力逐渐破坏出现孔洞。

2）道面麻面的预防

麻面的预防要从混凝土原材料采购、配合比控制及施工过程进行落实，预防道面麻面的出现。严格控制原材料，保证原材料符合规范要求，在混凝土的配比试配中，添加合理的外加剂，确保整体平整，严格控制水灰比、施工要严禁表面洒干水泥，施工完成后及时清理周围洒落的水泥浆。加强施工的组织管理，控制好养护洒水时间及周期，确保总体铺设的工作衔接。

3）道面麻面的治理

对板面零星起砂、露石、脱皮严重的板块，应及时将板块上层部分清除至少15cm，与下部混凝土涂抹粘结剂并铺设钢丝网补强，浇筑高强度等级的混凝土。对局部孔洞及死土坑，可采取高强度水泥砂浆进行修补。如果孔洞过大，可采用混凝土取芯机进行取芯。

4. 沥青道面反射裂缝的成因有哪些？怎样预防？

1）沥青道面反射裂缝成因

仅出现在水泥混凝土道面上加铺沥青混凝土的结构形式，原水泥混凝土板块接缝（裂缝）处由于应力集中引起的加铺层开裂现象，多与原水泥混凝土板块接缝或裂缝位置对应。同时受温度变化造成的收缩应力，与交通荷载作用下主拉应力（或剪应力）的共同作用，促使柔性沥青面层在对应的水泥混凝土接缝、裂缝和错台位置容易出现反射裂缝。

沥青混凝土面层的反射裂缝，主要是由于飞机及其他荷载和环境中的温度和湿度变化产生的机轮轮向主拉应力超过沥青混凝土的强度所致。由于暴露在环境中的温度或湿度变化引起沥青混凝土道面面板的热胀冷缩产生表面方向移动，其中在低温环境情况下沥青混合料的弹性模量较大，位移变形能力较弱，仅能承受较小的环境产生的应力，当沥青混凝土面层的拉应力超过沥青混凝土材料自身的抗弯拉强度时就会产生反射裂缝。当道面沥青混凝土面层中某一点产生的应力超过材料自身的极限抗弯拉强度时，就会有裂缝的产生并对面板造成破坏。沥青混凝土面板反射裂缝从产生到反射对整个结构层造成破坏作用，需要通过裂缝的扩散过程即反射裂缝在沥青混凝土面层竖向上，纵向抑制机轮荷载而引起的反射裂缝。

2）沥青道面反射裂缝预防措施

（1）增加加盖层厚度

一般增加沥青混凝土面层的铺筑厚度也能够有效防止受拉导致的应力集中产生的裂缝，同时能降低机轮或其他荷载引起的剪应力。通过加厚沥青面层铺设层，可以减小碾压混凝土板的温度变化，增强路面结构的弯曲刚度，降低面层底面拉应力、弯沉量、弯沉差和剪应力。同时，对于较厚的面层来说，裂缝由面层底面扩展到顶面需要经历较长的距离，也可以达到延长面层使用寿命的目的。

（2）提高沥青加铺层混合料的性能

沥青混凝土面层铺设材料应选用韧性较好，低温塑性变形能力强的沥青混合料，通过提高混合料的低温抗裂性能，达到提高面层性能的作用。

（3）设置应力吸收夹层

在碾压混凝土基层与沥青混凝土面层间设置应力吸收夹层，可以使沥青面层底面影响应力或应变的因素，离开应力集中的接缝端部。在沥青混凝土铺设之前，在基层上铺筑土工织物夹层和橡胶沥青应力吸收层，对道面进行加筋增强处理。

5. 道面摩擦系数不足的成因有哪些？怎样预防？

1）摩擦系数不足成因

摩擦系数，是机场道面表面砂浆施工没有保证平整和均匀，同时拉毛施工出现了纹理模糊或者不均匀所致。引起施工问题的原因，可能是拉毛时间没有明确的掌握，造成纹理的深浅差异，另外拉毛毛刷行走不均匀、工人的技术问题造成的拉毛不符合要求，也会造成摩擦系数不足。

2）摩擦系数不足预防措施

要有严格控制整平、提浆、找平、做面工序，确保表层砂浆层平整、均匀；掌握好拉毛施工的时机，一般用食指轻按能形成手印，并有轻微浆液粘起时较为适宜；在高温天气施工时，要特别注意拉毛时间，在刮风天气施工，要注意防风，制作防风墙，以免表层风干过快，做面要严格控制平整度，低洼处要提前补平，纹理接槎部位要准确。

6. 道面裂纹及平整性差的成因有哪些？怎样预防？

1）道面裂纹及平整性差的成因

道面裂纹的形成原因和平整性差，主要是由于混凝土的调配问题以及铺设作业的供需问题。混凝土调配比例不对，就会在完工后一段时间出现裂纹。另外，施工在模板规划控制方面达不到要求，就会造成道面起伏，如果再不进一步确保跟踪测量，还会引起严重的波纹状起伏。

2）道面裂纹及平整性差的预防

混凝土施工的控制和安装要符合设计要求，保证施工过程中注意观察或检测。道面平整过程尽量选择工人做面，且施工过程中要加强检测。严格按照试验结果，进行做面过程中试验。用木模和钢模做面时，动作轻重一致，避免局部用力过大导致平整度偏差。

3）道面裂纹及平整性差的治理

对局部平整度误差严重偏离规范要求的板块，尽量在通航前立即进行处理，重新浇筑。

9.5 道面检测与评估

1. 道面损坏等级评定中，影响 PCI 计算结果的因素有哪些？现场检测时如何确保检测结果的准确性？

我国民用机场道面损坏调查程序主要借鉴美国 ASTM D5340 方法，采用人工调查方式，但对调查单元的划分较为笼统，且因调查人员主观因素引起的系统误差也不明确。实际工程中由于道面设计方法及调查人员业务水平等因素差异，现场调查单元划分随意性较强，病害程度判识易出偏差，导致 PCI 数据变异较大，不同时间的调查数据难以对比和延续，影响道面损坏状况评价结果及预估精度。

道面单元尺寸、形状特征以及道面损坏程度等因素对其 PCI 计算结果的影响主要体现在以下几个方面：

1）调查单元尺寸对 PCI 的影响较小，单元尺寸在 20±5 块板块时区域 PCI 计算值与标准值偏差为±1 左右。但单元尺寸越小，PCI 的误差越大，故在无法满足标准尺寸划分要求时，单元尺寸应尽量偏大而不应偏小。

2）由于交通渠化作用，调查单元的形状对 PCI 计算结果有一定的影响，相同区域内纵向 20×1 单元计算 PCI 值大于 5×4 单元，且在跑道区域差异更为显著；从道面管理安全和调查操作性的角度出发，建议采用 5×4 类单元，而且分区确定后不得随意更改。

3）单项主导损坏程度的识别偏差对单元 PCI 的影响较大，对区域 PCI 的影响不显著，平均偏差值在±2 以内。如考虑病害程度识别均存在偏差的最不利条件，则区域 PCI 误差均值在±10 左右。因此，为保证道面 PCI 计算精度和评价结果的客观和稳定，调查人员应尽量固定并具备较高业务水平。

2. 面层材料性能试验中水泥混凝土的劈裂强度指标往往离散性较大，现场检测时如何确保试验结果具备代表性？

　　水泥混凝土的劈裂强度通过水泥混凝土道面钻芯试验取得，钻芯取得的圆柱试件与室内制作的圆柱模制试件劈裂试验时受力不太相同，前者受力要复杂些，比如钻芯取得的试件，其试件表面的承压线上常出现凸凹不平或出现弧形、竹节形等不同外形，那么在试件母线上施加的线性荷载就会变得很不均匀将会出现局部受压，应力集中；另外试验时试件如果没有对中，也会发生偏心受压，试验时如果试件出现了上述应力分布性质改变的情况，都将会另外产生附加应力，因而影响了试验结果甚至导致试件折断而报废。要确保试验结果具备代表性需要注意以下 3 个方面的事项：

　　1）不同直径试件的影响分析

　　不同规范可以使用 15cm 或 10cm 两种尺寸试件做劈裂试验，在某些道路和机场中曾有使用，机场道面厚钻出的 10cm 试件细而长，它无论是在钻取过程中还是在运输、养护、保管以及劈裂试验时，都较容易发生折断；此外直径较细能增大应力梯度，增加离散性，对试验结果不利；还有在长度相同时，10cm 比 15cm 试件劈裂强度偏高需要换算，强度所以偏高些，这与其断面较小、尺寸效应的影响有关，所以道面钻取试件应以 15cm 直径作为标准尺寸是适宜的。

　　2）不同承压线公差（平整度误差）的影响分析

　　承压的劈裂面位置线表面平整度凸凹现象越明显，使试件承压面加荷变得不均匀，局部受压，应力集中，因而降低了劈裂强度；另外，当承压面出现弧形、竹节形时，当不平直度过大时，就有可能出现类似小梁支承点受力状态，试验时易出现未劈先折断的现象，导致试件报废或试验失败。

　　3）加荷条件的影响分析

　　加荷速率是指单位时间内应力的变化速率，劈裂试验加荷速度的变化对破坏荷载有较大的影响。在试验检测工作过程中，有的试验检测单位所采用的试验机加荷条件为人工操作，检测人员往往忽视了加荷速率对试件劈裂强度的重要影响，不按照试验规程规定的加荷速率进行荷载试验，导致检测结果失去可比性、真实性直接影响检测结论。

　　3.如何确保落锤式弯沉试验的准确性？

　　1）避免环境因素的影响

　　测试现场的温度、湿度、季节及地质状况均会对弯沉测值大小产生影响。通常情况下路面温度越高则实测弯沉值越偏大，另外在软土、滩涂或高地下水位等不良地质状况的条件下，弯沉测试结果都会偏大。为减少环境因素的影响，进行路面弯沉数据采集的时间应尽量选择在温度适宜的时间，同时应避免现场测试时的温度及湿度变化过大，尤其须全面记录温度数据。此外，对不利地质情况路段应做好相关关系试验。

　　2）避免人为因素的影响

　　在进行弯沉测试时，有些情况下人为影响作用较大。现场测试人员必须经过严格的操作技术培训，测试过程中认真按照规范要求工作。

　　3）避免设备因素的影响

　　弯沉检测所使用的设备对测试数据有直接影响。首先设备各部分技术条件必须满足试验规程的要求，机械部件运转良好，电控系统工作正常；其次每台设备在检测前应该经过严格的例行标定；最后操作人员必须认真按照仪器的操作程序进行工作。以上这些环节都是保证测得准确弯沉数据的基本条件。

参考文献

[1] 谢春庆. 民用机场工程勘察[M]. 北京: 人民交通出版社, 2016.

[2] 中国民用航空局. 民用机场飞行区技术标准: MH 5001—2021[S]. 北京: 中国民航出版社, 2021.

[3] 种小雷, 刘一通. 机场工程勘测概论[M]. 北京: 人民交通出版社, 2015.

[4] 中国民用航空局. 民航机场勘测规范: MH/T 5025—2011[S]. 北京: 中国民航出版社, 2011.

[5] 高俊启, 徐皓. 机场工程概论[M]. 北京: 国防工业出版社, 2014.

[6] 董倩. 基于飞机滑行刚性道面位移场的跑道承载力研究[D]. 天津: 中国民航大学, 2013.

[7] 杨召唤, 程国勇. 机场柔性道面地基工作区深度研究[J]. 公路交通科技, 1002-0268(2013)10-0011-07.

[8] 中国民用航空局. 民用机场岩土工程设计规范: MH/T 5027—2013[S]. 北京: 中国民航出版社, 2013.

[9] 中华人民共和国住房和城乡建设部. 工程测量标准: GB 50026—2020[S]. 北京: 中国建筑工业出版社, 2020.

[10] 中华人民共和国住房和城乡建设部. 城市测量规范: CJJ/T 8—2011[S]. 北京: 中国建筑工业出版社, 2012.

[11] 国家测绘局. 国家一、二等水准测量规范: GB/T 12897—2006[S]. 北京: 中国标准出版社, 2006.

[12] 中华人民共和国国家质量监督检验检疫总局. 国家三、四水准测量规范: GB/T 12898—2009[S]. 北京: 中国标准出版社, 2009.

[13] 中华人民共和国住房和城乡建设部. 卫星定位城市测量技术标准: CJJ/T 73—2019[S].北京: 中国建筑工业出版社, 2019.

[14] 中国人民解放军总后勤部. 军用机场勘测规范: GJB 2263—2012[S]. 北京: 2012.

[15] 中国民用航空局. 民用机场填海工程技术规范: MH/T 5060—2022[S]. 北京: 中国民航出版社, 2022.

[16] 中国民用航空局. 民用机场高填方工程技术规范: MH/T 5035—2017[S]. 北京: 中国民航出版社, 2017.

[17] 中国民用航空局. 民用运输机场供油工程设计规范: MH 5008—2017[S]. 北京: 中国民航出版社, 2017.

[18] 中国民用航空局. 民用机场水泥混凝土道面设计规范: MH/T 5004—2010[S]. 北京: 中国民航出版社, 2010.

[19] 中国民用航空局. 民用机场沥青道面设计规范: MH/T 5010—2017[S]. 北京: 中国民航出版社, 2017.

[20] 中国民用航空局. 民用机场飞行区排水工程施工技术规范: MH/T 5005—2021[S]. 北京: 中国民航出版社, 2021.

[21] 中华人民共和国交通运输部. 公路路基设计规范: JTG D30—2015[S]. 北京: 人民交通出版社, 2015.

[22] 中华人民共和国交通运输部. 公路桥涵地基与基础设计规范: JTG 3363—2019[S]. 北京: 人民交通出版社, 2019.

[23] 中华人民共和国交通运输部. 公路软土地基路堤设计与施工技术细则: JTG/T D31—02—2013[S]. 北京: 人民交通出版社, 2013.

[24] 中华人民共和国交通运输部. 公路水泥混凝土路面再生利用技术细则: JTG/T F31—2014[S]. 北京: 人民交通出版社, 2013.

[25] 中华人民共和国交通运输部. 公路排水设计规范: JTG/T D33—2012[S]. 北京: 人民交通出版社, 2012.

[26] 中国人民解放军总后勤部. 军用机场排水工程设计规范: GJB 2130—1994[S]. 北京: 1994.

[27] 中华人民共和国住房和城乡建设部. 高填方地基技术规范: GB 51254—2017[S]. 北京: 中国建筑工业出版社, 2017.

[28] 吴万平, 廖朝华. 公路路基设计手册[M]. 2 版. 北京: 人民交通出版社, 2021.

[29]《工程地质手册》编委会. 工程地质手册[M]. 5 版. 北京: 中国建筑工业出版社, 2018.

[30] 刘晓军, 刘庆涛, 高志刚. 机场施工技术[M]. 北京: 人民交通出版社, 2015.

[31] 中国民用航空局. 民用机场飞行区土石方与道面基 (垫) 层施工技术规范: MH/T 5014—2022[S]. 北京: 中国民航出版社, 2022.

[32] 中国民用航空局. 民航专业工程工程量清单计价规范: MH 5028—2014[S]. 北京: 中国民航出版社, 2014.

[33] 中国民用航空局机场司. 民用机场飞行区工程施工智能监控技术指南: IB-CA—2020—01[S]. 北京: 2020.

[34] 王冠岭, 李辉, 赵生捷, 等. 基于"四型机场"建设目标的智慧飞行区建设研究文献综述[J]. 人工智能, 2022(4): 8-16.

[35] 余江川, 李长江, 叶光荣, 等. 成都天府国际机场基于智慧工地平台应用浅析[J]. 经营与管理, 2023, 43(2): 325-327.

[36] 全联城市基础设施商会. 聚丙烯长丝土工布施工应用技术规程 (第 1 部分: 垃圾填埋工程) [S].

[37] 全国一级建造师执业资格考试用书编写委员会. 水利水电工程管理与实务[M]. 北京: 中国建筑工业出版社, 2017.

[38] 中国民用航空局. 民用机场水泥混凝土面层施工技术规范: MH 5006—2015[S]. 北京: 中国民航出版社, 2015.

[39] 杨文科. 现代混凝土科学的问题与研究[M]. 北京: 清华大学出版社, 2012.

[40] 李满仓. 场道维修与养护[M]. 北京: 中国民航出版社, 2006.

[41] 吉风鸣. 水泥混凝土道面施工技术与管理[M]. 长春: 长春出版社, 2003.

[42]《机场工程试验检测与监测手册》编写组. 机场工程试验检测与监测手册[M]. 北京: 人民交通出版社, 2019.

[43] 中华人民共和国住房和城乡建设部. 建筑地基检测技术规范: JGJ 340—2015[S]. 北京: 中国建筑工业出版社, 2015.

[44] 中华人民共和国交通运输部. 公路路基路面现场测试规程: JTG 3450—2019[S]. 北京: 人民交通出版社, 2019.

[45] 中华人民共和国建设部. 岩土工程勘察规范: GB 50021—2001[S]. 北京: 中国建筑工业出版社, 2004.

[46] 中华人民共和国住房和城乡建设部. 建筑抗震设计规范: GB 50011—2010[S]. 北京: 中国建筑工业出版社, 2010.

[47] 中华人民共和国住房和城乡建设部. 多道瞬态面波勘察技术规程: JGJ/T 143—2017[S]. 北京: 中国建筑工业出版社, 2017.

[48] 中华人民共和国住房和城乡建设部. 土工试验方法标准: GB/T 50123—2019[S]. 北京: 中国计划出版社, 2019.

[49] 中华人民共和国交通运输部. 公路土工试验规程: JTG 3430—2020[S]. 北京: 人民交通出版社, 2020.

[50] ASTM D 5340-03 Standard test method for airport pavement condition index surveys[S]. [S.1.]: ASTM International, 2023.

[51] 凌建明, 郑悦锋, 金维明. 机场道面评价体系研究[J]. 交通运输工程学报, 2001(1): 29-33.

[52] 陈文来, 凌建明, 郝航程, 等. 水泥道面调查单元划分及病害程度对 PCI 的影响[J]. 同济大学学报 (自然科学版), 2011, 39(11): 1646-1651.

[53] 程国勇, 路晓刚, 张宇辉, 等.基于HWD实测数据的3种弯沉盆面积指数法对比[J]. 中国民航大学学报, 2022, 40(4): 45-48.

[54] 张福范. 弹性薄板[M]. 北京: 科学出版社, 1984.

[55] 王龙. 基于损伤等效的刚性道面PCN计算方法[D]. 上海: 同济大学, 2014.

[56] 张扬扬. 基于剩余强度的刚性道面PCN值分析方法研究[D]. 天津: 中国民航大学, 2020.

[57] 吴爱红, 蔡良才, 顾强康, 等. 采用通行覆盖率的路面交通量分析[J]. 交通运输工程学报, 2010, 10(6): 82-87+110.

[58] 凌建明, 刘诗福, 李萌, 等. 波音平整度评价方法的局限性分析[J]. 同济大学学报 (自然科学版), 2018, 46(8): 1035-1041.

[59] 杨光. 寒区机场水泥混凝土道面剩余寿命评估预测研究[D]. 哈尔滨: 哈尔滨工业大学, 2017.

[60] 叶锋. 物联网技术在智慧机场航站楼中的应用[J]. 电子技术, 2023, 52(7): 58-60.

[61] 戚佳楠. 基于物联网技术的能源管理应用探讨——以杭州萧山机场为例[J]. 物联网技术, 2020, 10(8): 88-93.

[62] 张玄弋. 物联网在首都机场的应用与展望[J]. 综合运输, 2015, 37(11): 100-105.

[63] 卞国龙, 黄海松, 刘丹, 等. 机场运维设备的智能在线监测[J]. 机械工程师, 2016, 11: 62-64.

[64] 王云平. 浅谈互联网时代的智慧机场规划设计[J]. 科技创新导报, 2020, 17(17): 24-25.

[65] 康永. 数字孪生技术在智慧机场建设中的应用综述[J]. 科技和产业, 2022, 22(5): 255-261.

[66] 陈根土, 钟娟娟. 数字化技术在智慧机场中的应用[J]. 长江信息通信, 2022, 35(1): 140-143.

[67] 罗晓. 浅谈智慧机场的发展技术及其应用[J]. 空运商务, 2018, 5: 16-19.

[68] 雷素素, 李建华, 段先军, 等. 北京大兴国际机场超大平面航站楼绿色智慧建造[J]. 施工技术, 2019, 48(20): 120-124.

[69] 杨海, 孔为敏. 数字孪生技术在机场建设中的应用[J]. 电子技术与软件工程, 2022, 16: 237-242.

[70] 宋誉, 张震. 基于3D智能可视化的智慧机场创建[J]. 电子技术与软件工程, 2022, 17: 234-237.

[71] 黄琰, 靳学梅, 王振飞. 数字孪生技术在数字化机坪系统中的应用研究[J]. 信息化研究, 2021, 47(6): 39-43.

[72] 毛小兵. 基于数字化技术助力智慧机场高质量建设探析[J]. 信息系统工程, 2023(3): 19-22.

[73] 雷素素, 李建华, 段先军, 等. 北京大兴国际机场智慧工地集成平台开发与实践[J]. 施工技术, 2019, 48(14): 26-29.

[74] 刘斌. 机场道面数字化管理技术研究[J]. 中国建设信息化, 2022, 13: 73-75.

[75] 程峰. 西安咸阳机场三期扩建智慧跑道地基沉降监测方案设计与优化[J]. 工程建设与设计, 2021, 18: 105-108.

[76] 张奇, 王荔. 机场智慧跑道监测体系设计与优化[J]. 中国建设信息化, 2022, 12: 60-62.

[77] 凌建明, 李沛霖, 刘诗福, 等. 机场智慧跑道的内涵拓展与功能系统[J]. 土木工程学报, 2023: 1-8.

[78] 赵学武, 吴宁, 王军, 等. 航空大数据研究综述[J]. 计算机科学与探索, 2021, 15(6): 999-1025.

[79] 中国民用航空局. 机场数据基础设施技术指南: MH/T 5053—2021[S]. 北京: 中国民航出版社, 2021.

[80] 中华人民共和国建设部. 岩土工程勘察规范 (2009年版) : GB 50021—2001[S]. 北京: 中国建筑工业出版社, 2009.

[81] 余永明. 北京大兴国际机场航站楼测量关键技术[J]. 北京测绘, 2019, 33(12): 1425-1431.